엄마 마음 설명서

WHAT MOTHERS DO, Especially When It Looks Like Nothing

엄마가 처음인 사람들을 위한 위로의 심리학

엄마 마음 설명서

나오미 스태들런 지음
김진주 옮김

WHAT MOTHERS DO

윌북

일러두기

이 책에 등장하는 엄마들의 신상 정보를 밝히지 않기 위해서 아이들의 성별이 드러난 경우, 다음과 같은 표기만 달아두었습니다.

B: 남자아이 G: 여자아이

아기의 나이는 만으로 계산해서 적었습니다. 예컨대 '4개월이 다 되어가는 아이'라면 3개월로 적어두었습니다.

엄마라는 말은 대개 아기를 낳고 돌보는 사람을 가리킵니다. 하지만 육아를 엄마 혼자서만 담당하지는 않습니다. 아빠나 할머니, 할아버지가 주 양육자로서 아기를 돌보는 가정도 있습니다. 이혼 혹은 재혼 가정이라면 새아빠가 교대하기도 할 것입니다. 더불어 친모가 아니거나 입양으로 엄마가 된 사람도 있을 것입니다. 이 책의 내용은 이처럼 아이 돌보는 일을 직업으로 삼지 않지만 아이를 돌보는 모든 사람에게 똑같이 적용됩니다. '엄마 혹은 아이를 돌보는 다른 친지들은……'이라는 말을 계속 되풀이하면 글이 늘어질 것입니다. 그러니 엄마를 지칭하면서 언급하는 내용은 아이를 돌보는 가족 모두에게 적용된다는 점을 미리 말해두려 합니다.

서문

진통이 밀려오기 시작했을 때, 진통 끝에 아기가 태어난다는 생각은 떠올리지 못했습니다. 눈앞에 닥친 상황 말고는 생각할 겨를이 없었습니다. 하지만 이후 조산사가 분만실 침대에 누워 있는 내 품 안에 아기를 안겨주었습니다. 따스하고 묵직한 신생아의 무게를 느끼며 품 안의 딸아이를 바라보았습니다. 황홀했습니다. 구석구석 안 예쁜 곳이 없었습니다. 아기가 이렇게 예뻐 보일 줄은 몰랐습니다. 아기는 온전했고, 마음을 활짝 열고 나를 신뢰하는 듯 보였습니다. '정말로 내게 이 아기를 돌볼 자격이 있을까?' 아기의 환한 눈망울, 별처럼 반짝이는 갓난아기의 눈망울을 들여다보자 마음속에 떠오른 의문이 잦아들었습니다. 아기는 아름다웠고, 그렇다면 인생도 본질적으로 아름다운 것임에 틀림없었습니다. 그 아름다운 얼굴을 바라보는 동안, 모든 것이 분명하고 단순해 보였습니다.

집에서는 병원에서 누린 순간들을 계속해서 누리기 어려웠습니다. 엄마가 된다는 것은 분명하지도 단순하지도 않았습니다. 아기를 돌보기가 쉽지 않다는 생각이 들자 부끄러움이 밀려왔습니다. 우리 주변에서 아이를 낳아 기르는 사람을 흔히 볼 수 있습니다. 그렇기에 나는 육아에 서툰 내게 근본적인 문제가 있는 게 아닌가 생각했습니다. 내가 이 책을 쓰고자 한 이유 중 하나는 내가 육아를 어려워했던 것이 당연하다는 점을 스스로 납득하고 싶었기 때문입니다. 엄마로 살아가기는 어렵습니다. 그 말은 우리가 엄마로서 잘해내는 것이 있다면 자부심을 가져도 된다는 뜻입니다. 엄마 노릇이 쉽다면 우리가 가지는 자부심은 공허할 것입니다. 나는 엄마 노릇이 어려운 까닭을 조금이나마 설명하려 했습니다. 엄마의 일을 버거워하는 독자가 이 책을 읽고 그 어려움을 당연하게 받아들이기 바랍니다. 또 엄마들이 날마다 뿌듯해할 만한 근거가 있다는 사실도 발견하기를 바랍니다. 더불어 엄마들이, 특히나 이제 막 엄마가 된 사람들이 이 책에서 위로와 격려를 받기를 바랍니다. 이제 막 엄마가 되었을 때는 많이들 울곤 합니다. 나 역시 이 사실을 미리 알았으면 얼마나 좋았을까요.

진통하는 동안에는 그 과정이 출산과 함께 끝나리라는 사실을 믿을 수 없을 것입니다. 마찬가지로, 끝없이 이어지는 육아 기간에는 그토록 수고롭게 아이를 돌보는 이유를 잊곤 합니다. 육아는 이제 막 태어난 아이를 어엿한 사회 구성원으로 길러내는 과정입니다.

엄마들은 이렇게 하소연을 하곤 합니다. "온종일 아이를 돌보고 있으면 얼마나 지겨운지 몰라요." 그런데 회사 일도 그에 못지않게 지겨울 때가 있습니다. 하지만 회사 일은 대부분 중요하게 여깁니다. 회사 일은 큰 조직의 일부를 담당한다고 느끼게 합니다. 덕분에 소속감과 더불어 쓸모 있는 일에 기여한다는 기분을 느낄 수 있습니다. 엄마들은 온갖 수고를 다하면서도 자신이 종일 빈둥거리며 아무것도 하지 않았다고 말할 때가 많습니다. 엄마들은 외로움에 시달리며 자기 자신을 보잘것없는 하찮은 존재로 생각합니다. 그렇지만 엄마들이 맡은 역할은 회사라는 집단보다 훨씬 더 큽니다. 엄마들은 자녀들이 사회로 나갈 수 있도록 준비시킵니다. 사회 전체가 엄마들에게 의존하고 있다고 말해도 과언이 아닐 것입니다. 엄마들의 노고가 없다면 사회는 혼란에 휩싸이고 말 것입니다. 엄마들이 자기 자신을 하찮게 여긴다면, 그것은 분명 사회가 그들을 제대로 대접해주지 않기 때문입니다. 나는 아이를 기르는 엄마들의 노고에 사회가 마땅히 찬사를 보내야 할 이유와 더불어 아이를 키우는 일이 얼마만큼 사회 전체와 깊은 연관을 맺고 있는지 보여주고자 이 책을 썼습니다. 우리는 모두 엄마들의 세계와 연결되어 있습니다.

현재 엄마들이 살아가는 이 세상은 녹록한 곳이 아닙니다. 사람들에게 임신 소식을 알리는 순간, 엄마는 전장에 들어선 기분을 맛봅니다. 엄마나 아기를 둘러싼 모든 질문에는 적어도 두 가지 이상의 다른 견해가 존재합니다. 각 진영은 자신이 겪거나 들은 무시무시한 결과를 공격적으로 들이대며 자신의 신념을 지켜냅니다.

아기가 태어나기 훨씬 전부터, 아기와 눈을 맞추는 날이 오기 전부터 엄마들은 아기를 어떻게 키울지 결정해야 합니다. 직장은 어떻게 할지, 산모 교실에 등록할지, 출산 계획을 세워야 할지, 기저귀는 어떤 제품을 사야 할지 판단을 내려야 합니다. 내가 처음으로 기저귀를 사러 갔던 때가 기억납니다. 내가 첫 아이를 임신했던 시절에는 일회용 기저귀가 없었습니다. 나는 순진하게도 기저귀가 한 종류뿐일 거라는 생각으로 발걸음을 재촉했습니다. 하지만 기다란 선반에는 참으로 다양한 기저귀가 진열되어 있었습니다. 갖가지 설명 문구를 살펴보려고 몸을 앞으로 숙였는데, 하나같이 얼마나 복잡하던지 머릿속이 혼미해졌습니다.

서점에 있는 책들은 육아가 한결 편해질 거라면서 온갖 규칙이나 법칙을 따라 해보라고 등을 떠밉니다. 하지만 그런 규칙들이 얼마나 유용할까요? 그 규칙에 따라 아기를 돌보는 엄마들도 육아가 끔찍이도 지겹다며 불만을 터뜨릴 때가 많습니다. 그럴 만도 합니다. 누구든 일련의 규칙을 따라 아기를 돌본다면 틀림없이 지겨워지고 말겁니다. 그리고 다들 자기 아기가 비정상으로 보일 것입니다. 아기가 특정한 규칙에 딱 들어맞을 리는 거의 없으니까요. 규칙은 아마 전혀 다른 아기를 기준으로 만들어졌을 것입니다. 결국 엄마는 유일무이한 존재를 알아가는 기쁨을 놓쳐버리게 됩니다.

딸아이가 태어난 뒤 나는 나와 똑같은 선택을 내린 다른 엄마들을 찾아 나섰습니다. 하지만 그런 엄마는 없었습니다. 엄마들은 모두 출산 후에 제 나름의 중대한 결정을 내립니다. 모유 수유를 할지 아니면 분유 수유를 할지, 어떤 기저귀를 쓸지, 아기를 따로 재울지 아니면 같이 잘지, 아기를 아기띠에 안고 다닐지 유모차에 태워 다닐지, 수면 교육을 할지, 아기가 울게 내버려둘지 아니면 안아서 달래줄지, 백신을 맞힐지, 백신을 맞힌다면 어떤 백신을 맞힐 것이며 함께 맞는 백신은 무엇으로 정하고 또 접종은 언제할지, 일반 의약품을 쓸지 아니면 대체 의약품을 쓸지, 보육 기관에 보낸다면 어떤 기관을 이용할지 등 숱한 결정을 내려야 합니다. 아이를 기르면서 내렸던 갖가지 결정을 되돌아보면 나는 지금도 마음이 불안합니다. 게다가 결정해야 할 문제는 또 다른 문제들로 곁가지를 뻗어나갑니다. 이런 선택의 자유는 우리가 관용적인 사회에 살기에 누릴 수 있는 소중한 결실입니다. 하지만 엄마들은 자신이 내린 선택에 따라 분류가 되는 듯한 느낌을 받으며, 다른 선택을 한 엄마들과 단절되고 맙니다.

사정이 이러하니 엄마들이 방어적인 태도를 보이는 것도 충분히 이해가 됩니다. 엄마들 사이의 대화는 경쟁으로 치달을 때가 많습니다. 한 엄마가 '우리 애는 같은 월령의 다른 아기들보다 이유식을 더 잘 먹는다'거나 '잠을 더 오래 잔다'거나 '더 활기차다'고 말하면, 이에 질세라 '우리 아기는 그 이상이다'는 식의 경쟁이 암묵적으로 펼쳐집니다. 어느 엄마가 '정보통'인지를 두고 또 다른 양상의 경쟁이 펼쳐지기도 합니다. '내가 영아산통에 쓴 방법을 알려줄게요'라고 어느 엄마가 다른 엄마에게 말합니다. 그 말에는 권위적인 명령조가 묻어납니다. 엄마들의 대화 속에서 벌어지는 세 번째 시합 유형은 이야기와 웃음이 곁들여져 있어서 얼핏 느긋한 대화처럼 들리지만 수면 아래에는 긴장감이 흐릅니다. 이 대화의 요점은 '내가 가장 끔찍한 시간을 보내고 있다'로 요약됩니다. 이야기를 듣는 다른 엄마에게서 최대한 동정심을 이끌어내는 것이 이 시합의 목표입니다.

그럴 필요 없습니다. 육아는 시합이 아닙니다. 누구에게나 자기만의 자리가 주어집니다. 엄마로서의 삶은 아주 방대합니다. 이제껏 엄마로서의 가능성을 모두 실현한 사람은 아무도 없습니다. 매번 적절한 선택을 내리는 사람도 없습니다. 누구나 실수하기 마련입니다. 물론 매번 실수만 하는 엄마도 없습니다. 어느 엄마든 자기가 잘해내는 영역이 있습니다. 다른 엄마들을 경쟁 상대로 여기지 않고 존중한다면, 그들과 유대감을 나눌 수 있습니다. 무엇보다 엄마가 되는 과정은 겸손해지는 경험입니다. 언제나 배워야 할 것이 존재합니다. 아이가 특정 단계를 지나자마자 엄마들은 활용해볼 수 있었을 훨씬 수월하고 단순한 방법을 듣게 될 것입니다.

예전에는 내가 다른 엄마들과 나눴던 대화가 상당히 경쟁적이었다는 사실을 미처 깨닫지 못했습니다. 그래서 영문도 모른 채 멍든 마음을 안고 집으로 돌아오곤 했습니다. 그러다가 서서히 우리 모두가 특별하면서 각자 다른 존재라는 사실을 깨달았습니다. 나와 똑같은 사람을 찾으려는 노력은 무의미했습니다. 더 열린 마음으로 다른 엄마들의 말에 귀 기울이기 시작했습니다. 엄마들은 열이면 열 모두 달라서 무척 흥미로웠습니다. 그들은 저마다 독특한 상황에 놓여 있었습니다. 역설적이게도, 그렇게 엄마들 개인이 처한 상황에 귀 기울이면서부터 우리가 공유할 것이 참으로 많다는 사실을 깨달았습니다.

각자가 내린 결정의 이면에는, 엄마라면 누구나 공유하는 주제가 있습니다. 시대와 장소를 초월해 공유하는 그 주제는 엄마의 삶 중심에는 아이를 향한 사랑이 있다는 것입니다. 엄마는 각자의 방식으로 사랑을 전합니다. 그럼에도 아이를 사랑하는 이 공통된 경험이 우리를 하나로 연결해줍니다. 수 세기 전 고열이 나는 아이의 엄마가 안타까운 심정으로 적어 내려간 일기를 읽으면 지금에도 그 엄마의 심정에 공감할 수 있습니다. 엄마의 보살핌은 상황과 여건을 가리지 않는 듯합니다. 상황이 여의치 않아 도저히 아이를 보살필 수 없을 것만 같은 여건 속에서도 아이를 훌륭히 보살피는 엄마들이 있습니다. 모성은 물질주의적 사고를 근본적으로 뒤흔들 수 있고, 오늘날에는 실제로 그런 일이 자주 일어납니다.

나는 아기를 기르는 두 엄마가 모임에 참석하여 대화를 나누는 모습을 자주 목격했습니다. 한 엄마는 육아를 위해 자신의 경력을 포기한 전업주부고 다른 엄마는 '워킹맘'입니다. 두 엄마 모두 어려운 결정을 내렸지만, 그 결정 때문에 서로를 보면서 죄책감에 사로잡힐지 모릅니다. 전업주부 엄마는 돈을 벌지 못하면서 쓰기만 하고 학력을 낭비하는 듯한 기분에 휩싸입니다. 직장에 다니는 엄마는 얼마나 많은 시간을 아이와 떨어져 보내는지를 절감합니다. 두 엄마의 머릿속에는 맞은편에 있는 엄마처럼은 살아가지 못하겠다는 생각부터 떠오를 것입니다. 어쩌면 자신도 그렇게 살았을지 모르는데 말이죠. 하지만 상대방의 이야기에 귀를 기울일수록 두 사람이 공유하는 면이 많다는 사실을 깨닫게 됩니다. 전업주부 엄마는 직장에 다니는 엄마가 아이 때문에 얼마나 노심초사하는지 알게 됩니다. 직장에 다니는 엄마는 전업주부라고 엄마의 자질을 타고난 특별한 사람이 아니며, 집안일을 하며 자기만큼이나 좌절하는 평범한 사람이라는 사실을 깨닫습니다. 두 사람은 서로를 이해할 수 있다는 사실을 발견하고는 마음이 따스해지며 위안을 받습니다. 참으로 감동적인 모습입니다.

아이를 기르는 경험은 사람을 평등하게 만듭니다. 갓난아기가 울어젖히는 상황 앞에서 사회적 신분 차이는 사라집니다. 부, 권력, 성공, 인종, 이념은 중요하지 않습니다. 중요한 것은 엄마로서의 경험을 나누는 일입니다. 그 순간 엄마들은 서로에게 매우 값진 격려를 보내줄 수 있습니다. 서로가 서로를 소중하게 여길 때 엄마들은 경쟁적인 대화를 나눌 필요 없이, 한없이 너그러워질 수 있습니다.

지극히 당연해 보이지만, 사실 나는 엄마가 되고 나서도 이런 생각을 하지 못했습니다. 나와 남편은 일반적이지 않은 유년기를 보내서 우리 두 사람은 전통적인 부모가 되고자 했습니다. 그 말은 남편에게 직장 생활을 그대로 유지하고 가계를 책임지는 가장으로서의 무게가 더해진다는 의미였습니다. 반면 첫아이 출산 직전에 직장을 그만둔 나는 앞날을 전혀 짐작할 수 없는, 완전히 새로운 인생의 경로에 몸을 싣게 되었습니다.

이제 막 엄마가 되었을 무렵 나는 낯선 세계 속에서 방향 감각을 완전히 잃어버린 것 같았습니다. 우리가 살던 거리가 예전보다 더 길어 보였고, 상점들이 더 멀리 떨어져 있는 듯했습니다. 그때 딸아이가 나를 많이 도와줬습니다. 딸아이는 내가 하룻밤 사이에 유능한 엄마가 되리라고 기대하지 않았습니다. 나를 있는 그대로 받아들여주었습니다. 우리 두 사람은 서서히 함께 생활하는 리듬을 다져나갔습니다. 우리 관계는 내가 생각해오던 엄마와 아기의 관계라기보다는 절친한 친구 사이에 가까웠습니다. 하지만 나는 나와 같은 세대의 여성들과는 동떨어져 있는 듯한 기분이 들었습니다.

미디어에서는 아이를 기르면서도 직장 생활을 이어가는 엄마들의 감동적인 이야기를 들려줍니다. 엄마가 되는 일이 그리 즐거운 일이 아니라는 듯한 뉘앙스를 담습니다. 아이를 낳기 전에는 나도 그런 생각을 했습니다. 딸을 낳고 보니 딸과 함께하는 시간이 참으로 즐거웠지만, 나 자신에게도 그 기분을 어떻게 설명해야 할지 몰랐습니다. 아침 시간을 즐겁게 보냈지만, 우리는 그 시간 동안 실제로 무엇을 한 것일까요? 집에서 우리끼리 있을 때면 나는 엄마가 되는 법을 스스로 발견해나가는 듯해서 기분이 좋았습니다. 하지만 뭘 발견했던 걸까요? 밖에서는 슈퍼마켓 계산대에 줄을 설 때조차 자신감이 없었습니다. 일하느라 바쁜 계산원 앞에 서 있으면 내가 한없이 초라하게 느껴져 정신이 아득해졌습니다. 내가 엄마로서 하는 일 중에 계산원의 일처럼 사회의 필요에 정확하게 부응하는 것은 아무것도 없었습니다. 집에서 내가 하는 일들이 너무나 하찮게 느껴졌습니다. 엄마로서 하는 일들이 아무것도 아닌 것처럼 보였습니다.

아이들이 더 크고 나서야 성취감을 느낄 수 있었습니다. 그제야 아이들이 연약한 갓난아기에서 어엿한 인격체로 자라난 모습이 눈에 들어왔습니다. 막내가 일곱 살이 되자 치열했던 육아 생활에 종지부가 찍힌 듯했습니다. 주방에 가보면 세 아이가 식탁에 둘러앉아 방금 본 텔레비전 프로그램을 두고 키득키득 웃고 있곤 했습니다. 나는 아이들이 웃는 이유를 알지 못했고, 아이들 역시 설명해줄 생각이 별로 없어 보였습니다. 그건 아이들의 삶이었고, 내가 관여하지 않아도 되는 영역이었습니다. 이제는 막내조차 내 도움을 바란다거나 예전처럼 나를 끼워주려고 하지 않습니다. 자유가 찾아왔습니다. 이제 시간과 에너지를 다른 곳에 쏟을 수 있게 되었습니다. 때가 되면 다시 해보고 싶은 일이 있었지만, 엄마로 살아온 그 놀라운 시간이 자꾸만 머릿속을 맴돌았습니다. 아주 중요한 경험을 막 끝마친 기분이었습니다. 그 시절이 무엇을 뜻하는지 이해해보고 싶었습니다. 더불어 좋은 아빠가 되어준 남편이 고마웠고, 아빠로 사는 삶에 대해서도 더 깊이 알아보고 싶었습니다.

책 속에는 내가 찾고자 하는 내용이 없는 듯했습니다. 하지만 관심사를 파고드는 사람들이 그러하듯이 나도 이미 원하는 정보를 조금씩 손에 넣고 있었습니다. 나는 내셔널차일드버스트러스트National Childbirth Trust에서 모유 수유 상담가로 활동했습니다. 덕분에 전화 상담이나 가정 방문을 통해 다양한 엄마를 만났습니다. 또 재닛 밸러스카스의 초청을 받아 (내가 합류한 1979년에는 분만센터라고 불렸던) 능동분만센터Active Birth Centre의 모유 수유 상담가가 되었습니다.

그로부터 10년 뒤에는 라레체리그La Leche League를 알게 되었고, 다시 모유 수유 상담 교육을 받았습니다. 런던에서 열리는 라레체리그 회의를 이끌었고, 6년 동안 라레체리그 영국 지부의 소식지를 편집했습니다. 그러면서 모유 수유와 관련된 일반적인 질문이 가정생활과 관련된 훨씬 더 큰 질문으로 뻗어나간다는 사실을 깨달았습니다. 1990년에는 능동분만센터의 창립자인 밸러스카스가 엄마와 아기를 위한 모임을 개최하고자 나를 초청했습니다. 이 모임은 엄마들이 매주 모여서 대화를 나누는 마더스토킹Mothers Talking 모임으로 발전했습니다.

나는 마더스토킹 모임 운영 방식을 조금씩 발전시켜나갔습니다. 온갖 실수도 저질렀겠지만, 엄마들이 서로를 편안하게 대하는 방법을 서서히 찾아나갔습니다. 나는 각자가 서로 다른 선택을 할 권리가 있다는 것을 이해하고 존중해야 한다는 사실을 깨달았습니다. 그래서 이제는 완전히 다른 선택을 내린 엄마들을 모아서 모임을 열 수도 있게 되었습니다. 서로 다른 엄마들이 모임에 참석해 편안하게 대화를 나눕니다. 이런 분위기 속에서 엄마들은 다른 사람을 자극하지 않으면서도 서로의 차이점에 호기심을 품고 이해를 넓혀갑니다. 많은 엄마가 이 모임에서 만난 다른 엄마들과 끈끈한 우정을 다졌다고 이야기해줬습니다.

하루는 남편이 물었습니다. 모유 수유 상담을 하면서 쌓은 경험을 바탕으로 일반 상담사를 준비해보는 게 어떻겠냐더군요. 괜찮은 생각이었습니다. 그렇게 하면 엄마들 혹은 부모가 된 부부들을 더 전문적으로 살펴볼 수 있을 테니까요. 그 경험은 내 이해의 폭을 더욱 넓혀주었습니다. 부모들이 아동기 경험을 종합적으로 이해하고 그것이 자신의 육아에 미치는 영향을 명확히 깨닫도록 돕는 하나의 특권이었습니다. 그러나 내가 상담에서 얻은 자료는 당연히 이 책에서 다루지 않습니다.

요즘 나는 런던의 몇몇 대학에서 학생들에게 상담과 심리치료를 가르칩니다. 그리고 '모성애 심리학'이라는 이름의 독특한 수업을 개설했습니다. 나는 부모가 아닌 학생들에게 질문을 하고 토론을 하도록 권하는데, 그러면 학생들은 엄마가 된다는 것에 색다른 관점을 제시합니다.

언젠가 내가 상담을 너무 느슨하게 한다는 생각이 들었습니다. 그래서 엄마들과 상담할 때는 정해진 질문을 연속적으로 던져보자고 결심했습니다. 질문거리를 만들었고 몇몇 인터뷰는 녹음을 했습니다. 하지만 곧 이런 방법이 자연스럽게 대화를 나누는 방법보다 효과가 떨어진다는 결론을 내렸습니다. 엄마들은 내게 자신의 이야기를 들려주기는 했지만, 내게 얘기를 들려주는 이유는 질문에 대답을 하기 위해서가 아니라 내가 그들에게 관심을 보였기 때문이었습니다. 나도 그렇고 엄마들도 그렇고 우리가 나눈 대화가 책의 소재가 되리라고는 생각하지 못했습니다. 그런 생각은 나중에서야 떠올랐습니다. 어쨌거나 나는 기록을 남겨두기는 했습니다. 어떤 엄마들은 아주 간명하게 자신의 경험을 이야기해주었습니다. 그 이야기가 내 생각과 일치하지 않는다고 해도 나는 그들이 생각을 표현하는 솜씨에 깊은 감명을 받았습니다. 그럴 때 나는 이런 이야기는 그냥 흘려보내기가 너무나 아깝다는 심정으로 기록을 해두었습니다. 이렇게 내가 이해하고자 하는 바를 아주 조금씩 그러모으고 있었습니다.

처음에는 엄마들이 들려주는 이야기들이 모두 다르게 들렸습니다. 그러다가 엄마들의 이야기 속에 있는 커다란 패턴을 깨달았습니다. 그 깨달음으로 세부 사항 너머를 볼 수 있게 되었고, 서서히 엄마들의 이야기는 더욱 알아보기 좋은 형태를 띠어갔습니다. 이야기의 형태가 뚜렷해지자 다양한 내용이 서로 맞물려 들어갔습니다. 나는 여성이 엄마가 되면서 맞이하는 변화의 패턴을 볼 수 있게 되었습니다. 패턴을 이루는 다양한 가닥을 떼어내서 개별 장으로 구성하는 작업은 쉽지 않았습니다. 본질적으로 엄마가 되는 경험은 하나의 큰 덩어리를 이루기 때문입니다.

나는 엄마들 앞에서는 이 책을 쓰기 시작했다는 말을 삼갔습니다. 엄마들이 타인의 시선을 의식하지 않고 대화를 나누기 바라서였습니다. 딱 한 엄마만이 나에게 혹시 책을 쓰고 있냐고 물어왔습니다(그렇다고 대답했더니 그분은 즉시 대화 주제를 바꿨습니다). 나는 이 책에 인용할 만한 얘기를 일부러 들려준 사람은 없다고 확신합니다. 또 다른 이유도 있었습니다. 내 안에 다른 사람에게 들려줄 만한 이야기가 많은지 확신이 서지 않았습니다. 일단 글을 쓰기 시작했지만 적당한 소재를 찾기는 어려웠습니다. 결국 엄마들의 피로감에 대한 소재를 엮어서 시험 삼아 글을 써보았습니다. 그 글을 출판사에 보냈더니 이런 이야기는 이미 넘쳐난다는 답변이 돌아왔습니다.

수년에 걸쳐 나는 이런 이야기가 정말로 책으로 펴낼 만한 가치가 있는지 의문을 품었습니다. 어쨌거나 나는 엄마들과 계속해서 대화를 나눴습니다. 이 책에 담은 모든 생각을 여러 엄마와 숱하게 대화를 나누면서 공유했습니다. 내 생각을 강요하지는 않았지만 그렇다고 감추지도 않았습니다. 나와 대화를 나눈 엄마들은 나의 생각을 분명하게 이해했습니다. 왜냐하면 나는 엄마라는 역할에 아주 관심이 많았고, 엄마들은 대개 나와 대화하기를 좋아했기 때문입니다.

엄마들과 이야기를 나눌 때는 메모를 남기지 않았습니다. 중요해 보이는 내용은 기억해두고자 '키워드'를 적어둘 때가 있기는 했지만 활용하는 일은 거의 없었습니다. 대화 모임 후 느긋하게 집으로 걸어가는 중에 누군가가 꺼냈던 말이 갑자기 머릿속에 떠오르곤 했습니다. 대화 중에는 그다지 크게 주의를 기울이지 않았던 말이었습니다. 마음속으로 그 말을 되뇌어봐도 그게 왜 중요하게 다가오는지 알 수 없었습니다. 그 말을 육아라는 전체 주제와 곧장 연결 지을 수가 없었습니다. 하지만 집에 도착해서는 가방을 내려놓고 곧바로 펜과 종이를 꺼내들었습니다.

대학에서 역사를 전공해서 참 다행이었습니다. 나는 특히 투키디데스의 작품을 다시 읽으면서 감동을 받았습니다(투키디데스는 『펠로폰네소스 전쟁사』를 집필하면서 상당수 정보를 대화를 통해서 얻었습니다). 그의 훌륭한 글을 보면서 나는 불협화음을 내는 다양한 목소리에 귀를 기울이고 그 목소리를 왜곡하거나 하나로 뭉뚱그려 취급하지 않도록 조심하는 태도가 얼마나 중요한지 배웠습니다.

나는 엄마들과 나눈 대화를 비밀에 부치기 위해 주의를 기울여왔습니다. 내 노트에는 이름이나 날짜가 적혀 있지 않습니다. 나조차 누가 말했는지 기억하지 못할 때가 많습니다. 엄마들의 육아 방식을 보여주는 사례로서 그들의 말을 짧게 적어두는 나만의 방식을 사용해왔고, 거기에 아기의 성별과 나이를 덧붙여놓았습니다(일러두기를 참고하기 바랍니다). 혹시나 내 글에서 자신의 이야기를 발견한 엄마가 있다면 그 이야기의 주인공은 익명이니 안심하셔도 됩니다. 나는 엄마들의 이야기에 자주 깊은 감동을 받습니다. 우리가 나눈 대화는 내게 특별하기에, 나는 이 책이 출간된 뒤에도 오래도록 엄마들과 대화를 나눌 수 있기를 바랍니다.

나와 대화를 나눈 엄마들은 대개 런던에 살고 있습니다. 그중에는 런던 출신이 아닌 사람도 있습니다. 대개는 백인이고 일부는 흑인이며, 혼혈인 사람도 있습니다. 그들은 영국, 유럽 각지, 남아메리카, 북아메리카, 이스라엘, 이집트, 나이지리아, 남아프리카공화국, 마다가스카르, 인도, 중국, 일본, 호주, 뉴질랜드 출신입니다. 그들은 대체로 핵가족 안에서 성장했지만 더러는 전통적인 확대 가족에서 성장했습니다

다. 결혼한 사람도 있고, 동거 중인 사람도 있고, 홀로 아이를 키우는 사람도 있고, 동성애자도 있습니다. 연령대는 20대 초반에서 40대 중반이었습니다. 대개 교육 수준이 높았고, 다들 아이를 낳기 전에 수입이 충분했다고 생각합니다. 덕분에 그들은 그들의 할머니 세대뿐만 아니라 어쩌면 어머니 세대에 비해서도 경제적 자립도가 높았습니다.

앞으로 살펴보겠지만 엄마들은 모두 자신이 엄마가 될 준비가 전혀 되어 있지 않았다고 하소연합니다. 그런 면에서 그들은 인류 역사상 가장 독특한 엄마들입니다. 예전에 여자아이는 어려서부터 엄마가 될 준비를 했습니다. 자신의 엄마를 보고 배웠고, 동생들을 돌봤습니다. 이 책에 등장하는 엄마들은 엄마가 될 준비가 더 잘 되어 있는 사람들보다 자신의 의사를 명확하게 표현하고, 자의식이 높으며, 스스로에게 회의감을 느꼈습니다.

엄마라는 역할의 수레바퀴를 재창조하는 일은 녹록지 않은 과정이지만 엄마들은 그 일을 해냅니다. 전통을 따르지 않고 신선한 발상을 해내는, 두려우면서도 흥미진진한 일입니다. 이 책에서 그 결과 일부를 살펴볼 것입니다. 엄마들의 경험을 종합적으로 비추어 엄마들이 이제까지 어떤 성취를 거둬왔는지를 보여주려 합니다. 이 책은 엄마들의 모습을 그려낼 뿐이지, 엄마들에게 처방을 내리지는 않습니다. 나이가 들수록 엄마란 모름지기 이러저러해야 한다는 이야기가 귀에 거슬립니다. 이 책에서 혹시 내가 일반적인 서술을 넘어서서 '법칙'을 제시하는 잘못을 저지른다면, 내 실수를 지적해주면 고맙겠습니다.

나와 대화를 나눈 엄마들의 표본은 세상 모든 엄마를 아우를 만큼 크지는 않지만, 엄마의 역할이라는 주제가 얼마나 방대한지, 그리고 우리가 그에 대해 얼마나 무지한지 보여줄 정도는 되었습니다. 나를 둘러싼 모든 것이 엄마가 하는 일의 중요성과 그것이 얼마나 평가 절하되고 있는지를 확인해주는 듯합니다. 어째서 '내가 감히 이런 내용으로 책을 써도 될까?'라고 의심을 품었는지 모르겠습니다. 이 책을 다 써놓고 보니 이야기를 제대로 시작하지도 못한 기분이 듭니다. 내가 배운 많은 것을 이 책에 담기는 했지만 우리가 해야 할 이야기의 일부분에 불과합니다. 부디 이 책이 엄마들에게 절실하게 필요한 위안을 전해주기를, 그리고 엄마들을 이해하고자 하는 모든 이에게 든든한 디딤돌이 되기를 바랍니다.

목차

1

누가 알까요?

“엄마들을 위한 책을 한 권 쓰고 있어요”라고 말하면 사람들은 가엽다는 표정을 짓습니다. “그런 책은 이미 충분히 나와 있지 않나요?”, “이미 나올 만큼 나온 얘기 아닌가요?”

아니, 그렇지 않습니다. 아이들이 훌쩍 커버린 나 같은 사람은 그렇지 않다는 사실을 잘 압니다. 아직 못다 한 말이 얼마나 많은지 잘 압니다. 엄마들은 제대로 설명할 수 없는 세계 속에서 살아갑니다. 여태껏 엄마들의 삶을 제대로 대변해주는 말이 없었으니까요. 습관적으로 입에 올리는 말을 주워섬기면 이미 무수히 반복된 길로 다시 직행할 뿐입니다. 하지만 엄마들의 세계에는 지금까지 발길이 닿지 않은 곳이 있습니다. 그 누구도 가본 적 없는 광활한 영역이 존재합니다.

엄마들은 외로운 생활에 불만을 토로하지만 사실 그보다 더 근원적인 문제는 주위 사람들에게 이해받지 못할 때 생깁니다. 이런 종류의 고립감은 자신의 속마음을 다른 사람과 나누기 어려울 때 생깁니다. 캘리포니아 출신 작가 수전 그리핀Susan Griffin은 "엄마들의 삶을 다루는 글이 너무 적다"고 말했습니다. 그리핀은 지난날을 떠올리며 이렇게 덧붙입니다. "온종일 아기와 단둘이 집에 있었다." 남편과 아이를 데리고 외출했을 때는 "말이 제대로 나오지 않았다. 사람들이 나를 멍청한 사람으로 볼 것만 같았다. 어안이 벙벙해지고 목이 막혀버린 기분이 들었다. 하지만 내게는 하고 싶은 말이 있었다. 그것은 마음속 깊은 곳에서 우러나오는 말이었다."[1] 영국 소설가 레이철 커스크Rachel Cusk는 "엄마가 되자 난생처음으로 내 마음을 표현할 언어가 없어졌다. 속에서 우러나오는 소리를 다른 사람이 이해하게끔 전달할 방법이 하나도 없었다"[2]고 토로했습니다. 작가마저 엄마로 살아가는 경험을 말로 전달하기가 버거웠다니 다른 엄마들은 오죽할까요? 한 엄마의 경험담을 봅시다.

> 어느 목요일, 저녁 식사 모임에 나갔어요. 그런데 할 얘기가 아무것도 없었어요. 도저히 대화에 낄 수가 없더군요. 저한테 중요한 일들에 대해서 아무런 이야기도 할 수가 없었어요. 설령 이야기를 해도 아무도 이해하지 못했겠지만요.
>
> ▸▸ B, 6개월

엄마들은 무심코 관습적 언어 사용의 늪에 빠질 때도 많습니다. 다른 엄마의 이야기도 들어봅시다.

> 직장 상사가 제게 전화를 했어요. 요즘 일을 하고 있냐고 묻더군요. 저는 "아니요"라고 대답했고, 그런 저 자신에게 화가 났어요. ▸▸ B, 9개월

이 엄마는 상사가 말하는 의미에서의 일은 하지 않고 있다는 뜻이었습니다. 하지만 그녀는 엄마로서 아이를 돌보는 일을 하고 있었습니다. 그녀는 그 점을 제대로 짚고 넘어갈 기회를 놓쳐서 자기 자신에게 화가 난 것입니다. 엄마들은 '제대로 된 일은 하나도 하지 못했어'라든가 '온종일 애만 보고 있어'라는 식으로 자신을 비하할 때가 많습니다. 아기를 돌보는 일이 그 순간에는 '중요한 일'처럼 보이지만, 다른 이들에게 그 중요성을 설명하기는 쉽지 않습니다. '아기를 돌보는 것'이 무엇인지 제대로 설명할 만한 말을 찾기 어려운 탓입니다.

이 세상의 거의 모든 일과 달리, 엄마가 되는 일은 어떤 훈련이나 자격 조건, 수련 과정 없이 이루어집니다. 일단 아기가 태어나면 엄마는 자기가 이 세상에서 가장 영향력 있는 사람 중 하나가 되었다는 사실을 깨닫습니다. 사실 엄마는 유명 인사나 학교 선생님과 비교하면 겨우 한두 사람의 인생에 영향을 미칩니다. 하지만 그 영향은 무척 크고, 평생 지속됩니다. 엄마들은 문명화된 삶을 다음 세대로 이어주는 역할을 합니다.

엄마로서 해내야 하는 일을 가르쳐주는 책은 많습니다. 좋은 엄마가 된다는 것이 얼마나 어려운지 한탄하는 책도 많습니다. 하지만 엄

마가 되어 해내는 성취를 다룬 책은 그리 많지 않습니다. 이런 책이 많았다면 엄마들이 이룬 성취를 담아내는 단어나 표현이 더 풍부했을 것입니다. 많은 엄마는 자신이 이룬 성과를 알아차리지 못합니다. 어떤 엄마들은 몹시 지쳐 있고, 집은 어수선하게 어질러져 있을 것입니다. 그러면서도 엄마의 역할을 아주 훌륭하게 해내고 있을지도 모릅니다.

엄마라는 자리는 어떤 역할이나 직무의 개념을 넘어섭니다. 특정한 행동 양식으로 설명하기도 어렵습니다. 엄마다운 행동은 엄마들의 전매특허가 아닙니다. 누구나 엄마다운 모습을 보일 수가 있습니다. 하지만 엄마 **같은** 사람이 되는 것과 진짜로 엄마가 되는 것은 엄연히 다릅니다.

'엄마'라는 단어는 하나의 관계를 일컫습니다. 이 관계는 엄마가 된 여성이 이미 맺고 있던 모든 관계 사이를 뒤흔들어놓습니다. 대개 엄마는 이미 누군가의 아내 혹은 동반자이고, 친구, 동료, 이웃, 딸, 누이이며, 새엄마나 대모, 이모일 것입니다. 대체로 여성들은 아기가 생기면서부터 자기 자신을 '엄마'라고 지칭합니다. 아이를 낳거나 입양하는 순간 영원히 지속되는 관계가 형성됩니다. 엄마나 아이가 서로 관계를 끊기로 결정하는 경우도 더러 있기는 합니다. 하지만 그조차 제삼자의 눈에는 두 사람의 관계 속에서 일어나는 일입니다. 외부자의 눈으로 보면, 엄마와 아이의 관계는 두 사람의 인생보다 더 오래 살아남습니다. 두 사람의 관계는 다른 사람의 기억이나 통계자료 속에서 지속될 수 있습니다. 누군가는 성별이나 나이에 상관없이 다른 누군가에게 '엄마 같은' 사람이 되어줄 수 있습니다. 하지만 그런 관계는 엄마와 아이의 관계만큼 오래 유지될 가능성이 크지 않습니다.

엄마는 우리 주변 곳곳에 존재합니다. 거리에서 한 쌍의 엄마와 아이가 지나쳐갈 때, 우리 눈에는 보이는 것도 있고 보이지 않는 것도 있습니다. 두 사람의 관계 속에서 우리가 볼 수 있는 것은 얼마나 될까요? 아이가 '순해' 보이면 사람들은 그런 엄마를 '돌보기 쉬운' 아이를 둔 '운 좋은' 엄마라고 부르기도 합니다. 하지만 육아는 결코 쉬운 일이 아닙니다. 아이가 순하다고 말하는 엄마는 어디까지나 상대적인 의미에서 그렇다는 뜻입니다. 많은 엄마가 진이 빠지도록 오랜 시간 아이를 돌보며, 때로는 다른 역할들도 감당하는 와중에 아이를 위한 시간을 짜냅니다. 이런 엄마들에게 운이 좋다는 말은 설령 좋은 의도였다고 할지언정, 무시하거나 모욕하는 말로 들릴 수 있습니다.

하지만 여느 관계와 마찬가지로 엄마와 아이의 관계 역시 그 안에서 일어나는 작용을 명확하게 파악하기는 어렵습니다. 우리는 엄마가 하는 행동을 볼 수는 있지만, 그 모습이 우리에게 알려주는 것은 그리 많지 않습니다.

정밀 검사를 받고 금요일부터 월요일까지 나흘간 제 몸에서 방사선이 나올 수 있어 우려되었던 적이 있어요. 검사 후 걱정했던 병이 아니라는 결과에 크게 안도했죠. 하지만 안타깝게도 그 나흘간 저는 아이를 안을 수 없었어요. 일부러 집 외벽에 페인트를 칠한다든가 하면서 다른 일에 집중했어요. 드디어 화요일이 되어 아이를 다시 품에 안은 순간 기쁨에 겨울 줄 알았는데, 제가 느낀 감정은 그것과는 달랐어요. 뭐랄까…… 제가 완전해지는 듯한 느낌이었어요. 저는 마음으로 아이를 사랑해요.

▸▸ G, 2개월

이런 엄마의 속마음을 다른 사람이 얼마나 알 수 있을까요? 월요일에 집 외벽에 페인트를 칠하던 엄마와 화요일에 고요하게 아기를 안고 있는 엄마를 보면서 외부인은 그 내면에 넘쳐흐르는 모성애를 알아차리지 못할 것입니다.

엄마가 느끼는 강렬한 감정을 말로 표현하기는 어려운 듯합니다. 다시 직장에 출근해도 엄마는 여전히 아이를 책임지고 돌보고 있다고 생각할 때가 많은데, 그 기분을 동료들에게 설명하기는 참 어렵습니다. '눈에서 멀어지면 마음에서도 멀어진다'고 생각하기 쉽지만, 엄마의 눈에는 아이의 모습이 자꾸만 어른거릴지도 모릅니다. 집에서 아이를 돌보기로 한 엄마는 자신이 엄마 역할을 제대로 못하고 있다는 걱정에 휩싸이기도 합니다. 사람들은 엄마들에게 이렇게 말하기도 합니다. "바쁘겠어요. 이제는 애 엄마잖아요." 아이를 돌보다 보면 삶의 속도가 느려질 것입니다. 삶의 리듬이 느려진 덕분에 아이와 보조를 맞출 수 있지만, 엄마는 왠지 의기소침해져 자신이 아무것도 성취하지 못하고 있다는 생각에 젖어들기도 합니다.

엄마라는 역할에 담긴 본연의 가치는 눈에 보이지 않습니다. 말로 설명하기도 어렵습니다. 먹이고 재우는 것과 같은 돌봄 행위는 엄마 역할의 일부분에 불과합니다. 그것만으로는 아이를 키우면서 느끼는 감정의 깊이를 온전히 설명할 수 없습니다. 엄마들은 이 사실을 온종일 아이를 돌보다가 불현듯 깨닫습니다. 저녁에 아빠가 퇴근하면, 엄마는 드디어 다른 어른과 그날 있었던 일을 이야기할 수 있습니다. 엄마는 남편이 아이의 아빠이므로 자신의 마음을 이해해주리라고 기대합니다. 남편이 다정하게 물어옵니다. "별일 없었어?" 아내에게는 힘겨운 하루였습니다. 이제 아내는 오늘 있던 일을 공유할 수 있습니다.

남편에게 공감을 얻어 다시 마음을 추스를 수 있다는 희망을 가집니다. 이야기할 거리를 찾아보려고 하지만 뜻대로 되지 않습니다. 아내가 사용하는 단어는 하루를 제대로 담아내지 못합니다. 홀로 아이를 키우는 엄마가 아직 아이가 없는 친구에게 별일 없었냐는 질문을 받으면 대답하기가 더더욱 곤란합니다.

아이를 데리고 병원에 다녀온 일을 남편에게 전달하는 데 5분밖에 걸리지 않았어요. 씁쓸하더군요. 병원에 다녀오는 데 온종일이 걸렸거든요.

▸▸ G, 2개월

남편에게 오늘 있던 일을 얘기하려는데 할 말이 없는 거예요. 아이는 기저귀를 세 장 적셨고, 30분쯤은 울지 않았어요. 그런데 그런 이야기가 뭐 그리 대단하겠어요?

▸▸ G, 3개월

퇴근한 남편이 오늘 뭐했냐고 물었어요. 아기를 데리고 친구와 카페에 갔다고 대답했죠. 남편 표정을 보니 제가 하루를 수월하게 보냈다고 여기는 눈치였어요. **사실 그렇지 않았는데,** 뭐라고 설명을 못 하겠더군요. 맞아요. 카페에서는 친구와 즐겁게 수다를 떨 수 있을 줄 알았죠. 하지만 저나 친구나 느긋한 시간을 보내지도, 대화에 제대로 집중하지도 못했어요. 둘 다 아기를 돌봐야 했으니까요.

▸▸ G, 3개월

퇴근한 남편을 보니 하루를 충만하게 보냈나 보더군요. 그런데 저는 남편에게 들려줄 이야기가 별로 없었어요. 아이가 오븐의 문을 여는 방법을 터득하기는 했죠. 그 모습이 엄청 재미있기는 했지만 그게 그렇게 대단한 일은 아니잖아요. 남편이 심드렁하게 반응할 게 뻔했어요. ▸▸ B, 10개월

그날 있었던 일을 설명하지 못하는 엄마들이 자신의 하루를 '제대로 표현할 말이 없다'는 생각을 품을 리가 만무합니다. 힘겨운 하루의 끝자락에 그만한 통찰력을 발휘할 수 있는 사람이 얼마나 있을까요? 아마도 엄마들은 말로 전할 만한 일이 실제로 거의 없어서 할 말이 별로 없다고 여길 것입니다. 당시에는 중요해 보였는데 지금은 피곤하기만 하다면, 엄마들은 자신이 별것 아닌 일을 크게 부풀린 게 틀림없다고 여깁니다. 지친 엄마는 그 어떤 일에도 별로 흥이 나지 않습니다. 몸을 조금만 움직여도 피곤합니다. 하루가 저물 무렵 대화를 주고받는 것은 인간의 고유한 행동인 듯합니다. 사람들은 그날 있었던 일을 스스로 헤아려보거나 문제를 설명하고 해결하려고 이야기를 합니다. 이야기하는 순간 자신의 이야기가 하찮아 보이면, 배우자의 이해를 끌어내는 것은 둘째치고, 나 조차도 자신의 행동을 이해하지 못하게 됩니다.

엄마가 이룬 성취는 눈에 띄지 않고 넘어가는 경우가 많습니다. 그 의미를 제대로 담아내는 언어가 없는 탓에 사람들의 머릿속에 제대로 인식되지 못하는 것입니다. 예를 들어 생후 2개월 된 딸을 병원에 데려가는 상황을 제대로 설명할 수 있는 사람이 있을까요? 병원 나들이만 해도 염두에 두어야 할 것이 많습니다. 생후 2개월 된 아기를 병원에 데려가는 엄마는 상황이 순조롭지 않을 가능성에 대비해 여러 가지 계획을 세웁니다. 게다가 바쁘게 돌아가는 병원에서 불가피하게 차례를 기다려야 할 때 아기가 울지 않도록 신경 써야 하는 일은 또 어떤가요?

엄마와 아기 사이의 친밀한 관계는 병원에서도 지속되지만 병원에서는 엄마가 통제할 수 있는 것이 거의 없으며 다른 사람을 배려해야 합니다. 이리도 복잡한 상황을 누가 제대로 설명할 수 있을까요?

어느 미국 육아서에는 "엄마가 된다는 것은 지루한 일이다"라는 안타까운 문장이 등장하는데 아마도 이 역시 표현의 부재 때문일 것입니다. 저자는 이렇게 덧붙입니다. "여러 여성이 엄마라는 역할 안에서 좌절하고 불안해하고 불편해한다……. 그들은 한 인간으로서, 그리고 엄마로서 자신의 자질에 의문을 품는다."[3] 완벽히 이해되지 않는 일을 할 때는 지겨워지기 쉽습니다. 사람은 자신이 지금 무엇을 하고 있고, 그 일을 왜 하는지 이해하고자 합니다. 그렇지 못한 엄마들은 당연히 '좌절감, 불안감, 불편함'을 느낄 것입니다.

엄마의 삶이 어떻게 시작되는지 더 자세히 알아보려고 독자 여러분이 나와 팀을 이뤘다고 가정해봅시다. 우리는 새로 엄마가 된 여성에게 아기와 일상생활에 관한 대화를 나눌 수 있겠냐고 물어봅니다. 우리는 엄마에게 그녀와 아기가 어느 정도 함께 시간을 보낸 뒤인 일요일 저녁에 다시 오겠다고 약속합니다. 시간이 흘러 약속 시간에 도착하자 아기를 안은 그녀는 초췌해 보입니다. 우리는 그녀에게 요즘 어떻게 지내냐고 물어보는데, 난관에 부딪힙니다. 엄마는 질문의 의미를 우리의 의도와는 다르게 받아들입니다. 엄마는 자기가 하지 **않은** 일이 무엇인지를 가장 잘 기억합니다. 자기 자신과 관련된 일은 아주 기본적인 것도 못 챙기고 있고, 집안일을 다 끝마치지 못해서 곤욕입니다. 엄마는 자기가 처리해야 할 집안일을 술술 늘어놓습니다. 우리는 인내심을 갖고 다시 물어봅니다. "샤워도 못 하고 점심도 못 챙겨 먹었다고 말했는데, 그러면 우리가 오기 전에는 아기와 무엇을 하고 있었나요?"

그러면 엄마는 "아무것도 안 했어요"라든가 "그냥 있었어요"라든가 "시간이 죄다 어디로 흘러가버렸는지 모르겠어요"라고 대답할 가능성이 큽니다.

아무것도 안 했다? 시간이 죄다 '흘러가' 버렸다? 우리와 대화를 나누고 있는 지금도 엄마는 분명 아기를 돌보고 있습니다. 엄마는 샤워도 점심 식사도 모두 포기했습니다. 자신의 시간과 에너지를 아기에게 온전히 바치고 있습니다. 우리는 다정하게 보살핌을 받는 아기를 바라봅니다. 하지만 대다수 사람은 이 상황을 제대로 설명하기 어려워할 것입니다. 우리는 실생활에서는 아주 명확하고 정확하게 언어를 씁니다. 자기 방을 '말끔하게' 정리한 사람에게는 그 상황을 설명하고 보여줄 언어와 말끔한 방이 있습니다. 하지만 자기 생활을 포기하면서까지 엄마가 아기에게 기울인 관심을 제대로 표현할 언어는 찾기가 훨씬 어렵습니다. 차이를 만들어냈음을 확인할 수 있는 뚜렷한 변화를 아기에게서 찾아보기 어려울 때가 많으니까요.

반면 엄마들의 잘못은 어렵지 않게 찾아냅니다. 아이를 제대로 돌보지 않는 엄마를 일컫는 단어는 아주 많습니다. 음울한 단어나 표현을 모아 작은 사전을 꾸릴 수 있을 정도입니다. 부주의하다, 이기적이다, 무심하다, 자기중심적이다, 차갑다, 무정하다, 방치한다, 무책임하다, 부자연스럽다, 드세다, 사납다, 독하다, 학대한다, 가혹하다, 과잉보호한다, 간섭한다, 통제한다, 권위적이다, 억누른다, 만족할 줄 모른다, 가만히 놓아둘 줄 모른다, 지나치게 개입한다, 싸고돈다, 아이 생각을 너무 많이 한다, 강압적이다, 다른 의견에 귀 기울이지 않는다, 욕심이 많다, 걱정이 많다, 신경과민이다, 신경질적이다, 철이 없다, 무능하다, 내성적이다, 심드렁하다, 우울하다, 응석을 다 받아준다, 너무 오냐

오냐한다, 너무 풀어준다, 지나치게 낙천적이다 등 얼마든지 더 적어 나갈 수 있습니다.

이런 표현들은 구체적입니다. 엄마가 아이를 기르는 방식이 잘못되었음을 가리킵니다. 대개 어떤 행동이 너무 과하거나 모자랄 때 잘못을 지적하는 말들입니다. 이에 따라 어떤 엄마는 '부주의하다'는 낙인이 찍히고, '과잉보호자'로 몰리기도 합니다. 하지만 엄마는 아이를 보호해야 합니다. 모든 엄마가 과잉보호와 방임이라는 두 부류로 나뉘지는 않습니다. 그것은 양극단을 표현한 것입니다. 논리적으로 봤을 때 우리에게는 '자녀를 적당히 보호한다'는 세 번째 표현이 필요합니다. 이 표현은 자녀를 제대로 보호하는 모든 엄마에게 사용할 수 있을 것입니다. 물론 자녀를 제대로 보호하는 엄마는 누구냐는 논쟁이 불거질 수도 있겠지만, 우리에게는 그런 논쟁의 대상이 되는 표현이 필요합니다.

부정적인 단어나 표현이 필요 없다는 뜻이 아닙니다. 우리에게는 그런 언어도 필요합니다. 그래야 엄마가 잘못된 길로 접어들 때 딱 짚어줄 수 있지요. 문제는 우리에게 부정적인 표현밖에 없는 것 같다는 점입니다. '학대하는 엄마'라는 말을 예로 들어보면, 그 말에는 반대말이 없습니다. 나는 엄마들에게 갖가지 상황을 가정해서 물어봤습니다. '학대하는 엄마'의 반대말로서 아이를 잘 보듬어주는 엄마를 지칭하는 말을 떠올릴 수 있겠냐고요. 그러면 다들 조용하게 생각에 잠기기 일쑤였습니다.

그런 말은 존재하지 않습니다. 우리가 엄마들을 인정해줄 때 사용하는 단어의 목록은 훨씬 짧습니다. 따스하다, 자애롭다, 끈기 있다, 사려 깊다, 친절하다, 배려한다, 아이를 잘 돌본다, 세심하다, 책임감 있다, 이타적이다 정도의 표현이 있습니다. 이런 표현은 대체로 엄마가 거둔 성과를 제대로 담아내지 못합니다. 그저 엄마의 심리 상태를 나타낼 뿐입니다. 엄마의 심리 상태는 눈에 보이지 않고, 엄마 스스로도 인식하지 못할지도 모릅니다. 엄마가 아이를 위해 모성에서 우러나오는 행동을 했을 때 그 행동을 설명할 만한 단어가 없다는 뜻입니다. 우리가 방에 들어갔는데, 그 방에서 한 엄마가 칭얼거리는 아기를 30분 동안 달래고 있었다고 가정해봅시다. 우리는 방해해서 미안하다며 사과를 합니다. 엄마가 대답합니다. "괜찮아요, 그리 중요한 일을 하고 있었던 것도 아닌데요." 하지만 그 엄마는 중요한 일을 하고 있었습니다.

우리는 생각이나 감정을 분명하게 표현하는 사회에서 자기 자신과 서로를 계속해서 의심하며 살아갑니다. 그러니 새로 엄마가 된 사람들을 끔찍한 비난조의 말 속에, 그리고 제대로 칭찬해주는 말은 거의 없다시피 한 언어생활 속에 놓아두는 것은 공정하지 못합니다. 우리의 언어생활은 부정적인 쪽으로 기울어져 있습니다.

가장 엄마다운 행동이 비난의 대상이 될 때도 많습니다. '걱정'이 바로 그런 사례입니다. 엄마들은 다들 걱정을 합니다. 하지만 걱정하는 엄마가 실제로 하는 일이 무엇일까요? 예를 들어 아기가 울음을 그치지 않을 때, 엄마의 머릿속은 바쁘게 돌아갑니다. 여러 가능성을 염두에 두고 아기의 울음소리에 귀를 기울이며 표정을 관찰합니다. 아기의 마음속으로 '들어가보려' 노력합니다. 아기의 행동을 책에서 읽은 내용과 비교해보기도 합니다. 아니면 수년 전에 들었던 뭔가를 다시 떠올리려고 애쓸지도 모릅니다.

엄마의 생각은 빠르게 퍼져나가 여러 층위를 검토합니다. 그러다가 아기가 우는 이유를 제법 명확하게 파악해낼지도 모릅니다. 엄마는 자기 생각이 맞는지 확인하려고 다른 사람에게 조언을 구하지만, 사람들은 그토록 세심하게 생각하는 일이 어리석다는 듯이 "그렇게 조바심치며 걱정하지 말라"고 대답합니다. 이런 말을 들으면 기분이 참담하고 바보가 된 듯한 느낌이 듭니다. 사람들이 이런 식으로 대꾸하는 이유는 보통 '걱정'이라는 말이 무의미한 생각을 반복적으로 한다는 뜻으로 사용되기 때문입니다. 사려 깊게 염려하는 엄마들의 마음을 존중해주려면 그 진가를 훨씬 더 명확하게 표현해줄 말이 필요합니다.

엄마들은 정신분석학 용어를 끌어오기도 하는데, 아마도 이것은 자신의 경험을 개선해보려는 노력일 것입니다. 엄마들은 자신의 행동에 '신경증', '강박증', '공포증', '편집증' 같은 꼬리표를 붙이곤 합니다. 예를 들어, 어떤 엄마는 독감에 걸렸는지도 모르겠다는 친구의 말을 듣고, 그 친구가 갓난아기를 보러 오지 않기를 바라는 마음이 들었다면서, 자신이 '편집증적' 상태에 빠진 것 같다고 말합니다. 아기가 배가 고프진 않은지 계속해서 확인하는 엄마는 자신의 행동을 '강박적'이라고 표현합니다. 아기가 오랫동안 잠을 자고 있을 때 불현듯 아기가 아프거나 잘못된 건 아닐까 하는 생각에 겁에 질리는 엄마는 자기 자신을 '신경질적'이라고 부를지도 모릅니다.

이런 사례는 모두 위험 요소를 제대로 파악할 만큼 경험이 충분하지 않은 엄마들이 신중을 기하는 모습입니다. 더 안전한 선택을 내리려는 시도입니다. 아직 경험이 많지 않은 엄마들은 책에서 영아 돌연사 증후군을 접했거나, 잠든 줄 알았던 아기가 사실은 몸에 이상이 있었던 경험을 했을지도 모릅니다. 그렇다면 당연히 걱정할 만하지 않을까요? 엄마들은 누구나 자기만의 특별한 걱정거리가 있고, 그게 현실로 나타나지는 않을까 수시로 확인합니다. 그런 행동은 당연하고, 육아를 배워가는 훌륭한 자세입니다.

처음에는 걱정이 정말 많았죠. 지금 와서 보니 그때는 제가 굉장히 신경증적이었어요.

▸▸ B, 6주

엄마 1 아이가 숨을 쉬지 않더니 축 늘어지는 거예요. 그래서 아이를 거꾸로 들고는 등을 두드렸어요. 계속 이름을 부르면서요. 119를 불러 병원으로 갔죠. 너무 갑작스러운 일이었어요. 아무 이상이 없던 애가 갑자기……. 요즘은 아이가 괜찮은지 계속 확인하는데, 그러다 보면 내가 제정신이 아닌가 싶을 때가 있어요.

▸▸ B, 7주

엄마 2 저도 그런 경험을 했는데, 딱 그렇게 되더라고요.

▸▸ 9개월

정말 신경증이라도 걸린 줄 알았어요. 아이의 상태를 계속해서 확인해보고 싶었거든요. 아기가 침대에서 잘 자고 있다는 걸 확인해놓고, 돌아서는 순간 다시 걱정되기 시작했어요. 걱정스러운 마음을 내려놓아 보려고도 했지만, 뜻대로 되지 않았어요. 그러던 어느 날 서녁, 원하는 만큼 아이의 상태를 확인해보기로 했어요. 첫날에는 30번쯤 확인했어요. 이러다가 정신이 어떻게 되는 게 아닌가 싶었죠. 하지만 그날 밤 이후로 아이를 들여다보는 간격이 점점 길어졌어요. 이제는 아이가 잠을 자고 있다는 걸 확신할 수 있게 되었죠. 지금도 밤마다 아이의 상태를 몇 번씩은 확인해요.

▸▸ B, 약 3개월

비행기를 타고 가다가 공황 상태에 빠져 식은땀을 뻘뻘 흘렸어요. '나야 수영을 할 줄 알지만 아이는 못 하잖아'라는 생각이 머릿속에 떠올랐거든요.

▸▸ B, 7개월

이러한 정신분석학 용어는 프로이트가 비이성적인 행동을 잡아내려고 사용했습니다. 그러므로 정신분석학 용어를 일상에서 사용하는 것은 별로 도움되지 않습니다. 그보다는 모성이 느껴지는 단어가 훨씬 유용합니다. 그러면 정신분석학 용어는 아기 상태를 계속 확인하느라 아무것도 못 하고, 자기 경험에서 배우지 못하는 엄마들을 표현하는 용도로 아껴둘 수 있을 것입니다. 어쩌면 이런 엄마들에게는 자신의 두려움을 누군가에게 털어놓을 기회가 필요할지도 모릅니다. 하지만 정신분석학 용어를 엄마들 전체를 대상으로 광범위하게 사용하면, 의미가 퇴색되어 정상과 이상을 구별하는 유용성을 잃고 말 것입니다.

엄마들의 육아를 제대로 대변해주는 단어가 심각하게 부족하다는 사실을 알아본 유일한 집단은 심리학자와 정신과 의사였던 듯합니다. 그들은 몇몇 용어를 만들어냈습니다. 1970년대에 마셜 클라우스Marshall Klaus와 존 케널John Kennell은 '유대관계bonding'라는 용어를 만들어냈고, 이 용어는 널리 쓰이게 되었습니다. 하지만 그들조차도 용어에 깃든 끈적끈적한 느낌 때문에 완전히 만족하지는 못했습니다.[4] '애착 육아attatchment parenting'라는 용어도 있습니다. 애착 육아란 어린 아이가 믿을 만한 부모 혹은 양육자와 자연스럽게 관계를 맺는 방식을 설명하고자 영국과 미국에서 발전시킨 이론입니다.[5] 동조entrainment라는 용어도 있습니다. 동조의 정의에 따르면 "아기는 엄마의 목소리에서 전해지는 리듬에 따라 움직이는데, 이것은 아기가 엄마에게 영향을 받는다는 뜻이므로 아기의 움직임은 엄마에게 보상으로 작용해 엄마는 계속해서 소리를 냅니다."[6]

한 가지 문제점이라면 심리학자나 정신과 의사는 어떤 용어를 만들어내는 순간 자신이 제시한 용어가 엄마와 아기에게 얼마나 중요한지를 보여주고자 한다는 것입니다. 클라우스와 케널은 이렇게 주장합니다. "모든 부모에게는 산후 기간 동안 수행해야 할 책무가 있습니다."[7] 이 '책무'를 규정하는 사람은 바로 그들입니다.[8] 이런 글은 엄마들이 엄마들의 언어(그 무엇보다 중요합니다)로 학자들을 안내하는 것이 아니라, '전문가'가 엄마들을 이끌어 위험 구역을 안전하게 통과하도록 안내하겠다고 나서는 것이기에 육아를 지뢰밭으로 만듭니다. 엄마들은 '유대관계', '애착 육아', '동조' 같은 과학적인 용어를 만들어낸 적이 단 한 번도 없습니다. 엄마들은 대신 사랑을 이야기합니다.

일상 언어가 아주 유용할 수 있습니다. 최근 육아 및 모유 수유와 관련해서 유용하게 쓰는 단어는 '자세잡기positioning'입니다. 자세잡기는 1970년대에 두 모유 수유 전문가가 만들어낸 용어이며,[9] 모유 수유를 할 때 아기가 엄마 젖을 물기 좋게끔 적절한 자세를 취하는 것이 중요하다는 뜻입니다. 당연한 말 같지만, 그렇게 간단하지 않습니다. 적절한 수유 자세는 엄마의 키, 유방의 크기 및 형태, 아기의 몸집, 침대 및 의자의 크기에 따라 달라집니다. 수유 자세가 좋지 못하면 모유 수유는 실패로 돌아가며, 이런 일은 비일비재합니다. 자세잡기라는 용어를 처음 접한 엄마들은 그 뜻을 정확하게 파악하지는 못할 것입니다. 하지만 모유 수유가 걱정스러운 엄마에게는 더 알아보려는 계기가 되어줄 것입니다. 이 용어를 사용하면 수많은 여성이 모유 수유에 **실패**했던 이유들을 이해할 수 있게 됩니다.

하지만 수십 년 전만 해도 모유 수유 요령을 설명하기 위한 용어는 필요하지 않았습니다. 모유 수유 요령은 여성들에게 아무런 설명 없이 전수되는 것이었습니다. 재클린 빈센트 프리야Jacqueline Vincent Priya는 자신의 저서에서 이렇게 말합니다. "전통 사회에서는 모두가 모유 수유를 한다. 엄마라면 누구나 모유 수유를 할 수 있고, 해내리라 생각한다. 내가 가본 모든 지역에서 모유 수유를 못하는 사람이나 아기에게 모유를 충분히 먹이지 못하는 사례를 아는 사람을 한 번도 본 적이 없다. 전통 사회에서 자라나는 소녀들에게 모유 수유는 주변에서 흔히 접하는 일상이기에 소녀들은 어려서부터 모유 수유 요령을 저절로 알게 된다."[10] 모유 수유를 하는 가정에서는 여자아이뿐 아니라 남자아이도 인형을 자신의 젖꼭지에 갖다 댑니다. 수천 년 동안 여성들은 모유 수유 요령을 모방 행동으로 다음 세대에 전수했다는 뜻입니다. 놀라운 성과입니다.

최근까지 엄마들에게는 육아를 설명하는 구체적인 언어가 필요하지 않았을 것입니다. 육아와 관련된 표현이 많지 않은 것은 바로 그 때문일 것입니다.[11] 여성들은 서로서로 엄마가 되어가는 과정을 지켜봤습니다. 아파트에서 홀로 아기를 돌보는 이 시대의 초보 엄마들은 이제 전통 사회에 속해 있지 않습니다. 대신 그들은 핸드폰과 인터넷을 들여다볼 것입니다. 육아 정보는 예전과 달리 언어로 전달됩니다. 그러니 마땅한 언어가 없다면 정보 전달에 지장이 생깁니다.

엄마가 되면 "잘했네!"라고 말해주는 사람이 거의 없어요. 누군가 그렇게 말해준다면 정말 기운이 날 텐데 말이에요.

▸▸ G, 8개월

엄마들은 따스한 눈인사나 애정 어린 말 한마디가 크나큰 위안과 격려가 된다는 말을 자주 합니다. 대체로 눈인사나 애정 어린 말 한마디를 전하는 사람들도 엄마입니다. 엄마들이 어떤 일을 해내는지 모르는 사람은 눈앞에서 엄마들이 훌륭한 일을 해내더라도 그 진가를 알아보지 못할 가능성이 큽니다.

엄마들이 해내는 일을 간결하게 압축해주는 말이 없어서 나는 이어지는 장에서 엄마들이 하는 일을 '구구절절' 설명해야 했습니다. 누군가는 언어를 너무 중요하게 생각하는 것 아니냐고 반문할 수도 있습니다. 적확한 언어가 그렇게도 중요한 것일까요? 엄마들이 해내는 일을 제대로 설명해주는 언어가 없다고 해도 엄마가 자기 역할을 잘해내기만 한다면 그걸로 충분한 것 아닐까요?

나는 마땅히 언어 문제에 관심을 기울여야 한다고 봅니다. 엄마라는 존재는 사회와 단절된 채로 살아가지 않습니다. 몇몇 사람들의 생각처럼 그저 자존감을 지키고자 애를 쓰는 것이 아닙니다. 아기는 엄마의 개인 소유물이 아닙니다. 육아는 엄마의 한가한 취미 생활이 아닙니다. 엄마는 이 사회의 새로운 구성원을 길러냅니다. 우리는 모두 이 사회의 일원으로서 상호작용을 하면서 살아갑니다. 우리는 느릿느릿 움직이는 만원 버스 안에서 아기가 울기 시작하는 상황에서 그 사실을 목격할 수 있습니다. 그런 상황이 벌어지면 엄마는 주변 사람을 의식합니다. 아마도 다른 승객에게 폐를 끼치는 건 아닌가 염려하거나 어쩔 수 없다는 심정으로 뻣뻣하게 긴장한 채 앉아 있을 것입니다. 그럴 때 우리가 보내는 신호가 중요합니다. 당시에는 그런 생각이 들지 않겠지만 우리는 미래 세대를 길러내는 일에 동참하고 있습니다.

하지만 우리의 노력은 방해를 받습니다. 우리 주변에는 부정적인 말이 너무나 많고, 그런 말들은 어려운 일을 해내고자 애쓰는 사람을 쉽사리 폄하합니다. 대다수 활동은 그 활동의 성과를 돋보이게 하는 말로 표현됩니다. 독특하게도 육아는 엄마들이 육아에 얼마나 **서툰지**에 초점을 맞춥니다. 앞서 언급한 버스에 옷차림이 독특한 사람이 함께 탔다고 가정해봅시다. 옷차림이 독특한 사람은 다른 승객들의 표정에서 다양한 반응을 얻습니다. 반면 울고 있는 아기의 엄마는 다른 승객들이 불쾌해하지 않을까 눈치를 봅니다. 하지만 이 엄마 역시 다양한 반응을 받아야 마땅하지 않을까요? 상황을 파악하려면 엄마들은 여러 가지 작은 신호가 필요합니다. 이런 상황에서 우리가 바라는 대로만 행동하는 엄마는 없을 것입니다. 옷차림이 독특한 사람이 그러하듯 말입니다. 그러나 균형을 잡기 위해서 엄마가 다른 사람들의 찬사를 받을 가능성도 열려 있어야 합니다.

엄마라는 막중한 역할을 맡은 사람이 자신의 성취를 자기 자신에게조차 제대로 설명할 수 없다면 하루를 마무리하면서 어떻게 만족감을 느낄 수 있을까요? 이야깃거리라고는 자신의 서투른 면밖에 없는 엄마가 어떻게 다른 사람과 자신의 하루에 대해서 제대로 된 대화를 나눌 수 있을까요? 깊이 생각해봐야 할 문제입니다. 스스로 육아에 서툴다고 생각하는 엄마가 육아를 즐길 수 있을까요?

육아가 아무리 고되다고 하더라도 여성 중에는 엄마로서 삶을 행복해하는 사람이 있는가 하면, 넌더리를 내는 사람도 있습니다. 그 양극단 사이에는 어느 쪽으로든 방향을 틀 수 있는 여성 대다수가 있습니다. 직장에서의 업무 능력을 칭찬하는 말은 많은 반면, 엄마의 역할에 대해서는 실수를 지적하는 부정적인 말만 많다면 당연히 여성들은 육아를 전담하는 상황을 꺼리지 않을까요? 자존감을 느낄 수 있는 직장생활을 더 선호하게 되지 않을까요? 직장에 다니는 엄마들은 돈을 벌어봐야 아기 돌보미에게 주고 나면 얼마 남지도 않는다면서 푸념을 늘어놓습니다. 그렇지만 적어도 아기 돌보미는 엄마와 육아의 책임을 나눕니다.

역사를 돌이켜봐도 일부 엄마들은 아기를 돌봐주는 사람에게 비용을 지불해왔고, 그런 과정은 대체로 집 안에서 이뤄졌습니다. 요즘 엄마들은 대개 아이를 두고 직장에 나가야 하기에 돌보미가 필요합니다. 엄마들은 "집에서 아기와 단둘이 지내다보면 미쳐버릴 것 같아요"라는 말을 자주 합니다. 분명 그 말에는 어느 정도 진실이 담겨 있습니다. 어깨에 짊어진 책임감은 막중한데, 자신의 노고를 알아봐주는 사람이 별로 없다면 미칠 것 같은 생각이 들 법도 합니다. 분명 엄마의 헌신은 아이의 인생을 지탱해주는 버팀목이 될 것입니다. 이런 이야기는 왜 그리도 듣기가 어려울까요?

우리가 사용하는 언어는 중요합니다. 언어는 엄마에 관한 이미지를 전달합니다. 이 시대의 언어가 전달하는 엄마의 이미지는 일그러져 있습니다. 여성들은 잘못된 이미지를 접하는 탓에 직장에서는 성공적인 삶을 살 수 있지만, 엄마로서의 삶은 너무 벅차서 제대로 해내기가 어렵다고 믿습니다. 지금보다 더 진실한 이미지를 전해줄 수 있다면, 좋은 엄마가 될 수 있다는 생각을 품고 아기를 돌보기로 한 여성에게 자신감을 심어줄 수 있습니다.

나는 이 책으로 엄마들의 이미지를 더욱 명확하게 그려보고자 합니다. 이를 위해 먼저 엄마들의 이야기에 귀를 기울여볼 것입니다. 이 책에 등장하는 이야기들은 내가 참석했던 여러 모임에서 둥그렇게 둘러앉아 아기를 어르거나 아기들이 노는 모습을 지켜본 엄마들에게서 들은 것입니다. 그들 대다수는 어린 아기를 둔 초보 엄마였습니다. 이제 막 엄마가 된 무렵은 중요한 질문을 던지고 해답을 찾아나가야 할 시기이기에 이런 모임이 유용합니다. 엄마들이 자신의 육아 방식을 정립하기 시작하는 시기입니다. 엄마라는 존재에 대해서 알아가기에도 좋습니다. 하지만 우리는 엄마들이 사용할 만한 적확한 언어가 없어서 그들이 '흐릿한' 이미지를 제시하는 순간도 눈여겨봐야 합니다. 더불어 우리는 엄마들이 자기가 생각하는 것보다 더 많은 것을 해내고 있다는 사실도 알게 될 것입니다.

이어지는 각 장은 주제별로 정리되어 있습니다. 각 장의 주제와 관련된 대화 전체를 맥락에 맞게 재구성하지 않고 부분적으로 발췌한 것이 부자연스러워 보일 수 있습니다. 각각의 이야기에 세월의 간격이 있을 때도 있었지만, 유사한 내용을 한데 모으니 흥미로운 점도 발견할 수 있었습니다. 엄마들의 발언 내용은 아기의 나이순으로 적어 놓았으니 도움이 되면 좋겠습니다.

우리는 지금까지 이야기의 흐름으로는 서두에 나와야 할 부분부터 풀어나갔습니다. 하지만 엄마들은 모임 서두에 이런 이야기를 잘 나누지 않습니다. 엄마들은 서로의 생각을 어느 정도 파악한 후에야 이런 격한 감정을 불러일으키는 이야기를 꺼냅니다.

2

아무런 준비 없이

편안한 마음으로 둥그렇게 모여 앉은 엄마들(대체로 초보 엄마들)은 자신의 삶이 아기를 낳은 뒤로 완전히 변했다는 사실을 분명하게 알고 있습니다. 그들은 인상적인 비유를 합니다. 자신이 '다른 나라', '다른 행성', '다른 궤도', '평행 우주'에 와 있는 듯하다는 것입니다. 엄마들은 그런 이야기를 하면서도 아기를 얼러주거나 토닥여줘야 할 때가 많습니다. 아기가 엄마의 강렬한 감정을 감지했는지 자꾸만 울음을 터뜨리려고 하니까요.

전 아직도 **충격**에서 회복하는 중이에요. 아이가 태어나자 조산사들은 저를 개인실에 혼자 놔두고 갔어요. 그러면서 제게 "아기에게는 엄마가 필요해요. 아기에게 젖을 주세요!"라고 말하더군요. 하지만 그때는 밤이어서 제게 수유 방법을 알려줄 사람이 아무도 없었어요. ▸▸ B, 2주

이런 기분이 들 줄은 몰랐어요. 자꾸 아이의 상태가 어떤지 살펴보게 돼요. 아이의 삶이 제게 달려 있잖아요. 두려워요. ▸▸ G, 2주

아이가 태어났을 때 아이는 제게 완전히 낯선 사람이었어요. 지금이야 아이를 사랑하지만 아이를 처음 보고 느낀 감정은 사랑과는 거리가 멀었어요. 왜 아무도 처음부터 사랑을 느끼기란 어려운 법이라고 이야기해주지 않았을까요? ▸▸ B, 5주

아이를 낳고 나서 완전히 충격에 빠졌어요. 모유 수유는 어떻게 하고 기저귀는 또 어떻게 가는지 아는 게 하나도 없었죠. '출산' 과정에서 겪은 일이 자꾸만 생각이 났어요. 그런 생각을 떨쳐내기까지 몇 주가 걸렸죠.

▸▸ G, 6주

아이를 낳기 전에는 다들 머릿속으로 행복하게 미소 짓는 부부가 아기와 공원에서 산책하는 장면을 상상하지만, 현실은 그렇지 않아요. 남편과 저는 지금도 부모라는 역할에 적응하려고 노력하는 중이에요. ▸▸ B, 3개월

저는 뭐가 뭔지 아무것도 몰랐어요. ▸▸ B, 5개월

첫째 때는 충격 그 자체였어요. 어쩔 줄을 몰랐죠. 그런데 둘째 때는 다르더군요. 첫째 때처럼 충격을 받거나 하지는 않았어요. ▸▸ B, 4살 & G, 1살

엄마들의 심정이 생생하게 전해집니다. 엄마들은 '충격'이라는 단어를 반복해서 사용합니다. 하지만 사실 '충격'은 엄마가 되는 과정에 어울리는 단어가 아닙니다. 엄마가 된다는 것은 전혀 새로운 현상이 아닙니다. 엄마들은 앞으로 어떤 일이 일어날지 예상했을 겁니다. 또 엄마들 사이에서는 아주 오랜 세월에 걸쳐 갖가지 지혜가 전해져 내려옵니다.

그러나 엄마들이 반복해서 이야기하듯이 이제 '충격'은 엄마들의 처지를 가장 정확하게 표현해주는 단어가 되었습니다. 전통 문화를 따르는 사회에서 소녀들은 어려서부터 엄마의 역할을 나눠 맡습니다.[12] 반면 서구 사회에서 여성 대다수는 성인이 되고 나서야 엄마들의 세계에 발을 들입니다. 그것도 경험이나 도와줄 사람이 별로 없는 상태로 말입니다.

예전에는 여성이라면 다들 엄마가 되리라고 여겼습니다. 엄마라는 역할은 여성이 문화의 '주류'가 되게 해주는 관문이었습니다. 아이가 없는 여성은 친절한 친척으로 가족과 친구들의 육아를 돕곤 했습니다. 그러다가 자신의 아기가 태어나면 주류 여성계의 중심 멤버가 되리라고 생각했습니다.

하지만 요즘은 사정이 다릅니다. 많은 여성이 종일 직장에서 시간을 보냅니다. 문화 전반이 이러한 변화에 발맞추는 방향으로 흘러갑니다. 아기를 낳은 여성은 휴직을 하게 되며, 휴직은 곧 자신을 도와주던

폭넓은 인맥으로부터 멀어짐을 뜻합니다. 동료들이 휴가에 앞서 인사 자리를 마련해줄지도 모릅니다. 고작해야 몇 달 동안 자리를 비울 뿐이지만 여성은 완전히 혼자가 된 듯한 기분을 맛봅니다. 그녀는 자신이 속했던 주류 사회를 뒤로한 채 고독한 여정을 떠나는 듯한 기분을 느낍니다. 외로움이 밀려듭니다. 자신이 의지하던 집단을 잃고 그런 집단을 다시 찾지 못했기 때문입니다. 그러다가 자신을 반겨줄 엄마들의 모임을 찾아 나섭니다. 여기서 중요한 점은 이 여성이 그런 모임을 스스로 찾아야 한다는 것입니다. 예전 엄마들이 의지하던 엄마들의 문화는 이제 이 여성을 위해 준비되어 있지 않습니다.

초보 엄마들은 대개 육아 정보를 어딘가에서 그러모읍니다. 그들은 책과 기사를 찾아보고 영상물을 시청하고 예비 엄마 학교에 다닙니다. 이렇게 모은 정보는 초보 엄마에게 앞으로 더러 깜짝 놀랄 때가 있으리라고 경고합니다. 존 콥John Cobb 박사는 『베이비쇼크Babyshock』라는 의미심장한 제목의 책에서 "마음의 준비가 되어 있지 않을수록 충격은 더 커진다"고 말했습니다.[13] 하지만 예비 엄마 수업까지 수강한 많은 엄마에게 현실은 벅차기만 합니다. **누군가**가 나서서 엄마들에게 경고를 해줘야 할지도 모릅니다. "아이를 키우면서 약간의 충격을 받으리라고 예상하는 사람이 많은데, 실제로는 어마어마한 충격을 받습니다"라고요.

엄마들은 왜 그리도 충격에 휩싸일까요? 여성들이 아기를 직접 대면하는 상황을 미리 준비할 수 없다는 사실이 어느 정도 영향을 미칠 것입니다. 그러나 앞으로 뜻밖의 상황을 마주치리라는 점은 미리 준비를 할 수 있습니다. 우리는 뜨거운 사랑에 빠질 때도 이와 비슷한 경험을 합니다. 그러므로 여성이 사랑에 빠질 준비를 하는 방식과 엄마가 될 준비를 하는 방식의 차이를 살펴보면 도움이 됩니다. 우리는 사랑에 빠질 채비를 갖추려고 사랑 준비 교실 같은 곳에 등록하지는 않습니다. 대신 사랑은 시나 노래 속에서 때로는 슬픈 어조로, 때로는 행복한 어조로 무수히 언급되기에 아주 다양한 관점으로 한 세대에서 다음 세대로 전달됩니다. "오, 그녀는 사랑에 빠졌다네"라고 말할 때, 그 말속에는 풍성한 의미가 담겨 있습니다. 우리는 사랑에 빠진 사람이라면 몽상을 하고, 우수에 젖고, 깜빡깜빡 잘 잊고, 어딘가 나사가 풀려 있고, 연인에게만 푹 빠져 있으리라고 짐작합니다. 어려서부터 우리는 사랑은 아주 극적인 사건이며 좋은 쪽으로든 나쁜 쪽으로든 우리 삶을 뒤흔들어 놓는다는 경고의 메시지를 감지합니다.

반면 한 여성이 엄마가 되는 사건이 노래나 문학의 주제가 되는 일은 드뭅니다. 그와 관련된 비범한 이야기가 더러 있기는 하지만 엄마가 새로 짊어진 부담을 덜어주려는 문화가 자리 잡히지는 않았습니다. 이런 상황에서 우리가 오래전부터 부르던 자장가는 분명 엄마들에게 큰 도움이 되었을 것입니다. 자장가는 가사와 멜로디로 유용한 정보를 전달합니다. 옛 자장가를 흥얼거리는 엄마는 그 순간 자신의 유년기나 어머니 혹은 할머니와 맞닿는 느낌을 받으며 엄마라는 공동 집단에 유대감을 형성합니다. 엄마는 품에 안은 아기를 바라보며 이 아기도 나중에 자기 아이에게 똑같은 자장가를 불러줄지 궁금해합니다. 하지만 요즘에는 '제대로 된' 자장가를 아는 엄마가 많지 않습니다. 그래서 많이들 자장가를 지어내거나 가사를 바꾸어서 부릅니다(206-207쪽 참고). 그러면 엄마들은 이전 세대의 엄마들과 단절되고 맙니다. 자장가는 유용한 육아 경험을 압축해서 담고 있습니다. 이스라엘과 요르단강 서안 지구에서 살던 아랍 여성들의 구전 자장가 한 편을 살펴봅시다.

아 알남남, 아 알남남
아기를 재우려는데 도무지 잠에 들지를 않네.
뱀이 올까 무서워
아기를 고미다락 위에서 재웠다네.
올케 아기 좀 얼러주세요,
올케 목소리를 듣다보면 잠이 들 거예요.[14]

이 자장가에는 아기를 재우지 못하는 엄마가 아기를 올케에게 건넨다는 내용이 담겨 있습니다. 2절도 있는데 2절은 1절과 가사가 똑같고 노래를 부르는 사람이 올케인 것만 다릅니다. 2절에서는 올케도 아기를 재우지 못합니다. 올케는 결국 아기를 '사이드의 아내'에게 건넵니다. 사이드의 아내가 누구인지는 알 수가 없습니다. 자장가는 거기서 끝이 납니다. 아마도 사이드의 아내에게도 뾰족한 방법이 없었나 봅니다. 이 자장가는 다른 여성의 이름이나 이미 나온 여성의 이름을 다시 등장시켜서 계속 이어서 부를 수 있습니다.

자장가는 하염없이 아기를 재우는 엄마들의 모습을 그립니다. 우리는 아기를 재우기까지 얼마나 오랜 시간이 걸리는지 알 수 있습니다. 더불어 아기 엄마가 아기를 재우는 '요령'을 직관적으로 알고 있지 않으며, 다른 여성들이라고 아기 엄마가 모르는 굉장한 비법을 알고 있지 않다는 점을 배울 수 있습니다. 자장가는 **아무도** 아기를 재우지 못할 때의 막막함을 넌지시 드러냅니다. 또한 듣는 사람이 아기 재우기를 더 깊이 이해하게 하고 아기를 재우려면 자장가를 얼마나 불러주고 아이를 얼마나 얼러주어야 하는지 궁금증을 품게 만듭니다.

자장가는 이 밖에도 더 많은 역할을 합니다. 엄마는 홀로 있을 때도 자장가를 부르면 온전한 삶을 누리고 있다는 기분을 느끼는데, 그런 삶의 방식은 느릿느릿하고 반복적입니다. 인내, 연민, 끈기와 같은 덕목이 중요합니다. 이런 덕목의 목적은 높은 성취가 아니라 앞으로 이어질 여정에 연속성을 부여해주는 것입니다. 많은 여성이 출산과 동시에 이러한 삶의 방식으로 돌아섭니다. 그 속에서 여성들이 갖고 있던 일반적인 가치관은 모두 뒤죽박죽이 됩니다. 많은 여성은 출산 직전까지 직장에서 일을 하는데, 직장은 치열한 경쟁이 펼쳐지는 곳이기에 인내와 연민이라는 가치가 경시되기 일쑤입니다. 효율적으로 일하거나, 통화 중에도 재빠르게 판단할 줄 알거나, 마감을 잘 맞추거나, 경쟁심이 강한 동료들과 조화를 이루는 능력은 아기와 함께 지내는 생활에는 쓸모가 없습니다. 삶의 방식이 바뀌는 것은 엄마들이 출산 후에 충격에 빠지는 또 다른 원인이 됩니다.

예전처럼 조금 더 전통적인 사회에서는 엄마들이 아기를 일터에 데려오거나 모유 수유 시간에 맞춰 아기를 직장에 데려오기도 했습니다. 덕분에 다른 여성들은 일상 속에서 엄마의 삶을 곁눈질으로라도 볼 수 있었습니다. 여성이 엄마로서의 삶을 준비하는 전통적인 방법이었습니다. 하지만 오늘날 직장과 육아는 분리되어 있습니다. 그렇다면 출산 직전까지 직장에 다니고자 하는 여성들은 엄마로서의 삶을 어떻게 접할 수 있을까요?

한 세대 전만 해도 엄마가 될 준비는 소꿉놀이에서 시작되었습니다. 요즘 아이들도 인형을 선물 받기는 하지만 대체로 예전과 같은 아기 인형이 아닙니다. 그래도 다섯 살 이하 아이들은 엄마가 아기를 어떻게 돌보는지에 자연스레 관심을 갖는 듯합니다. 등을 떠밀며 가까이에서 보라고 말할 필요가 없습니다. 초보 엄마들이 놀이터에서 아기에게 젖을 먹일 때면 여자아이들뿐만 아니라 남자아이들도 놀다 말고 엄마들이 무엇을 하는지 살피러 올 때가 많습니다. 아이들은 우두커니 서서 몇 분 동안 무슨 일이 일어나는지 살펴봅니다. 그러다가 더러 질문을 해오기도 합니다. "그 아기 아줌마 아기예요?" 그 말에는 구경해도 되겠냐는 정중함이 묻어납니다. 몇 분이 지나면 아이들은 다시 자기들이 하던 놀이로 되돌아갑니다.

이 학습 과정은 모두 말이 아니라 눈으로 보고 배우는 방식입니다. 아이들이 엄마뿐만 아니라 다른 사람들을 보고 배워야 할 필요가 있는 이유입니다. 아이들은 보고 배우는 과정에서 실질적인 육아 기술은 물론이고 엄마들의 태도도 배웁니다. 아기에게 젖을 먹이는 엄마의 모습을 본 여자아이는 그 엄마 특유의 수유 방법은 물론이고 그 엄마의 자존감 혹은 평정심 같은 정보를 흡수합니다. 전통은 자세한 언어보다는 보고 배우는 과정으로 한 세대에서 다음 세대로 전해져온 듯합니다.

오늘날에는 그러기가 어렵습니다. 많은 엄마는 출산 후 1년 안에 직장으로 돌아가며, 이런 변화는 최근에 일어났습니다.[15] 그래서 많은 아이가 상당 시간을 가족이 아니라 또래 집단과 보내며 보육 기관에서 보살핌을 받습니다. 그러다 보니 아이들은 아기를 대하는 엄마의 중요한 모습을 곁에서 보기가 더 어려워졌습니다.

예전에는 엄마가 되는 준비를 지금처럼 무심하게 시키지 않았습니다. 과거의 준비 방식은 대체로 일상 속에서 이뤄졌음에도 성공적이었습니다. 어린 시절에 엄마가 될 준비를 시키는 방법에는 제약이 따르기는 했지만, 이 방법은 새로운 대안이 마련되지도 못한 채 사라져버렸습니다. 수많은 엄마가 이런 사회에서 자랐기에 출산 전에는 아기를 안아본 경험이 없습니다.

과거에는 여성이라면 대개 커서 엄마가 되리라고 여겨졌습니다. 그렇기에 여성들은 학교 교육도 그런 점을 고려하여 받았습니다. 20세기의 어느 즈음에 이르러 옛 시대의 사고방식이 사라졌습니다. 여자아이들이 더는 엄마가 되리라는 기대를 받지 않습니다. 이로써 여자아이들의 앞날에는 자유가 부여되었고, 엄마가 된다는 것에는 부정적인 이미지가 덧입혀졌습니다.

역사적으로 교육은 엘리트 계층을 양성하기 위한 수단으로 발전해왔습니다. 교육의 목표는 교육받은 사람이 남과 다른 '대단한 일'을 한다는 생각을 품도록 고양시키는 것이었습니다. 교육을 받는 계층이 확대되면서 전통적인 교육관에 변화가 찾아왔지만, 완전히 변하지는 않았습니다. 전통적인 교육관은 워낙 뿌리가 깊었기에, 교육받는 아이들의 숫자가 늘어날수록 아이들은 하찮은 일에 대해 더욱 부정적인 인상을 지니게 되었습니다. 하찮은 일에는 육아도 포함됩니다. 옥스퍼드대학교를 졸업하고 지금은 엄마가 된 한 여성은 이러한 경향을 정확하게 짚어냅니다. "제가 받은 교육은 순전히 시간 낭비였을까요? 대학 생활은 아주 행복했지만, 거기서 받은 교육은 [아이] 이름표를 바느질하는 것과 같이 별 볼 일 없는 집안일을 하면서 살아가기에는 제가 너무 똑똑하고, 이룬 것이 많다고 믿게끔 가르쳤어요. 그리고 제대로 된 여성이라면 아이를 낳지 않을 거라는 믿음도 지니게 했고요."[16]

교육은 우리가 독립적으로 사고하고 질문하면서 도전하는 사람이 되게끔 해줍니다. 요즘 엄마들은 자신이 독립적으로 사고한다고 말합니다. 그중에는 스스로 선택해서 미혼모가 된 엄마도 있고, 가장 역할을 하는 엄마도 있습니다. 그들은 자신의 독립성을 자랑스럽게 생각합니다. 그런데, 자신의 독립성을 자랑스럽게 생각하는 엄마들일수록 아무래도 독립적이지 않은 아기와 함께 생활하는 것이 더 어렵지 않을까요? 요즘 아기들은 유아기로 빠르게 접어드는 듯합니다. 엄마들은 밤새 몇 시간이나 연달아 잠을 잤다거나, 스스로 장난감을 갖고 노는 법을 터득했다거나, 낯가림을 하지 않는다는 등의 이유로 아기를 칭찬합니다.[17] 독립성이 아주 강한 엄마는 아마도 의존적인 아기의 욕구를 이해하기가 어려울 것입니다.

학교와 직장에서 보낸 세월이 엄마가 된다는 것에 관한 생각에 또 다른 방식으로 영향을 미칩니다. 엄마가 된다는 것은 관계가 계속해서 진행된다는 사실을 의미합니다. 데이나 브린Dana Breen은 『엄마들과의 대화Talking with Mothers』의 서문을 새로 쓰다가 이 점을 깨달았습니다. 브린은 '허들모형hurdle model'이라는 용어로 사람은 특정한 역경이나 방해물을 극복할 준비를 한다고 설명합니다. 역경을 극복하고 나면 삶은 다시 일상으로 돌아갑니다. 브린은 엄마는 그렇지 않다고 주장합니다. 여성은 엄마가 되면서 변화를 맞이하며, 출산 후에는 삶이 예전과 달라집니다.[18] 이 점을 강조하는 이유는 무엇일까요? 아기가 태어나서 엄마 곁에 머문다는 사실은 누구나 다 압니다. 하지만 여성들이 엄마가 되기 전에 어떻게 살아왔는지를 생각하면, 허들모형이 그들에게 얼마나 커다란 영향을 미치는지 여실히 드러납니다.

학교에서는 학생들에게 걸림돌을 뛰어넘으라고 요구합니다. 그래서 학창 시절 내내 시험이 이어집니다. 학교는 아이들에게 시험 준비를 철저히 해서 습득한 지식을 짧고 굵게 선보이고, 그런 다음에 휴식을 취하라고 말합니다. 이러한 패턴은 직장에서도 반복됩니다. 오늘날에는 여성 상당수가 직장에 다닙니다. 업무가 과중할수록 여성이 넘어야 할 방해물은 많아집니다. 지원서 제출과 면접, 정시 출근, 능력 발휘, 프레젠테이션, 승진, 경쟁, 자리 지키기, 역량 확대 등 넘어야 할 걸림돌이 참 많기도 합니다. 각 걸림물을 건널 때마다 여성은 기어를 최대한으로 올려서 짧고 굵게 준비를 하고, 넘은 후에는 휴식을 취할 수 있으리라고 기대합니다.

여성은 당연히 허들모형을 출산 과정에도 적용합니다. 얼핏 예전에 겪어봤던, 비슷한 상황처럼 보이기에 다시 비슷한 방식으로 준비하면 된다고 생각합니다. 도서, 영상물, 인터넷 웹 사이트, 출산 교실 등이 준비에 필요한 각종 정보를 제공합니다. '성공적인' 출산을 목표로 열심히 공부하고, 출산 후에는 집에서 휴식을 취할 수 있을 것입니다. 몸이 회복되면 삶은 항상 그래왔듯이 제자리를 찾을 것입니다. 아마 누구든 조금이나마 이런 생각을 해봤을 것입니다. 그러다가 드디어 아기와 함께 집으로 돌아왔는데, 영상물을 시청하거나 친구들과 커피를 마실 겨를이 눈곱만큼도 없다는 사실을 깨달으면 얼마나 절망스러울까요.

아기가 태어나면 여성의 삶은 완전히 달라집니다. 니겔라 로슨Nigella Lawson은 이렇게 말합니다. "임신을 하고 엄마가 된다는 것에는 이상한 면이 있다. 임신을 하면 엄마가 된다는 건 누구나 다 아는 사실이지만 그 안에서의 심리 상태는 각각 다르다. 출산한 지 얼마 안 된 친구가 자기가 임신했다는 사실을 알았을 때 왜 사람들이 앞으로 아기를 낳게 될 거라는 말을 안 해줬는지 모르겠다는 말을 했다. 나는 그 말의 뜻을 정확하게 이해했다."[19] 내가 이 대목을 엄마들에게 읽어줬을 때, 엄마들의 반응도 그와 똑같았습니다.

초보 엄마들은 때로 예비 엄마 학교에 나가던 시절을 되돌아보며 배신감을 느낍니다. 예비 엄마 학교는 아기와 함께하는 삶을 준비하는 데 큰 도움이 되지 않습니다. 약간의 도움을 얻을 수 있을 뿐입니다. 예비 엄마 학교에 다니는 시기면 출산이 몇 달밖에 남지 않을 때입니다. 출산은 당연히 예비 엄마의 걱정거리입니다. 엄마들은 출산 정보를 원하고, 예비 엄마 학교는 그 요구에 부응합니다. 출산 정보는 실용적이며 누군가에게 가르쳐줄 수 있는 정보입니다. 엄마들은 마음을 열고 열심히 배우려 합니다. 엄마들은 아무래도 본인이 궁금한 내용에 선별적으로 귀를 기울이기 때문에, 출산 이후와 관련된 정보에는 크게 관심을 두지 않기도 합니다. 정보를 가려서 습득하지 않는다고 해도, 오늘날 초보 엄마들은 준비가 부족해서 예비 엄마 교실로 메울 수 있는 수준이 아닙니다.

저는 여러 강좌를 듣고 책도 많이 읽었어요. 이제는 제법 아는 게 많다고 생각했죠. 하지만 역부족이었어요. 저는 선생님인데, 교실에 있는 다섯 살짜리 아이를 낳는 것이었다면 아마 별문제가 없었을 거예요. 출산 과정은 그럭저럭 괜찮았는데, 지금 와서 보니 제가 열심히 준비했던 건 출산뿐이었어요. 제 평생 지금처럼 힘든 적은 없어요. 제가 할 줄 아는 게 아무것도 없는 것 같아요. 외롭고 고독하고 계속해서 실수를 거듭하기만 하는 듯해요. 육아는 어려워요. 그리고 육아가 어렵다고 말하기도 어렵죠. ▸▸ G, 5주

속은 기분이었어요. 아이를 낳고 나니 아이와 단 하루를 같이 보낼 준비도 제대로 되어 있지 않았어요. 매일 저녁 가슴을 졸였죠. ▸▸ B, 6주

아이를 낳은 뒤로는 충격의 연속이었어요. 무슨 말이냐면, 출산을 준비해 왔는데 어느 순간 **딱** 출산을 한 거죠. 그 이후로는 거대한 구덩이가 놓여

있는 듯했고요. ▸▸ B, 2개월

출산 이후에 대해서는 아무 생각도 할 수가 없었어요. 무서웠거든요.

▸▸ B, 2개월

임신에 대해서는 모르는 게 없다시피 했어요. 하지만 임신은 그 뒤에 일어날 일에 비하면 아무것도 아니었어요. ▸▸ B, 3개월

왜 아무도 이야기해주지 않을까요? 사람들은 출산, 기다란 겸자, 분만용 흡착기, 제왕절개에 대해서는 잘 가르쳐줘요. 하지만 그 뒤에 어떤 일이 일어나는지는 아무도 이야기해주지 않아요. 저는 아이한테 문제가 있다고 생각했어요. 아이는 두어 달가량 계속해서 안겨 있기를 바라더라고요. 한 순간도 내려놓을 수가 없었어요. 심지어는 화장실에 갈 때 조차도요. 모든 엄마가 그런 일을 겪는 건 아니겠지만 그렇게 드문 일도 아닌 듯했어요. 왜 아무도 그런 얘기는 안 해줄까요? ▸▸ G, 4개월

병원에서 돌아왔을 때가 아직도 생생히 기억나요. 카시트에 누운 아이를 우리가 오랫동안 살아왔던 아파트의 앞쪽 방으로 옮겼죠. 그리고 생각했어요. '도와줘! 이제 어떻게 해야 하는 거지? 애한테 어떻게 해줘야 하는 거야?' 제가 준비해온 일은 모두 출산과 관련된 것이었어요. 출산 이후와 관련된 건 하나도 없었죠. ▸▸ B, 9개월

다들 호들갑을 떤다는 생각이 들지도 모르겠습니다. 하지만 이런

일들이 현실에서 실제로 벌어집니다. 하룻밤 사이에 엄마는 자신이 새로운 영역으로 들어왔다는 사실을 깨닫습니다. 일상생활이 구석구석 모조리 달라집니다. 아기를 돌보다 보면 예전에는 상당히 안전하고 평범했던 일상이 이제는 예기치 못한 사고나 위험으로 얼룩져 있는 것처럼 보입니다. 아기의 안전은 엄마의 주의 집중에 달려 있습니다. 길거리에서 마주친 한 엄마가 다소 편해 보인다고 가정해봅시다. 그 순간은 아무런 위험 요소가 없는 안전한 순간일 것입니다. 그러다가 엄마를 깜짝 놀라게 하는 일이 생긴다면, 엄마의 눈에는 일순간 긴장하는 기색이 돌 것입니다. 아주 느긋한 여성도 엄마가 되고 나면 현실적으로 살아가야 한다는 사실을 배웁니다.

오늘은 세 가지 일을 해치웠는데 완전 에베레스트산에 오르는 기분이었어요. 하나같이 계획이 필요한 일들이었죠. ▸▸ G, 5주

아기띠를 하고 남편과 산책을 나섰어요. 남편이 제게 말을 걸었는데 도저히 남편의 말에 귀를 기울일 수가 없었어요. 혼자서 "저 계단은 조심해야겠어. 저 앞 보행로에 금이 가 있네. 아, 저기 자전거가 온다"와 같은 말을 하느라 바빴거든요. 머릿속에 계속 그런 생각만 떠올랐어요. ▸▸ B, 3개월

아침에 일어날 때마다 아이를 데리고 가야 할 곳이 어디인지 생각하고, 오가는 길에 계단은 없는지, 유모차는 지나갈 수 있는지 따져봐요. 이제는 어딘가를 가려면 이것저것 따져보아야 해요. ▸▸ B, 3개월

저는 좀 허술한 편인데, 엄마는 무척 야무져야 해요. ▸▸ G, 4개월

이런 얘기를 들으면 초보 엄마들이 아이를 기르지 않는 친구들에게 거리감을 느끼는 이유를 짐작할 수 있습니다. 엄마들은 자신이 아주 높은 경계선을 넘은 듯한 기분을 느낍니다. 경계선 맞은편에 있는 친구들은 무심합니다. 한때는 엄마들도 그런 모습을 보였습니다.

친구들이 제게 전화를 걸더니 이렇게 말하더군요. "오늘 클럽에 같이 가지 않을래? 끝내주는 밤을 보내자." 친구들은 몰라요. 설령 제가 클럽에 가고 싶다고 해도 그러면 아기는 어쩌나요? 그렇지만 사실 저도 예전에는 친구들과 똑같은 말을 했어요. ▸▸ B, 2개월

저도 예전에는 친구들과 똑같았어요. 아기를 데려온 친구와 함께 시간을 보내는 건 아주 **따분하다고** 생각했죠. '애를 돌본다고 왜 자꾸만 우리를 방해하는 거야?' 그런 생각을 했어요. ▸▸ G, 4개월

예전에는 아이가 없는 여성이 아이를 키우는 친구를 도와주는 게 당연했습니다. 요즘 여성들은 이런 전통적인 굴레에서 해방된 듯하지만, 자신이 엄마가 되고 나면 이 자유는 고독으로 되돌아옵니다. 그들은 간절하게 필요한 위안과 이해를 친구들에게서는 얻기가 어렵다는 사실을 깨닫습니다. 그러고는 함께 어울리던 친구들의 모습을 보며 예

전의 자기 모습을 떠올립니다.

친구들은 엄마들이 아기를 얼마나 애지중지하는지 제대로 이해하지 못할 수 있습니다. 아기는 엄마의 삶 속에서 아주 소중한, 새로운 사람이 됩니다. 여성이 임신했을 때 아기는 그저 그녀와 그녀의 남편만이 제대로 이해할 수 있는 개인사처럼 보입니다. 하지만 태어나는 순간 아기는 우리 모두가 공유하는 이 사회의 새로운 구성원이 됩니다. 누군가가 아기를 향해 어떤 말을 할 때, 그 말은 엄마에게 깊은 상처를 줄 수도 있습니다.

> 아이가 울자 제 친구가 말했어요. "꼬마 프리마돈나로군." 기분이 상했어요. 그 친구는 아이가 없어요. 그러면서 제 아이를 자기 멋대로 판단하려 들더라고요.
>
> ▸▸ G, 2개월

> 엄마와 아기가 동반하는 모임에 작은 남자아이가 하나 있었는데, 그 아이 귀가 돌출 귀였어요. 돌출 귀는 그렇게 큰 문제가 아니에요. 곧 머리가 길게 자라면 눈에 띄지 않을 테니까요. 그런데 한 엄마가 그러는 거예요. "요 귀엽게 삐죽 튀어나온 귀 좀 봐!" 그러자 아기 엄마가 아기를 끌어안고 머리를 계속해서 쓰다듬어 줬어요. 속상해하는 모습이 역력했어요. 누구든 자기 아이가 제대로 된 대접을 받기를 원하니까요.
>
> ▸▸ B, 11개월

출산을 한 직후는 엄마가 한창 예민해져 있을 시기입니다. 초보 엄마는 타인이 자신의 아이에게 어떤 식으로 반응하는지 배우는 중입니다. 만약 문제가 있다면, 엄마는 그 문제를 덜어주려고 무던히 애를 쓸 것입니다. 엄마는 아이와 사회를 연결해주는 사람입니다. 다른 사람이 눈치채지 못하는 사소한 것들이 엄마의 눈에는 잘 보일 때가 많습니다. 그게 바로 엄마에게 주어진 '역할'입니다. 유능한 엄마가 되려면 필요한 자질인 예민함의 이면에는 쉽게 상처받기 쉬운 면이 있습니다.

엄마는 아기의 일평생을 함께합니다. 많은 여성은 여기에서 비롯되는 강렬한 감정에 전혀 준비되어 있지 않습니다. 여성 다수는 스스로를 '직장 여성'으로 여기며, 아기가 엄마의 기존 생활방식에 적응해주리라고 기대합니다. 아기와 무척 친밀해진 나머지 복직을 하기 싫어지리라는 생각은 미처 하지 못합니다. 이런 마음은 직장 생활에 영향을 미칩니다.

최근에는 회사가 엄마들이 일하기에 더욱 유연한 곳이 되어가고 있습니다. 이제 엄마들은 '출산 휴가'나 '육아 휴직'을 쓸 수 있습니다. 하지만 그 기간은 길지 않습니다. 일반적으로 육아는 직장 생활의 걸림돌로 간주됩니다. 이런 분위기 탓에 엄마들은 자녀 계획보다 직장 생활을 더 우선시하게 됩니다. 여성들은 출산 후에 자신의 가치관이 바뀌어 적잖이 충격을 받는다고 합니다. 그러면서 예전에는 그토록 중요하게 여겼던 직장 생활이 처음으로 육아보다 중요하지 않아 보이기도 합니다.

직장을 그만두면 제 경력도 거기서 끝날 거예요. 저는 박사 학위를 따고 연구직으로 일하는데, 여기까지 오는 데 오랜 시간이 걸렸어요. 일을 쉬면 분명히 뒤처질 거예요. 그래도 **상관없어요!** 아이와 함께 있고 싶으니까요.

▸▸ G, 3개월

아이를 낳기 전에는 모든 일을 미리 정해놓아야 한다는 생각밖에 없었어요. 아이를 낳고 나서 어떤 기분에 휩싸일지는 미처 생각하지 못했죠. 원래 복직할 생각이었지만, 지금은 그러고 싶지 않아요. 아이와 함께 있고 싶어요. 다른 사람에게 맡겨도 아이는 잘 지내기야 하겠지만, 저는 너무 이르다고 생각해요.

▸▸ B, 4개월

제가 이렇게 변할 줄은 몰랐어요. 전업주부로 살며 집에서 아기를 돌보고 싶을 거라는 생각은 꿈에도 해본 적이 없거든요. 회사에서는 아이가 생후 9개월이 될 때까지 출산 휴가를 줘요. 9개월이면 아이가 기고 걷기 시작할 시기잖아요. 그런 시기에 다른 사람이 아이를 돌보는 모습은 생각만으로도 끔찍해요. 그 시간을 아이와 함께 보내면서 아이가 자라는 모습을 직접 보고 싶어요.

▸▸ B, 6개월

많은 엄마가 아기가 태어나기 전에는 출산 휴가 기간이 넉넉해 보여서 휴가 결재란에 기꺼이 서명하리라 생각합니다. 출산 휴가가 끝나면 엄마는 직장으로 돌아가야 합니다. 만약 복직을 거부한다면 계약 조건에 따라 출산 휴가 동안 받은 월급을 반환해야 하는데, 이미 그 돈은 다 써버린 지 오래일 것입니다. 많은 엄마가 복직 시기가 다가오면 마음이 뒤숭숭해집니다.

근로 계약 조건은 계속해서 변하고 있습니다. 여성이 유능한 직원인 경우가 많으므로, 이들을 잡기 위해 회사는 더욱 유연한 근로 조건을 제시해야 할 것입니다. 하지만 그런 일은 아직 일어나지 않고 있습니다. 참 안타깝습니다. 여성들은 자기 아이에게 따스한 사랑을 느끼는 상황에 미처 대비되어 있지 않아서 그중 상당수가 제대로 준비하기도 전에 복직을 하겠노라고 회사와 약속하며, 아기들은 엄마의 사랑 속에서 보살핌을 받을 기회를 박탈당합니다.

이 책에서 우리는 엄마들이 무엇을 배우고, 자신이 처한 상황에 어떻게 대처해나가는지를 살펴볼 것입니다. 일정한 시기에 이르면 엄마들은 아무도 눈치채지 못하는 사이에 '초보 엄마'에서 '어느 정도 노련한' 엄마로 탈바꿈합니다. 준비가 부족했음에도 엄마들은 자신이 가야 할 길을 찾아냅니다.

출산은 죽음과 마찬가지로 아무런 예행 연습 없이 맞이하는 급격한 변화입니다. 그렇다고 해서 아무런 준비를 하지 못한다는 뜻은 아닙니다. 적어도 우리는 앞으로 우리가 갈팡질팡하거나 충격을 받을 수 있다는 점에 대해서는 대비할 수 있습니다. 이런 식으로 마음의 준비를 해두면 도움이 됩니다. 엄마들은 출산 후 몇 주간의 힘든 시기에 대해 서로 이야기를 주고받으면서 힘을 냅니다. 그 시기에는 누구나 힘겹다는 사실을 알고 나면 자신이 겪은 어려움을 새로운 관점에서 바라볼 수 있습니다. 난생처음 아기를 키우다 보면 누구나 충격에 빠질 수 있습니다. 하지만 우리가 아기를 맞이할 준비를 제대로 하지 못했다는 점을 고려한다면, 그것은 충분히 예상할 수 있는 일입니다.

처음으로 사랑에 빠진 여성이라면 자주 몽상에 잠기거나 깜빡깜빡할 때가 많을 것입니다. 사별을 한 사람이라면 외로움에 사무쳐 눈물을 흘릴 때가 많을 것입니다. 엄마들에게도 처음 몇 주간 '적응' 기간이 있어야 합니다. 그 기간이 지나면 엄마들은 대개 차분하고 유능한 모습을 보일 것입니다. 초보 엄마라면 **적어도** 6개월 정도는 서툴고, 걱정이 많고, 갈팡질팡하고, 감정 변화가 크지 않을까요? 엄마가 되면 처음에는 다들 그런 법이라는 사실을 우리가 받아들이면, 엄마들을 더 많이 지지해주고 존중해줄 수 있을 것입니다.

그래도 엄마들은 아기를 돌보면서 이따금 깜짝깜짝 놀랄 것입니다. 일반적으로 엄마가 아기를 처음 보고 느끼는 감정은 놀라움이라고 합니다. 아마도 그것은 9개월 동안 편지를 주고받던 펜팔 친구를 처음 만나는 심정과 비슷할 것입니다. 편지를 주고받으면서 우리는 상대방에 대한 인상을 쌓아나가지만 실제 인물은 그 상상과는 다르기 마련입니다. 9개월이라는 시간은 일종의 준비 기간이었습니다. 진정한 관계 맺기는 지금부터 시작입니다.

3

온갖 책임감

엄마에게 아기의 탄생은 자신감을 송두리째 뒤흔드는 사건이 아니라 엄마가 감당할 수 있는 수준의 놀라운 사건이 되어야 합니다. 엄마가 침착한 상태를 유지해야만 아기와 함께 보내는 시간을 즐기면서 아기의 필요를 채워줄 수 있습니다. 이 세상에는 갓난아기와 친숙해져가는 과정을 한마디로 표현해주는 단어가 없습니다. 말로 표현하기가 상당히 어렵기 때문입니다. 그 과정은 컴퓨터로 결과를 수집하고 편안하게 수면을 취하면서 아침 9시에서 오후 5시까지 연구할 수 있는 주제가 아닙니다. 초보 엄마는 잠깐 화장실에 다녀오는 사이에도 아기의 안전과 건강을 염려합니다. 몸이 근질거려서 샤워하고 싶은 마음이 간절할 때도 샤워기 소리 때문에 아기의 울음소리를 듣지 못할까 봐 걱정이 앞섭니다. 또 서둘러 복직하고 다른 사람에게 아기를 맡기면, 그 사람이 아기를 제대로 돌볼 줄은 아는지, 그리고 직장에서 전화로 이런저런 것들을 알려줘야 하는 건 아닐지 걱정합니다.

엄마에게 출산 후 가장 난감한 시기는 아기와의 관계가 막 시작되는 무렵입니다. 엄마는 아직 아기가 보내는 '신호'를 이해하지 못하며, 아기 역시 마찬가지입니다. 엄마들은 육아를 배워가는 과정에서 뜻밖의 사건을 겪을 때보다 아이를 맞이할 준비가 너무나도 부족했다는 사실을 절감할 때 두려움을 느낀다고 말합니다.

갓 엄마가 되었을 때, 제가 엄마라는 사실에 엄청난 공포감이 밀려들던 게 기억나요. ▸▸ B, 6주

저는 조산사여서 아기를 안아주고 돌봐주는 일에 익숙했어요. 하지만 산부인과에서 집으로 돌아와 아기의 사랑스럽고 자그마한 얼굴과 손을 들여다보는데, 이 아기를 제가 책임져야 한다고 생각하니까 눈물이 찔끔 나더라고요. 아무리 조산사여도 엄마가 느끼는 책임감에는 준비가 되어 있지 않았던 거죠. ▸▸ B, 6주

'육아는 내 책임'이라는 생각에는 도저히 익숙해지지 않아요. 남편은 이렇게 말해요. "기저귀는 내가 **대신** 갈아줄까?" ▸▸ G, 3개월

엄마가 느끼는 책임은 미리 준비할 수 없어요. 저는 책임이 막중한 직업에 종사해왔어요. 출근해서 늦은 시간까지 일하느라 집에서 보내는 시간이

아주 적었죠. 그러다가 어느 순간 제게 전적으로 의지하는 아기를 저 혼자 온종일 돌보고 있더군요.

▸▸ G, 3개월

남편과 저는 아직도 충격에 빠져 있어요. 아기가 태어나고 나서 우리 삶이 이렇게나 많이 변하고, 우리가 이토록 기진맥진하다는 사실이 **실감나지 않아요**. 하루 24시간 아기를 돌보는 일에 익숙해질 리가 없잖아요. 육아에 비하면 첫 경험은 **아무것도** 아니에요. 아이가 생긴 후로 제 삶은 완전히 달라졌어요.

▸▸ G, 13개월

엄마들이 반복해서 사용하는 키워드는 '책임'입니다. 나는 모유 수유 상담가라서 간혹 모유 수유 문제로 고민하는 엄마들에게 전화가 옵니다. 그런데 엄마들은 자신의 고민거리를 설명하다가 문득 그 고민이 사실은 그 밑에 깔린 부담감에서 비롯되었다는 사실을 깨닫고는 감정이 북받쳐서 흐느껴 울기도 합니다. 엄마로서 짊어져야 할 책임은 막중한데, 그것을 감당할 만한 준비가 되어 있지 않기 때문입니다.

'책임을 진다'는 뜻의 영어 단어 'responsible'은 '응답'이라는 뜻의 'response'에서 파생되었는데, 엄마가 하는 일이 바로 이 응답입니다. 엄마는 아기에게 **응답**하는 법을 배워나갑니다. 인간관계에서 이 응답은 대부분 언어로 이뤄집니다. 예컨대 해외에서 온 낯선 손님을 맞이할 때는 손님이 무엇을 원하는지 그 나라 언어로 물을 수 있습니다. 하지만 아기를 돌볼 때는 아기가 보내는 비언어적인 '신호'를 관찰하고 포착해야 합니다. 이런 식의 의사소통은 시간이 지나면서 서서히 수월해지기는 하겠지만 처음에는 낯설기 짝이 없을 것입니다.

초보 엄마는 아기가 어떤 모습을 보일지 새로 배워야 합니다. 이제 아기는 엄마의 배 속에서 활발하게 움직이거나, 발로 차거나, 딸꾹질을 하거나, 스트레칭을 하지 않습니다. 출산 이후의 육아는 전혀 다른 사람을 알아가는 과정처럼 느껴지기도 합니다.

엄마 1 임신 중에는 아기와 제가 한 몸처럼 느껴졌어요. 저는 아기의 일거수일투족을 모두 알아차릴 수 있었죠. 제가 아이를 끔찍이 사랑한다고 생각했어요. 하지만 세상에 나온 아이는 저를 전혀 알지 못한다는 듯한 눈빛으로 쳐다봤어요. 저 역시 낯선 사람을 보는 느낌이었고요. 속은 듯한 기분이었죠. ▸▸ B, 3주

엄마 2 저는 정반대였어요. 아이를 임신했을 때 저는 제가 임신을 했다는 사실을 쉽사리 잊곤 했어요. 반면 제 직장 동료는 자기 배 속의 아기가 너무나 잘 느껴져서 업무에 집중하기가 어렵다고 말하더군요. 저는 생각했죠. '나는 왜 그렇지 않을까? 아무래도 나는 좋은 엄마가 되기는 글렀고 아기를 사랑해줄 수 없으려나 보다.' 저는 앞으로 제가 어떤 엄마가 될지 전혀 알지 못했어요. 하지만 아이가 태어난 지금, 아기는 정말 사랑스럽고 저는 늘 아기 생각뿐이죠. ▸▸ B, 6주

확대 가족에서는 육아 책임이 분산되는 편입니다. 또 일부 가정에서는 부부가 육아를 공평하게 분담하기도 합니다. 하지만 복직하기 전까지는 대체로 엄마들이 가장 막중한 책임을 짊어집니다.

서점에 가면 육아서 코너가 있습니다. 육아서는 다들 좋은 내용에

멋진 그림을 담고 있습니다. 문제는 육아서들이 서로 상충한다는 점입니다. 엄마들은 반대되는 두 의견 중에서 어느 쪽이 '옳은지' 판단하지 못할 때가 많습니다. 어느 쪽이든 확고한 어조로 자신의 의견만이 옳다고 주장합니다.

엄마 1 뭘 해야 하는지 누가 좀 알려주면 좋겠어요. 지도 같은 게 있으면 좋겠어요. 정말 막막하거든요. 일정한 규칙 같은 게 없으니 언제 뭘 해야 하는지, 내가 제대로 하는 건지 도통 모르겠어요. ▸▸ B, 8주

엄마 2 그런 지도를 구하면 저도 좀 보여주시겠어요? ▸▸ G, 8주

저는 어떤 엄마가 되어야 할까요? 롤모델을 찾아봤지만, 저에게 적합한 사례가 없었어요. 제가 육아를 제대로 해내지 못하고 있다는 생각이 계속해서 머릿속을 맴돌아요. ▸▸ G, 4개월

책을 두 권 읽었는데 한 책에서는 아기가 울 때 내버려두라고 하고 다른 책에서는 달래주라고 해요. 어떻게 해야 할지 도무지 모르겠어요.

▸▸ B, 5개월

아이는 밤마다 엄청나게 보채요. 제가 안고 돌아다녀 주기를 바라고요. 다들 3개월이 지나면 저녁 육아가 한결 수월해진다고 말하더군요. 제가 뭘 잘못하고 있는지 도통 모르겠어요 ▸▸ B, 5개월

엄마들이 지금껏 들어보지 못한 얘기를 담아 육아서를 한 권 낼 거예요. 저

는 아이가 어렸을 때 공중전화로 달려가서 전화를 걸고는 "미안하지만 더 는 못하겠어. 도무지 감당이 안 돼"라고 말하고 싶었던 적이 한두 번이 아니었어요. 앞이 캄캄한 시절이었죠.

▸▸ B, 7개월

요즘 엄마들만 이렇게 막막하고 혼란스러운 것은 아닙니다. 톨스토이의 글에도 그런 내용이 나옵니다. 톨스토이가 1889년에 완성한 중편소설 『크로이체르 소나타』에서 주인공 포즈드니셰프는 엄마로 살아가는 아내를 다음과 같이 묘사합니다.

아내는 병을 치료하는 방법뿐만 아니라 아이들을 가르치고 기르는 방법에 이르기까지 쉴 새 없이 변해가는 다양한 원리 원칙을 온 사방으로부터 듣고 읽는다. 아이들한테 이걸 먹여야 한다, 아니다 저걸 먹여야 한다는 이야기에서부터 옷, 음료, 목욕, 수면, 산책, 신선한 공기 마시기 등에 대해서 우리는 (특히 아내는) 매주 새로운 원칙을 알아냈다. 아이들이 이 세상으로 나온 것이 마치 어제 일인 것처럼 말이다. 그리고 제대로 먹이지 못했거나 목욕을 시키는 방법이나 시간이 잘못되어 아이가 병에 걸리기라도 한다면 그것은 아내가 자기 역할을 제대로 하지 못한 것으로 간주하여 모두 아내의 책임으로 돌아갔다.[20]

톨스토이의 글에도 잘 나타나듯이, 우리는 전문가들의 세계 속에서 살아가고 있습니다. 톨스토이는 엄마들에게 아기 수유법과 목욕법을 가르치는 전문 의료인들에 대해서 이야기합니다. 요즘 엄마들은 그 외에도 아이의 정서나 지능 개발과 관련된 전문가도 접합니다. 전문가가 엄마나 아기를 직접 만난 적이 없음에도 불구하고 초보 엄마에게 전문가의 의견은 엄마의 생각보다 더 중요하게 느껴지기도 합니다. 엄마는 아이가 전문가가 '정상'이라고 규정한 기준에서 벗어난다는 이유로 아이에게 문제가 있는 것이 틀림없다고 판단합니다.

이상한 소리처럼 들릴지 모르겠지만 엄마들이 겪는 '문제'를 해결해줄 사람은 말 한마디로 논쟁에 종지부를 찍어줄 일류 전문가가 아닙니다. 전문가들은 초보 엄마를 돕기는커녕 엄마의 자신감을 꺾어놓습니다. 엄마들에게 필요한 건 갖가지 확고한 '규칙'이 아니라 약간의 실용 정보입니다. 그럴 때는 차라리 어린 시절의 기억이나 경험을 생각나는 대로 떠올려보는 것이 훨씬 더 유용할지 모릅니다. 전문가의 도움을 받아 난관을 헤쳐 나가야 한다고 생각하는 사람들에게는 터무니없는 이야기로 들리겠지만 대체로 초보 엄마에게는 그 이상의 정보가 필요하지 않습니다.

어떻게 해야 할지 몰라 혼란스럽다고 해도, 그것은 육아서 수십 권을 읽어서 바로잡을 수 있는 문제가 아닙니다. 혼란스러운 마음은 자기 스스로 배워가는 사람이 품는 지극히 정상적인 감정입니다. 아기를 낳은 여성은 늘 배워야 할 것들이 있으며, 그중 일부는 문화에서 배우지만 대체로는 아기를 보며 배워야 합니다. 자기 자신을 진정한 전문가로 여기거나 사고가 경직된 엄마는 아기에게 적응하기가 무척 힘들 것입니다. 첫째를 길러봤다고 해서 모든 아기의 전문가처럼 행세할 수는 없습니다. 모든 아이가 저마다 조금씩 다르며 엄마에게 새로운 것을 가르쳐줍니다. 유연한 태도를 지니기 위해 확신이 서지 않는 상태가 되어볼 필요가 있습니다. 그렇기에 설령 두려운 마음이 앞선다고 해도 '막막한' 심정을 느껴보는 과정이 필요합니다. 불확실성은 엄마들에게 **훌륭한** 출발점이 되어줍니다. 엄마는 불확실함에서 배울 수 있습니다.

아기를 낳은 엄마에게는 수십 가지 질문이 날아듭니다. 그중 엄마가 대답할 수 있는 질문은 거의 없습니다. 어떤 문제에 대한 의사 결정은 엄마가 스스로 결정을 내리고 있다는 사실을 인식하기 전부터 시작됩니다. 병동에서 누군가가 아기 침대를 밀고 와서 엄마에게 아기를 침대에 내려놓으라고 권한다고 가정해봅시다. 아기를 침대에 내려놓을지 아니면 계속해서 품에 안고 있을지는 매우 사소한 결정처럼 보일 수도 있습니다. 하지만 이것은 중요한 결정입니다. 이다음에 똑같은 상황을 마주했을 때 엄마는 앞서 내린 결정을 고수하기도 하고 그와 다른 결정을 내리기도 합니다.

엄마는 그렇게 자기만의 체계를 확립해갑니다. 이미 아기는 엄마에게서 어떤 반응이 나오는지를 배우기 시작했지만 엄마는 아직 그 사실을 눈치채지 못했을지도 모릅니다. 이것은 뜨개질과 비슷해서, 처음에 뜬 몇 가닥만으로는 뭐가 뭔지 가늠을 할 수가 없습니다. 훨씬 나중에 가서야 그 몇 가닥이 어떤 문양의 시작점이었다는 사실을 알 수 있습니다. 따라서 엄마들은 매번 처음부터 다시 시작할 필요가 없습니다. 앞서 내린 결정을 자신만의 체계를 확립해가는 밑바탕으로 삼아도 됩니다. 일과가 수월한 날이라면 엄마는 자신이 거둔 성과에 만족감을 느낄 수 있습니다. 이런 경험으로 자신감이 높아지고 혼란스러운 마음은 줄어듭니다. 하지만 언젠가는 규칙적인 일과는커녕 아무것도 감이 잡히지 않는 고달픈 날이 찾아올 것입니다. 그러면 엄마에게는 자기가 뭘 해야 할지를 알려줄 일류 전문가가 간절해집니다. 초보 엄마의 감정은 확신이 서는 날과 확신이 서지 않는 날 사이에서 오르락내리락

합니다.

배움의 과정을 거치는 모습은 엄마라는 존재를 대표하는 이미지가 아닙니다. 그림이나 사진에 담긴 엄마들은 차분한 표정으로 차분한 상태의 아기를 안고서 회의와는 거리가 먼 눈빛으로 저 멀리 아득한 곳을 바라봅니다. 사람들은 불확실한 기분을 느끼는 엄마들을 마뜩잖아 합니다. 그런 엄마들은 갈팡질팡하며 아이를 제대로 돌볼 수 없으니 도움이 필요하다고 생각합니다. 곧 주변 사람들이 엄마의 '사라져버린' 확실성을 되찾아주겠다면서 공백을 메우듯 재빨리 치고 들어옵니다. 누군가는 훈수를 두고 또 누군가는 이런저런 규칙을 들이밉니다. 엄마의 자신감은 뚝 떨어집니다. 긴가민가하면서 불확실한 마음을 깊이 품고 있기가 어려워집니다. 주변 사람들이 자신을 믿지 못한다는 생각이 들면 더더욱 어려워집니다. 그렇게 반신반의하는 과정이 자신에게 필요하다는 사실을 인식하지 못하고 그것을 엄마답지 못한 모습으로 깎아내립니다. 이러한 태도는 엄마의 능력 부족을 드러내며, 애당초 좋은 엄마가 되기는 글렀다는 신호처럼 보이기도 합니다.

엄마에게 해야 할 일을 일러줘야 하는 상황은 그리 많지 않습니다. 옆에서 훈수를 둘수록 엄마는 더 의기소침해지기 마련이며, 엄마가 스스로 깨우쳐가는 과정에도 별로 도움이 되지 않습니다. 엄마는 다른 사람을 신경 쓰지 않고 긴가민가한 시간을 가져볼 수 있어야 합니다. 옆에서 조언을 해주는 사람은 엄마가 처한 상황이 어떤지 세세하게 알지 못합니다. 더욱이 그 사람은 자신의 조언이 미치는 영향을 오래도록 감내해야 하지도 않습니다. 엄마에게는 아빠와 함께 부모로 '성장'할 수 있는 시간이 필요합니다. 자신 있게 새로운 시도를 해보고 몇 번쯤은 생각을 바꿔보기도 하는 기회가 필요합니다. 더러는 자신의 생각이 옳았다는 걸 경험해볼 필요도 있습니다. 모르는 것투성이에 갈팡질팡하던 초보 엄마는 그런 식으로 서서히 세상에 단 하나밖에 없는 엄마로 거듭납니다.

전문가가 지배하는 환경 속에서 엄마들이 버티는 일은 기적입니다. 혼란스러운 시기를 외로이 보내다 보면, 아기의 행동이 불현듯 이해되기 시작하는 순간이 찾아옵니다. 아기가 커갈수록 엄마의 자신감도 더욱 높아집니다.

책이 아니라 저 자신을 믿어야 한다는 사실을 배워가고 있어요. 결국 저보다 제 아이를 더 잘 아는 사람은 없고, 저조차도 아이를 그렇게까지 잘 알지는 못해요.

▸▸ B, 5개월

저한테는 특별한 원칙이 없을 뿐더러, 다른 사람의 조언은 그대로 따라봐야 별로 도움이 되지 않아요. 중요한 건 지금, 이 순간 아이에게 어떤 방법이 효과가 있는지를 유심히 살펴보는 거예요.

▸▸ B, 5개월

어떤 상황에서의 대처 요령을 잘 알고 있으면서도 그 사실을 인정하지 못할 때가 많아요. 저는 항상 책에 나온 대처 요령을 냉큼 가서 찾아보는 편이거든요. 하지만 제 아이가 어떤 아기인지 잘 알아요. 간단해요. 아이가 울면 저는 안아줘요. 그러고 나면 대개는 함께 행복한 시간을 보내죠.

▸▸ B, 6개월

책에 나온 내용이나 다른 사람의 훈수를 바탕으로 아이의 행동을 판단하면 아이를 늘 부정적으로 보게 되더라고요. 그러고 나면 아이에게 문제가 있다는 생각이 들면서 아이의 본 모습을 봐주지 못하게 되더군요. 그러면 아이에게 더는 귀를 기울이지 못하게 되는 거죠. ▸▸ B, 6개월

저는 바람에 흩날리는 낙엽 같았어요. 책에서 무엇을 읽으면 '그래, 이건 꼭 해봐야겠어'라고 생각했죠. 그러다가 그와 정반대되는 의견을 보면 '그래, 이게 맞는 방법이네'라고 생각했어요. 하지만 이제는 제 생각이 제가 읽는 책 내용에 따라 오락가락했다는 사실을 알아요. 책을 많이 읽으면 읽을수록 제 기분은 더욱 침울해졌어요. 아이는 책에 나오는 아기들과는 달랐어요. 그래서 아이와 잘 지낼 수 있으리라 믿기가 어려웠죠. ▸▸ B, 14개월

둘째를 낳으면 엄마는 자신이 첫째를 키우면서 얼마나 많이 배웠는지 알게 됩니다.

둘째를 낳고 나서야 제가 첫째를 키우면서 얼마나 많이 배웠는지 알겠더라고요. 처음에는 첫째를 키울 때만큼 겁이 날 줄 알았어요. 하지만 그렇지 않더군요. '잠깐! 예전에 해봤잖아. 할 수 있어' 그런 생각이 들더라고요.

▸▸ B, 2살 & G, 4개월

길잡이가 되어줄 지도가 필요하다고 생각했던 한 엄마는 둘째 아이를 낳고서 이런 말을 했습니다.

지도 같은 건 **없어요**. 이제야 깨달았죠. 사람마다 가야 할 길이 제각각이거든요. 모든 엄마가 **자신의** 방식대로 아이를 돌보는 것, 그 방식을 두고 타인이 함부로 왈가왈부하지 않는 것, 그게 중요하다고 생각해요. 저도 다른 사람들이 제 방식에 대해 왈가왈부했을 때 내가 잘못하고 있는 게 아닐까 생각했던 적이 있어요.

▸▸ B, 4살 & B, 6개월

엄마들이 전하는 메시지는 분명합니다. 확신이 서지 않아 불안할 때 엄마들은 '전문가'의 조언에 쉽게 굴복합니다. 엄마들의 말을 듣다 보면 집에는 엄마, 아기, 엄마가 의지하는 '육아 전문가' 이렇게 세 명이 모여 있는 것처럼 보입니다. 전문가의 의견은 극히 예외적인 상황에서나 유용합니다. 하지만 엄마들은 누군가 자신의 일상생활을 이끌어줄 사람이 필요하다는 압박감을 느낍니다. 갓난아기와 함께 하는 생활은 당황스러울 때가 있기는 하지만 배움의 장이 되기도 합니다. 배움의 과정이 시작되면 엄마들은 조금씩 안도감을 느낄 수 있습니다.

어느 가게에 갔다가 갓난아기를 데려 나온 여성을 봤어요. 이제 그 시기에서 벗어났다는 생각에 안도감이 밀려오더군요. 저는 아이에 대해서 잘 **알아요**. 아이는 몸집이 작은 사람일 뿐이에요. 이제 낯설기만 한 미지의 존재가 아니죠.

▸▸ B, 2개월

엄마가 된다는 건 자기만의 방식을 터득해가는 거예요. 계획이나 관리 중심의 사회 체계와는 결이 다르죠.

▸▸ B, 3개월

아이를 처음 봤을 때, 아이는 바닥에 내려놓지도 못할 만큼 소중한 도자기 같았어요. 그래서 첫 3개월은 내내 안고 다녔어요. 내려놓기에 마땅한 곳이 아무 데도 없었거든요. 이제는 그런 마음을 털어냈어요. 지금 와서 보면 참 웃기죠. 그런 생각이 언제 사라졌는지, 어디로 가버렸는지는 잘 모르겠어요.

▸▸ G, 5개월

엄마가 책임감을 무겁게 느끼는 이유 중 하나는 엄마의 역할을 완벽히 대체할 사람이 아무도 없기 때문입니다. 엄마는 직장에 가든 아이를 다른 사람에게 맡기든, 계속해서 책임감을 느낍니다.

혼자만의 시간이 간절해서 남편에게 아이를 맡겼어요. 자동차를 몰고 집 앞 도로 끄트머리까지 갔는데 기분이 영 이상하더라고요. 차에서 얼른 뛰어내려 공중전화 박스로 가서는 집으로 전화를 걸었어요! 남편이 받더군요. 아이가 우는 소리가 들리지 않아서 남편에게 급히 물었어요. "애는 어디 있어? 지금 뭐 하고 있어?" 남편이 어리둥절해하며 대답했어요. "내 옆에 조용히 누워 있어." 남편의 목소리에서 제가 아이를 돌보기가 어렵다면서 엄살을 떤다고 생각하는 기색이 느껴졌어요.

▸▸ B, 2개월

아빠 역시 자기 나름대로 아이를 돌보는 책임을 집니다. 하지만 이 이야기 속에 등장하는 엄마, 아빠는 모두 엄마가 짊어지는 책임감이 아빠의 책임감과 어떻게 다른지를 이해하지 못하고 있습니다. 엄마는 그저 아이를 '돌보기'만 하지 않습니다. 엄마는 자리에 없어도 아이가 자기 책임이라고 느낍니다.

책임감은 엄마에게 다방면으로 영향을 미칩니다. 예를 들어, 엄마는 육아에 허덕이다 보면 자기 자신은 안중에도 없어지기 쉽습니다. 출산 후 몇 주 동안은 몸이 몹시 피곤하고, 수면 부족에 시달립니다. 그러니 늘 웃는 얼굴로 차분하게 아기를 돌보지는 못합니다. 또 때로는 마음속에서 아주 불편한 감정이 불쑥 솟구쳐서 깜짝 놀라기도 합니다.

저도 모르게 아이를 거칠게 안아서 깜짝 놀란 적이 있어요. 아무래도 온종일 아기에게 정신을 집중하다 보니, 제 감정 상태를 제대로 알아차리지 못한 것 같아요.

▸▸ G, 3개월

예기치 못한 감정이 왜 생겼는지 신중하게 탐색해보는 일은 엄마에게 도움이 됩니다. 평소 스스럼없이 지내는 두 엄마와 나는 다음과 같은 대화를 나눈 적이 있습니다.

엄마 1 이 얘기를 꺼내려니까 부끄럽네요. 이 얘기를 듣고 나면 제가 끔찍한 사람처럼 보일지도 모르겠어요. 제 머릿속에서는 아기를 창밖으로 던진다든가 아니면 아기 머리를 목욕물 속에 밀어 넣는 것과 같은 아주 강렬한 이미지가 휙휙 지나가곤 했어요. 제게는 그럴 힘이 있었죠. 마치 환영 같았어요. 그런 환영이 계속해서 보이다가 최근에야 멈췄어요. 어떻게 해서 멈추었는지는 잘 모르겠어요. 사실 얼마 전에야 환영이 더는 떠오르지 않는다는 사실을 깨달았거든요. ▸▸ B, 5개월

엄마 2 무슨 말인지 알 것 같아요. 저도 그랬거든요. 그런 환영은 어떤 식으로든 절대로 해서는 안 되는 일에 대비하게 해주는 것은 아닐까요?

나 스스로도 그렇게 생각하나요?

엄마 2 저는 일종의 준비 과정이라고 생각해요. ▸▸ G, 5개월

저는 2층에 살아요. 매일 아이를 데리고 계단을 내려갈 때마다 혹시라도 내가 넘어졌을 때 생길 끔찍한 상황이 떠올라요. ▸▸ G, 4개월

제 머릿속에서 아이가 하늘나라로 떠난 횟수는 족히 수천 번은 될 거예요. ▸▸ G, 7개월

이 같은 악몽이나 환영은 내면에서 일어나는 준비 과정의 일환처럼 보이지만, 이를 해석하는 방식은 저마다 다릅니다. 어떤 엄마는 자기가 정말로 아이를 해치고 싶어 하는지도 모른다고 생각합니다. 프로이트는 사람이 자신의 감정을 인지하지 못할 수도 있다고 주장합니다. 프로이트의 주장을 받아들인 이들은 아기를 물에 빠뜨리는 생각을 한 엄마가 자신의 '무의식적 소망'을 드러낸다고 여길 수 있습니다.

책임감을 느끼기 시작하는 엄마들은 자신에게 막강한 힘도 같이 주어졌다는 사실을 깨닫습니다. 엄마는 자신에게 주어진 힘을 좋은 쪽으로도 나쁜 쪽으로도 사용할 수 있습니다. 자기 자신이 아니라 아기를 위해서 책임감 있는, 좋은 결정을 내리는 일은 쉽지 않습니다. 게다가

잠이 부족한 상태에서 홀로 판단을 내려야 하는 상황에서는 더더욱 그렇습니다. 그러니 몸이 피곤하고 짜증이 나 있을 때는 아이 돌보기를 소홀히 한다거나 아이를 향해 분통을 터뜨리며 아이를 위험에 빠뜨릴까 봐 걱정스러워하는 마음이 충분히 이해됩니다. 엄마들의 생생한 경험담은 효과적인 경고 시스템처럼 보입니다. 어쩌면 엄마들은 자기가 아무리 피곤하고 짜증나도 마음을 다잡고 아기를 안전하게 지킬 수 있도록 자기 자신을 확실하게 준비시키고 있는 것일지도 모릅니다.

엄마들을 관찰해온 나디아 스턴Nadia Stern과 대니얼 스턴Daniel Stern은 이 생각에 무게를 실어줍니다.

> 초보 엄마들은 대개 부주의나 잘못된 육아 방식으로 아기가 죽거나 다칠지도 모른다는 불안감을 품는다. 누구나 기저귀 교환대 위에서 기저귀를 갈다가 잠시 한눈을 판 사이에 아기가 머리부터 떨어진다든가, 목욕을 시키는 중에 아기를 욕조 안에 빠뜨리면 어쩌나 걱정을 해본 적이 있을 것이다. 아니면 욕조에서 아기를 꺼내다가 아기가 욕조에 머리를 부딪친다거나 담요에 엉킨다거나 베개에 짓눌려 질식하면 어쩌나 하고 불안해본 적이 있을 것이다.

두 사람은 초보 엄마들이 품는 불안감을 몇 가지 더 나열하면서 이렇게 결론을 내립니다. "초보 엄마들이 품는 불안감은 엄마들이 주의를 게을리하지 않고 아기를 안전하게 보살피게 해주는 동시에 엄마들에게 새로 주어진 책임감이 그들의 마음속에 온전히 자리 잡게 해주기에 자연스러운 것이다."[21]

이와 관련된 유용한 연구가 이뤄지면 좋겠습니다. 연구자들이 피곤한 엄마들이 자기도 모르게 아기를 해치는 환영을 보기는 하지만 그것이 **실제로** 아기를 해치고자 하는 신호는 아니라는 사실을 밝혀준다면, 엄마들은 안도할 수 있을 것입니다. 끔찍한 환영이 엄마에게 보내는 경고 신호일 뿐이라면, 엄마는 자기 자신을 더욱 잘 이해할 수 있을 것입니다. 반면 엄마들에게 엄마들의 불안감 뒤에는 무의식적인 소망이 깃들어 있다고 얘기한다면, 이 말은 올가미로 작용해 엄마들은 그 그늘에서 벗어날 수가 없게 될 것입니다(엄마들이 그 주장에 반대하는 목소리를 낼수록 엄마들은 자신이 끔찍한 소망을 '무의식화'하고 있으며, 그 사실을 '부정'하고 있다는 소리를 듣게 될 것입니다).

우리 주변에 아기를 해치고 싶다는 생각을 떨쳐내려고 무던히 애를 쓰는 엄마들이 실제로 있습니다. 대개 의식적으로 하는 생각이며 엄마가 아이를 안전하게 돌보게끔 준비시켜주는 생각이 아닙니다. 이런 엄마들은 자신의 생각과 감정이 통제 가능한 수준에서 벗어날까 봐 끊임없이 불안해합니다. 이들은 자신이 아기의 안전을 위협하는 행동을 저지를지도 모른다고 생각합니다. 첫 번째 그룹의 엄마와 두 번째 그룹의 엄마를 딱 잘라서 분간하기는 어렵습니다. 누군가는 양쪽 모두에 속하기도 합니다. 첫 번째 그룹에 속하는 엄마들은 아기를 어떻게 보호해야 할지 터득해나갑니다. 그들의 마음은 서서히 차분해집니다. 두 번째 그룹에 속하는 엄마들은 경험 속에서 깨달음을 얻지 못하고 계속해서 불안해합니다. 아기를 향한 양가감정은 114-115쪽, 245-269쪽에서 더 자세히 살펴보도록 하겠습니다. 이런 엄마들은 아기가 말할 수 있는 나이가 되면 예전보다는 마음이 편안해지기도 합니다(271쪽 참고).

아기가 커갈수록 엄마의 자신감도 커져갑니다. 엄마는 적어도 몇몇 기본적인 육아에는 익숙해집니다. 하지만 곧 새로운 의문이 떠오르기 시작합니다. 엄마가 육아에 자신감을 지니게 된 것은 굉장한 일이지만, 그러한 자신감은 오래 지속되지는 않습니다. 엄마들은 어디선가 우연히 들은 말 한마디에 자신의 생각을 되돌아보기도 합니다. 확신에 가득 차 있던 엄마가 순식간에 자신의 육아 방식에 의문을 품는 경우도 보았습니다. 아이를 기르는 첫해는 가파른 비탈길의 연속입니다.

제 친구의 육아 방식은 저와 완전히 달라요. 친구는 아기가 울도록 내버려 두지만, 저는 그러면 가슴이 조마조마해서 아이를 안아주죠. 저는 제 방식에 확신이 있어서 친구가 곁에 있어도 제 육아 방식을 해명을 한다거나 입장을 변호해야 한다고 생각하지는 않았어요. 하지만 친구가 집으로 돌아간 순간, 친구가 옳고 제가 틀렸다는 생각이 들기 시작하죠! ▸▸ B, 8개월

저는 아이에게 설명해주기를 좋아해요. 어느 날 친정엄마가 제게 스폭 박사의 육아서를 한 권 건네줬어요. 스폭 박사는 아이에게 너무 많은 것을 설명해주면 아이가 혼란스러워할 수 있다고 말하더군요. 그다음부터는 아이에게 말하는 방식에 주의를 기울이기 시작했어요. 제가 아이를 혼란스럽게 만들었을까요? 웃긴 건, 제가 제 말투에 굉장히 신경 쓰게 되면서, 예전에 아이에게 말하던 방식이 하나도 기억나지 않는다는 거예요.

▸▸ G, 10개월

간혹 자신감이 넘치는 날이 있어요. 그러다가 책에서 보거나 남한테 들은 이야기가 불쑥 떠오르면 또다시 자신감을 잃어버리죠. ▸▸ G, 12개월

엄마들은 다들 자신감으로 충만해지는 날이 오리라 생각합니다. 하지만 그런 단계에 도달하지 못할 수도 있습니다. 놀랍게도 엄마들은 자신이 엄마로서 내린 결정에 평생 의문을 품곤 합니다. 엄마라고 해서 아이를 **전적**으로 책임져야 하는 것은 아니라는 사실을 깨닫지 못한다면, 의문을 품는 삶은 견디기 어려울 것입니다. 아기는 의존적이기도 하지만 동시에 매우 독립적이기도 합니다.

아이 얼굴 앞에서 장난감을 흔들 필요는 없어요. 아이는 가만히 앉아 고양이를 구경하며 차분하게 시간을 보내길 좋아해요.

▸▸ B, 4개월

아이에게 필요한 것은 아이가 직접 알려줄 거예요. 가만히 있으면 아이들이 직접 보여주죠. 혼자서 모든 걸 고민할 필요는 없어요. 그걸 깨닫고 나니 마음이 무척 편해졌어요.

▸▸ B, 5개월

아이가 호기심을 갖도록 가르칠 필요는 없어요. 아이들은 원래 호기심이 많으니까요. 자극을 주거나 노는 방법을 가르치려 할 필요도 없어요. 저절로 놀게 되어 있거든요!

▸▸ G, 6개월

아이를 그네에 앉혀놓고 뒤에서 그네를 밀어줬어요. 그러고는 애가 즐거워하고 있는지 보려고 앞으로 가서 얼굴을 들여다봤죠. 그런데 글쎄 고 조그만 녀석이 골똘히 생각에 잠겨 있었어요. **생각**을 하고 있었던 거죠. 아직 말문이 트이기 전이라 분명히 아는 단어는 없었지만 자기 나름의 방식으로 생각하는 게 눈에 보였어요. 아이는 제 분신이 아니에요. 아이는 아이죠. 저는 그렇게 느꼈어요……. 솔직히 말해서 출산 후 첫해는 고달파요. 하지만 그런 경험을 하면 보람을 느끼죠. 저는 아이의 지능에 조금씩 불이 지펴지는 모습을 목격했어요.

▸▸ B, 15개월

아이에게 독립성이 생기는 신호를 처음으로 접하는 순간, 막중한 책임감에 미묘하게 변화가 생기는 듯한 기분을 느낍니다. 무거운 책임감이 엄마를 영원히 따라다니지는 않습니다.

4

불려가고 또 불려가고

이 주제는 엄마들이 가장 힘들어하는 문제 중 하나여서 한 장을 통째로 할애해 살펴볼 필요가 있습니다. 아마 엄마들은 하루에도 수십 번씩 아기에게 불려가면서도 정작 자기가 그러는 줄 모를 것입니다. 대체로 아기에게 불려가기 전이나 후에는 자기가 무엇을 하고 있었는지 기억이 날 것입니다. 하지만 그사이에 벌어진 일은 뭐가 뭔지 모른 채 지나가 버리기 일쑤입니다. 나는 수년에 걸쳐 엄마들이 들려주는 이야기를 주의 깊게 들어왔지만 이번 장에 인용할 만한 이야기는 한 번도 나온 적이 없습니다. 만일 내가 유도 질문을 했다면 엄마들은 대체로 자기도 그런 적이 있다며 동의했을 겁니다. 하지만 엄마들은 이 문제를 그렇게 중요하게 여기지 않는 듯했습니다.

엄마가 주방에 있다고 가정해봅시다. 아기는 옆방에서 잠을 자고 있습니다. 엄마는 동시에 네 가지 일을 해치우느라 바쁩니다. 식탁을 닦고, 샌드위치를 만들고, (아기가 깰까 봐 음량을 아주 작게 해놓은) 라디오에 귀를 기울이고, 장보기 목록을 적습니다(아기와 장을 보러 가면 꼭 사야 하는 물건을 매번 잊어버려서 장보기 목록은 적어둬야 합니다).

엄마는 아기가 잠을 자는 사이에 네 가지 일을 동시에 처리하는 기술을 이제 막 익혔습니다. 여유 시간은 한순간도 낭비해서는 안 됩니다. 그때 갑자기 옆방에서 대성통곡하는 소리가 들려옵니다. 엄마는 식탁 닦기를 멈춥니다. 엄마는 샌드위치를 낚아채고 라디오를 끈 다음에 장보기 목록에 추가하려던 물건을 잊지 않으려고 되뇌며 아기에게 달려갑니다.

아기가 울자마자 엄마는 자기가 풀어놓은 갖가지 실타래를 그대로 내려놓아야 합니다. 마땅한 이름 하나 없는 이러한 행동에 우리는 그 가치를 인정하는 명칭을 붙여줘야 합니다. 모든 엄마가 아기의 울음소리에 반응을 하지는 않습니다. 어떤 엄마는 방해받고 싶지 않아 합니다. 또 어떤 엄마는 아기의 울음소리에 반응하기는 하지만 그 반응에는 짜증이 섞여 있어서 아기를 볼 때도 그 짜증이 묻어납니다. 아기에게 다정하게 대해주고자 해도 어려울 때가 있습니다. 엄마가 뭔가에 한창 몰두하고 있을 때 아기가 잠에서 깨어나 엄마를 애타게 찾으니까요.

엄마는 자기 삶에 대한 통제권을 송두리째 빼앗긴 기분을 느낍니다. 한 엄마가 그러더군요. "엄마로 살아가면서 이상한 점은 아이가 대장 노릇을 한다는 거예요." 하지만 사실 아이에게는 통제권이 없습니다. 통제권을 가진 아기는 이 세상에 없습니다. 아기에게 정말로 그런 권한이 있다면, 엄마가 하던 일을 즉각 멈추고 아기에게 달려가는 것은 그리 감탄할 일이 아닙니다. 이 세상에 방해받기 좋아하는 사람이 있을까요? 울음소리를 듣고 달려가는 엄마는 아기에게 얼른 가봐야 할 정도로 큰 문제가 있다고 생각하지는 않습니다. 대개 아기들은 엄마가 하던 일을 마무리하는 동안 몇 분 정도는 기다릴 수 있습니다. 하지만 그렇게 하면 두 사람의 관계에 금이 갈 수 있습니다. 엄마는 아기에게 빨리 반응해주지 않으면 아기가 스트레스를 받는다는 사실을 깨닫습니다. 그러니 엄마들이 내리는 결정이 이해가 됩니다. 엄마는 아이가 엄마를 믿어도 된다고 느끼기를 바랍니다. 하던 일을 방해받기는 했지만, 어쨌거나 아기에게 달려가 보기로 한 결정은 엄마 스스로가 내린 것입니다.

처음에는 아기가 울어젖히는 순간 깜짝 놀라지만, 엄마는 서서히 아기가 울기 전에 미리 준비해두는 요령을 터득합니다. '상시 대기'합니다. 엄마는 언제든 불려 갈 수 있다는 사실을 염두에 둔 상태로 일을 합니다. 이런 경험이 전혀 없는데 갑자기 하던 일을 중단하는 것은 문서 작업을 하다가 문서를 저장하지 않고 컴퓨터를 그대로 꺼버리는 것과 비슷합니다. 조금씩 엄마는 자신이 하던 일을 몇 초에 걸쳐 '저장'해두는 요령을 터득합니다. 다시 말해서 자신이 하던 일을 일단 중단했다가 다음에 그대로 이어서 시작할 수 있도록 기억하는 요령이 생긴다는 뜻입니다. 널브러진 갖가지 자잘한 실타래들을 나중에 다시 집어 드는 것입니다.

아이를 달래거나 젖을 먹일 때, 엄마는 머릿속에서 이전에 하던 일을 마저 마무리할 준비를 하곤 합니다. 하던 일을 중단하는 것은 갓난아기를 돌보는 생활의 특징입니다. 아기에게 엄마의 도움이 필요할 때, 엄마는 설거지나 저녁 식사 준비를 하다 말고 오랜 시간 아기를 돌봐야 합니다. 엄마는 아기를 품에 안고 가만히 앉아서 머릿속으로 몇 가지 집안일을 마무리합니다. 이렇게 뭔가를 하다가 말다가 하는 상황은 안타깝게도 온종일 이어지기도 합니다. 하지만 아기가 단잠에 빠져들고 나면 엄마는 머릿속에서 미리 생각해둔 덕분에 집안일을 해치울 만반의 준비가 된 상태입니다. 아직 힘이 남았다면, 엄마는 그 시간을 아주 효율적으로 보낼 것입니다.

이런 생활에 마땅한 이름이 없어서 그렇지 사람들에게 소개된 적은 있습니다. 미국 작가 틸리 올슨Tillie Olsen은 엄마가 소설을 쓰는 일이 얼마나 어려운지 설명하면서 이를 언급했습니다.

> 엄마로 살면 그 어떤 인간관계에서보다 훨씬 더 많이 반응을 보여야 하고, 책임을 져야 하고, 방해받습니다. 아이들은 무엇이든 지금 당장 요구합니다. …… 그 요구가 정말로 필요하다는 점, 의무가 아닌 사랑하는 마음으로 그 요구를 자기 자신의 일처럼 여긴다는 점, 그 요구를 들어줄 사람이 자기 자신 말고는 아무도 없다는 점 때문에 엄마는 아이가 가장 먼저 찾는 사람이 됩니다.[22]

아이의 요구를 '바로바로' 들어주기는 쉽지 않습니다. 올슨의 말처럼 엄마의 삶은 그 어떤 인간관계와도 다릅니다. 전문 보육사들에게는 휴식 시간이 주어집니다. 병간호를 하는 경우가 그나마 비슷한 상황이긴 합니다. 하지만 환자가 갓난아기가 아니라면 병간호는 부담이 덜합니다. 환자가 말귀를 알아듣는 사람이면 "금방 갈게!"라는 말을 이해할 테니까요. 반면 갓난아기는 엄마가 절대로 돌아오지 않으리라는 듯 울고 또 울 것입니다.

인간은 적응을 잘해서 일부 엄마들은 '상시 대기'하는 생활에 능숙해집니다. 그들은 언제 어떤 상황이 생길지 예측하고 계획을 세워둡니다. 아이가 부를 때 언제든지 하던 일을 내려놓고 아이에게 가보는 생활이 서서히 일상의 기준이 됩니다. 그러면 예전처럼 해야 할 일을 한 번에 하나씩 시작해서 끝맺기가 더더욱 어려워집니다.

예전처럼 한 가지 일에 제대로 집중할 수 없게 되면서 엄마는 자신이 바보가 된 듯한 기분을 느낍니다. 남편은 아내에게 깊이 있는 이야기나 복잡한 이야기를 들려주려다가 아내가 자꾸만 한눈을 파는 듯해서 화를 냅니다. 엄마는 지금과 같은 상황에서 이야기를 집중해서 듣기가 힘들다는 사실을 남편에게 설명하기가 어렵습니다. 아기가 단잠에 빠져 있다고 해도, 엄마는 아기의 상태가 괜찮은지 여전히 귀 기울이고 들여다보느라 주의가 분산됩니다. 남편의 말에 집중하지 못하는 모습은 남편을 무시해서 그러는 게 아닙니다. 그것은 아내가 믿음직하고 능숙한 엄마가 되어가고 있다는 징표입니다.

이렇게 갑작스레 방해를 받는 생활에 익숙해지는 사람이 과연 있을까요? 엄마가 하는 일에 아기가 지장을 주면 엄마들이 화를 내지 않던가요? 엄마들은 대개 방해를 받으면 짜증 섞인 반응이 가장 먼저 나온다고들 말합니다. 그렇다면 엄마들이 짜증 섞인 반응을 보이는 시간이 어느 정도인지 확인해봐야 할 것입니다. 아기가 벌겋게 달아오른 얼굴로 우는 모습을 실제로 마주할 때, 엄마들은 어떤 기분을 느낄까요? 아기의 얼굴을 보는 순간 엄마는 아기가 자신을 얼마나 애타게 찾았는지 알 수 있습니다. 아기의 일그러진 표정에서 그 간절한 마음이 훤히 보입니다. 엄마는 하던 일을 내려놓고 와보기 잘했다고 생각합니다. 엄마들 일부는 그럴 때면 아기를 향한 애정과 연민이 넘쳐흐른다고 말합니다(모든 엄마가 그런 것은 아닙니다). 아기를 향해 느끼는 애정과 연민은 앞서 느꼈던 짜증스러운 감정을 넘어섭니다. 짜증이 나거나 아기의 시중을 든다는 생각 없이 아기를 돌볼 힘이 납니다.

아기는 조금씩 성장해갑니다. 엄마가 하던 일을 끝마칠 때까지 기다려야 하는데도 아기는 예전보다 덜 보챕니다. 눈치채지 못하는 사이에 아기가 다급하게 우는 횟수가 줄어듭니다. 그러다가 결국에는 그런 일이 드물어집니다. 만일 다급하게 우는 시기가 지난 아이가 갑작스레 다급하게 운다면 그건 그럴 만한 심각한 사정이 있다는 뜻입니다. 엄마의 일생 동안, 아이는 언제고 엄마에게 의지하면서 엄마가 바로바로 주의를 기울여주기를 바랄 수 있습니다.

이처럼 엄마가 아이에게 보이는 즉각적인 반응은 중요합니다. 그것은 이제껏 인간이 생존해올 수 있던 이유 중 하나였습니다. 우리가 지금까지 삶을 이어올 수 있던 이유는 분명 우리보다 앞서 태어난 아기들의 울음에 반응을 보인 수많은 엄마의 노고 덕분입니다. 갓난아기의 건강 상태는 갑자기 나빠질 수 있으며, 엄마가 곁을 지켜줘야 합니다. 따라서 습관처럼 즉각적으로 반응을 보이는 행동은 지금도 그렇지만 앞으로도 계속해서 중요할 것입니다.

엄마가 보이는 반응의 가치는 이것뿐만이 아닙니다. 아기는 아프지 않을 때도 울면서 엄마를 찾을 수 있습니다. 엄마의 반응은 아이와의 관계 형성 과정에서도 중요한 역할을 합니다. 아이의 입장이 어떨지를 생각해보면 그 이유를 쉽게 이해할 수 있습니다.

우리 모두 한때는 갓난아기였지만 갓난아기 시절에 느꼈던 감정은 되살리기가 쉽지 않습니다. 우리도 한때는 미숙하고 무력한, 조그마한 아기였습니다. 삶을 이어갈 수단이라고는 우는 것밖에 없었기에 우리 역시 큰 소리로 울었습니다. 우리는 자궁 속에서 소음과 배고픔과 눈부신 빛과 갑작스러운 기온 변화로부터 보호받았지만 태어나면서 자궁 속에서의 삶을 잃고 말았습니다. 신나는 세상에 나왔지만 이 세상에는 여러 가지 육체적 불편함이 존재합니다. 배가 고프다 못해 아프기도 하고 난데없이 불어오는 바람에 날아가버릴 것 같은 느낌이 들 때도 있습니다. 양수가 완충재 역할을 해주지 않아서 소리도 훨씬 더 크게 들립니다. 무엇보다 자궁 속에 있을 때처럼 독립적으로 움직일 수가 없습니다. 세상에 나오고 나서도 팔다리를 휘저을 수는 있지만 양수가 없는 공기 속에서는 손발로 허공을 가를 뿐입니다. 눈부신 불빛 속에서 잠을 깨는데, 그런 환경은 자궁 속과는 너무나도 다릅니다. 눈이 너무 부셔서 앞을 볼 수 없습니다. 몸을 일으켜 주변을 살펴보지도 못합니다. 이 난감한 상황 속에서 울음을 터뜨리면, 얼마 후 엄마가 곁에 와줍니다.

엄마가 왔다는 건 우리가 가장 힘들고 연약할 때 엄마가 반응을 보였다는 뜻입니다. 덕분에 우리는 자궁 밖으로 나와서도 안도감을 느낍니다. 다태아가 아닌 이상 자궁 속에서는 누구나 혼자 지냅니다. 그리고 세상에 태어난 뒤에는 어른이 우리 곁에 와주리라는 믿음을 키워나갑니다.

몇몇 어른이 돌아가면서 아기의 울음소리에 반응을 보일 수도 있습니다. 반응을 보이는 사람이 꼭 엄마일 필요는 없습니다. 그러나 반응을 보이는 사람이 한 명이라면, 그에 따른 장점도 있습니다. 우리가 병원에 입원했다고 가정하면, 아기를 조금은 더 쉽게 이해할 수 있을 것입니다. 간병인에게 전적으로 의존하는 상황에서 간병인이 바뀌면 마음이 편치 않습니다. 기존 간병인에게 어느 정도 신뢰감이 생겼는데 간병인이 바뀌어버리면, 다른 사람과 신뢰를 쌓기 위해 처음부터 다시 노력해야 합니다. 아기 역시 이와 똑같은 상황에 처해 있습니다.

허기가 진 엄마가 샌드위치를 내려놓고 짜증을 가라앉히며 아기를 들여다보러 가는 행동은 대수롭지 않아 보이지만 실은 아주 중요한 결과를 낳습니다. 아기는 엄마의 행동에서 엄마가 아무리 바빠도 엄마에게 도움을 청할 수 있다는 사실을 배웁니다. 아기는 엄마가 와주리라는 사실을 반복적으로 경험하며 서서히 배워갑니다. 아기가 이를 터득했다는 것은 아기의 행동을 보면 알 수 있습니다. 아기는 처음에는 한 시간 전에 엄마가 재빨리 와줬다는 사실을 까맣게 잊기라도 한 듯 절박하게 웁니다. 몇 달 후 아기는 여전히 큰 소리로 울기는 하지만 예전처럼 절박하게 울지는 않으며, 울음소리가 엄마를 부르는 소리에 가까워집니다.[23] 이제 아기는 엄마가 즉시 달려와 주리라고 기대하다가, 엄마가 그렇게 해주지 않으면 토라진 듯 보입니다. 엄마가 평소보다 훨씬 늦게 오면 괴로워합니다. 내가 울면 언제든 달려와 주던 믿음직한 엄마가 그 기대를 저버렸으니 그런 반응을 보이는 게 당연합니다. 그럴 때는 아기를 달래기까지 더 오랜 시간이 걸립니다. 그러나 마음을 가라앉혀주고 나면 아기는 다시 기분이 좋아져서 엄마를 신뢰합니다. 엄마가 아기에게 몇 차례 늦게 반응한다고 해서 그다지 큰 차이가 있지는 않는 듯합니다.

간혹 엄마들은 자기가 아이를 '응석받이'로 키우는 건 아닐까 걱정합니다. 아이가 혹시 '그저 엄마의 관심을 받으려고' 자신을 조종하는 건 아닌지, 다 커서도 엄마가 모든 걸 해주기를 바라지 않을까 걱정합니다. 하지만 그런 일은 잘 일어나지 않습니다. 관심을 요구하며 우는 아이는 그저 관심이 필요한 것입니다. 다 자란 아이가 엄마를 마음대로 조종하려 든다면, 그런 아이는 대개 일반적인 방법으로는 원하는 것을 얻지 못해서 그런 모습을 보이는 것입니다. 그런 사례보다는 관심을 요구하며 울던 아기가 자기가 원하던 관심을 받으면서 자라 타인의 감정을 잘 알아차리는 관대한 아이로 성장하는 경우가 더 많습니다.

다시 한번 강조하지만, 이 책은 처방전을 제시하지 않습니다. 엄마라고 해서 모두가 하던 일을 놓고 아이에게 달려가지는 않습니다. 하던 일을 멈추고 아이에게 달려가 보는 엄마도 항상 똑같이 행동하지는 않습니다. 이런 행동 방식은 사람에 따라 적합하기도, 적합하지 않기도 합니다. 이 역시 이름이 붙어 있지는 않지만, 우리가 소중하게 여겨야 할 행동 중 하나입니다. 이름이 없기에 사람들은 그 중요성을 잘 알아차리지 못합니다.

엄마들은 아이가 울면 아이에게 달려가지만 자기가 지금 무슨 행동을 하고 있는지 제대로 인식하지 못합니다. 하지만 앞으로 우리는 이 훌륭한 행동의 진가를 제대로 알아볼 수 있을 것이며, 얼마나 자주 이런 상황이 생기는지 알아차릴 수 있을 것입니다.

5

위로의 힘

위로는 인간이 서로에게 힘을 북돋아주는 가장 좋은 방법입니다. 쓰다듬거나 미소를 짓거나 몇 마디 말을 건네거나 아니면 그저 묵묵히 곁을 지켜주는 것만으로도 우리는 서로를 위로할 수 있습니다. 위로는 매우 큰 힘을 발휘합니다. 누군가에게 위로를 받는다고 해서 근본적인 문제가 해결되지는 않겠지만, 위로를 받으면 문제를 마주할 힘을 얻을 수는 있습니다.

아기가 울면 엄마는 아기를 달래고 위로해줍니다. 이 모습은 주목받지 못할 때가 많습니다. 사람들은 울음이 잦은 아기를 키우는 엄마들을 불쌍히 여깁니다. 손을 많이 타는 아기를 키운다며 안타깝게 생각합니다. 엄마가 새롭게 습득한, 아기를 위로하는 능력은 간과될 때가 많습니다. 이번 장을 쓴 이유는 아기를 잘 달래라며 엄마들에게 부담을 주기 위해서가 아니라 아기를 달래고 위로하는 엄마들의 노고를 많은 사람에게 알리기 위해서입니다.

위로라는 행위는 서서히 쌓여가면서 효과가 나타나서 처음이 가장 어렵습니다. 갓난아기는 특히 지금, 이 순간에 국한된 삶을 살아가는 듯합니다. 그렇기에 그 순간에 몰두해서 울기 시작하는 아기는 달래기가 어렵습니다. 어른도 '아기'처럼 울 때가 있기야 하지만 어른은 아기처럼 눈물을 펑펑 흘리다가도 결국 어른 본연의 모습으로 돌아와 마음을 진정시킵니다. 그러나 아직 아기는 그런 단계에 도달하지 못했습니다.

바로 앞에서 아이가 울면 우리는 넋이 나갑니다. 강렬한 울음소리에는 장점이 있습니다. 아기는 엄마에게 의존해서 살아가기에 엄마의 주의를 끌 수 있어야 합니다. 목소리를 높이지 않고서는 밤마다 깊은 잠에 빠져드는 엄마를 깨울 수 없습니다. 울음소리를 들은 엄마는 잠에서 깨어나 자신이 엄마라는 사실을 기억해내고 정신을 차립니다. 아이는 울음소리로 조치를 해달라고 요구합니다.

우는 아기와 관련된 육아서는 육아 기술에만 집중합니다. 하지만 우는 아기를 달랠 때는 육아 기술 이상이 필요합니다. 엄마의 행동은 평소에 엄마가 인간의 본성에 대해 어떤 생각을 하느냐에 따라 달라집니다. 엄마의 무의식은 엄마가 내리는 결정에 영향을 미칩니다. 첫째, 아기를 선한 존재로 보고 신뢰할 것인지. 둘째, 아기를 원죄 혹은 인간의 악한 본성의 부산물로 보고 길들일 것인지. 두 가지로 나뉩니다. 이 둘은 커다란 차이를 낳습니다.

아기를 신뢰하는 엄마는 아기를 안아 가슴에 품습니다. 반면 아기의 울음소리를 훈육의 신호로 보는 엄마는 아기와 거리를 유지할 것입니다. 이때 중요한 점은 나와 다른 방식으로 반응하는 엄마를 무지하거나 편협하다고 여기지 않는 것입니다. 두 엄마는 그저 같은 생각을 공유하지 않을 뿐입니다. 이 점을 이해하는 엄마들은 서로의 생각이 다르다고 해도 서로를 이해할 수 있습니다. 엄마라고 해서 모두가 명확한 세계관이 있지는 않습니다. 그중에는 자신의 신념에 확신이 없는 사람도 있습니다. 그들은 이렇게도 해보고 저렇게도 해봅니다. 아직 육아 방식을 결정하지 못한 엄마라면 이번 장이 그와 관련된 몇 가지 생각을 명확하게 정리하도록 도움을 줄 것입니다.

대개 아기를 길들이려는 엄마는 아기를 신뢰하려는 엄마와 비교해 원하는 결과를 훨씬 빨리 얻습니다. 길이 든 아기는 엄마가 정해놓은 일관된 규칙을 훨씬 빨리 습득합니다. 덕분에 엄마의 일상생활은 비교적 예측 가능하고 질서가 잡혀 있습니다. 그럴 때 엄마가 자기 자신이 1년 전과는 전혀 다른 사람이 되었다고 **느낄지라도**, 생활방식만큼은 예전과 거의 비슷한 상태로 되돌아갈 것입니다. 반면, 아기를 신뢰하려는 엄마는 혼란 속에서 헤매는 듯한 심정을 느낄 것입니다. 밤낮이 뒤바뀝니다. 무엇 하나 예측 가능한 것이 없습니다. 이번 장의 주제인 위로는 이 두 번째 그룹에 속하는 엄마들의 삶 속에서 중요한 역할을 하니, 우리는 이들의 삶을 따라가 볼 것입니다. 이들은 첫 번째 그룹에 속하는 엄마들과 비교될 때가 많습니다. 아기를 신뢰하는 엄마들을 아기를 길들이는 엄마들과 비교해보면 '아무것도 하지 않고 있는 것'처럼 보입니다.

첫 출산을 앞둔 많은 엄마가 출산이 임박할 때까지 고된 직장 생활을 합니다. 그들은 출산 휴가를 받기 직전까지 자신의 능력과 역량을 계속해서 입증해야 한다는 압박감을 받습니다. 일을 할 때 감정은 걸

럼돌로 취급받기에 직장 여성들은 자신의 감정을 한쪽으로 제쳐놓는 길을 택합니다. 하지만 울음을 터뜨리는 아기는 엄마를 즉각 다른 사람으로 바꿔놓습니다. 아기는 고통스러워 보이고, 목소리에는 두려움과 간절함이 실려 있습니다. 보기 안쓰러운 광경이지만 한편으로는 마음이 사르르 녹아내리기도 합니다. 엄마는 아기가 염려되어 마음이 무척 아픕니다. 그 심정이 표정에 역력히 나타납니다. 엄마의 표정과 몸짓, 목소리가 모두 누그러지고 더욱 부드럽고 다정해집니다. 엄마의 표정은 더욱 기민해지고 사려 깊어집니다. 엄마는 아기에게 따스한 연민을 느낍니다. 엄마가 연민을 느끼는 대상은 더더욱 확대됩니다. 엄마의 눈에 다른 아기들이 들어오고, 그다음에는 다른 엄마들이 들어오고, 나중에는 도움의 손길이 필요한 다른 사람들이 들어옵니다.

아이는 굉장히 서럽게 울어요. 그럴 때면 마음이 너무 아파서 아이를 안고 같이 울어요. ▸▸ G, 2개월

저는 속으로 '제발, 제발 그만 울어'라고 생각해요. 하지만 아이도 어쩔 수가 없나 봐요. ▸▸ G, 2개월

엄마 1 아이가 아기 교실에서 울었어요. 아무리 달래도 소용이 없었죠. 참 난감하더라고요. 다른 엄마들은 아기 교실에서 조금이나마 편안하고 차분한 분위기를 누릴 것이라고 기대했을 텐데 **우리** 애가 그 기대를 다 망치고 있다는 생각이 들었어요. ▸▸ B, 2개월

엄마 2 저도 그 자리에 있었으니까 제가 느꼈던 감정을 말씀드리고 싶어

요. 그때 그 모습을 보고 있으니까 눈물이 주르륵 흘렀어요. 아이 말고 어머님 때문에요. 저도 그 마음을 정말 잘 알거든요. ▸▸ B, 3개월

한번은 텔레비전에서 엄마를 애타게 찾으며 우는 아기를 본 적이 있어요. 아기는 배가 고파서 울고 있더군요. 그때 제 뺨 위로 눈물이 흐르고 심장이 쿵쿵거리면서 젖이 핑 도는 게 느껴졌어요. 아이를 낳기 전이라면 그런 장면을 보고도 무심히 지나쳤을 텐데 말이에요. ▸▸ B, 3개월

초보 엄마들만 이런 식으로 연민을 느끼는 것은 아닙니다. 경험 많은 엄마도 울면서 보채는 아기 앞에서는 난감해합니다.

막내는 먼저 태어난 세 아이와 달랐어요. 오후만 되면 울었는데, 특히 형이나 누나가 학교에서 돌아올 때가 되면 더 많이 울었어요. 넋이 나갈 지경이었죠. 저는 아이를 제법 키워봤는데도 완전히 속수무책이었어요. 막내가 울면 얼마나 당황스럽던지, 말로는 그 마음을 설명할 수가 없어요.

▸▸ B, 넷째 아이, 3개월

아기를 접해본 경험이 많은 사람도 우는 아기 앞에서는 난감해질 때가 있습니다. 소아과 의사, 조산사, 산부인과 간호사, 보육사로 일해본 사람들은 직장에서 아기를 다뤄본 경험과 실제로 자기 아기를 키우는 일은 전혀 다르다고 입을 모읍니다.

저는 간호사로 6년 동안 일했어요. 그래서 '아기는 많이 다뤄봤으니까 육아는 별문제 없을 거야. 아무렴 그렇고말고'라고 생각해왔죠. 하지만 엄마가 되니 전혀 그렇지 않았어요. 아이가 울기만 하면 가슴이 철렁 내려앉는데, 그런 상황에 어떻게도 대비할 수 없어요. 저는 완전히 초보 엄마예요!

▸▸ G, 2개월

지난 두 달 동안 정말 많이 울었어요. 저는 유아교육학과를 전공하고 보육사로 일하며 부모님들에게 육아 상담을 해주기도 했어요. 엄마들이 고민하는 문제에 해답을 제시하곤 했죠. 하지만 제 아이를 키우는 일은 전혀 달랐어요.

▸▸ B, 2개월

저는 아이가 울어도 수월하게 대처할 수 있으리라고 생각했어요. 다른 아기들을 잘 달래준 경험이 있거든요. 저는 조산사여서 아기를 많이 달래봤어요. 하지만 제 아이가 울 때는 아이가 제 뒤통수에 달린 조그만 스위치를 켜놓은 듯한 기분이 들어요. 정말 당황스럽죠. 남편과 저는 아이에게 정말 미안할 때가 많아요. 함께 눈물지을 때도 많고요. 저도 그렇고, 남편도 그래요.

▸▸ G, 9개월

자꾸 눈물이 나고 감수성이 예민해지면 '내가 왜 이러나' 하는 생각이 듭니다. 때로는 그 원인을 그저 '호르몬' 탓으로 돌리기도 합니다. 엄마는 자신이 세상으로부터 동떨어진 듯한 느낌을 받습니다. 하지만 엄마의 감수성과 연민은 이 세상에 보탬이 됩니다. 엄마는 창문 밖으로 펼쳐진 너른 세상 속의 과오와 불의를 끊임없이 눈여겨봅니다. 여성은 엄마가 되고 나면 세상의 어두운 면을 더욱 생생하게 감지하는 듯합니다. 엄마들이 하는 이야기에는 걱정스러운 마음과 연민이 담긴 온화한 목소리가 있습니다.

처음에는 갓난아기가 울 때마다 그 소리가 무척 다급하게 들립니다. 엄마는 대개 아기를 안아 가슴에 품거나 서둘러 젖병을 준비합니다. 아기의 위는 크기가 호두알만 하지만 태어난 지 다섯 달 만에 체중을 두 배로 불려야 합니다. 이에 반해 어른은 성장이 모두 끝난 상태입니다. 우리는 배가 다급하게 고팠던 시절을 기억하지 못합니다. 아기의 마음에 공감하지 못하는 엄마들은 아기에게 자주 젖을 먹여야 하는 상황이 짜증스러울 수 있습니다. 당연히 아기는 엄마가 자기에게 젖을 주는 방식을 예리하게 감지합니다. 아기의 마음에 공감하는 엄마들은 아기에게 몹시 중요한 수유 시간 동안, 자신이 아기를 '위해' 수유를 하고 있음을 보여줄 수 있습니다.

더러 아기의 울음소리가 몹시 날카로울 때가 있습니다. 그럴 때는 배가 고파서 그러는 게 아닐 것입니다. 엄마는 이런 울음소리에 즉시 정신을 집중합니다. 아기를 구석구석 살피며 열이 나지는 않는지, 얼굴이 창백하지는 않은지, 몸이 뻣뻣하지는 않은지, 숨은 제대로 쉬는지, 눈이 풀려 있지는 않은지 살핍니다. 엄마라면 다들 이렇게 예의 주시하는데, 이런 행동을 지칭하는 표현은 존재하지 않는 듯합니다.

때로 아기들은 아무 이유도 없이 우는 것처럼 보입니다. 배가 고프거나 아파 보이지도 않습니다. 아마도 의사는 아기에게 아무런 증세가 없다면서 엄마를 안심시킬 것입니다. 사람들은 아기에게 '영아산통'이 있는 것 같다거나 아기가 그냥 '칭얼거리는' 것 같다고 말합니다. 아기는 지치도록 울지만 아무도 그 이유를 모릅니다. 뚜렷한 이유를 모르니 해결책도 없습니다. 이럴 때 엄마는 무엇을 할 수 있을까요? 끝없이 울어젖히는 아기 때문에 엄마는 괴롭습니다. 빨래도 하고 저녁 준비도 해야 하는데 엄마는 아무것도 할 수 없습니다. 눈앞에 닥친 상황 말고는 아무것도 생각하지 못합니다.

엄마는 어떻게 달래줄 때 아기가 반응을 더 많이 보이는지 재빨리 눈치챕니다. 『고통과 위로Distress and Comfort』의 저자 주디 던Judy Dunn의 관찰에 따르면, '생후 2주가 지난 아기'를 달랠 때는 공이나 딸랑이보다 사람의 목소리가 더욱더 효과적입니다.[24] 엄마에게 아기를 위로해주는 능력이 있다는 것은 고대부터 전해져 내려오는 이야기입니다. 기원전 8세기 인물인 예언자 이사야는 '어미가 자식을 위로하듯이'라는 문구를 성경에 남겼습니다.[25] 오래전부터 사람들은 극심한 고통을 겪거나 고문을 받을 때면 어머니의 품에서 느끼던 위안을 애타게 갈구했습니다.

그런데 신기하게도 아기를 달래는 방법을 다룬 책은 그리 많지 않습니다. 아기를 달래는 방법을 익히도록 도와주는 사람도 없고, 엄마가 아기를 잘 달랬을 때 칭찬해주는 사람도 없습니다. 사람들은 엄마에게 묻습니다. "애가 아직도 밤에 통 잠을 못 자요?", "아직도 이유식을 시작하지 않았어요?", "아직도 이가 나지 않았어요?" 반면 이런 질문을 하는 사람은 없습니다. "아기를 달래주는 방법은 알아냈나요?" 통잠을 자는 능력이나 이유식을 소화하는 능력, 이가 나는 시기는 엄마의 역할과는 크게 관련이 없습니다. 아기를 달래고 편안하게 해주는 일은 엄마의 능력에 달려 있지만, 아기의 성장 지표는 아기가 충분히 자라면 저절로 도달하게 됩니다.

처음에는 누구나 아기를 어떻게 달래야 할지 모르는 상태로 육아를 시작합니다. 아이들은 저마다 다릅니다. 아이를 여럿 기르다 보면 아이마다 대하는 방식을 달리해야 한다는 사실을 깨닫습니다. 쌍둥이 딸을 둔 한 엄마는 두 아이를 같은 방식으로 안을 수 없다며 이렇게 말했습니다. "레이철은 아래위로 어르는 걸 좋아하고, 그레이스는 양옆으로 어르는 걸 좋아해요."[26] 쌍둥이 아들을 둔 한 엄마는 한 아이는 포대기에 감싸주는 걸 좋아하고, 다른 아이는 자유로이 움직일 수 있게 해주는 걸 좋아한다고 이야기한 적이 있습니다. 이렇게 각자에게 맞는 방법을 알아내기까지는 시간이 걸립니다.

아이 하나가 놀이터에서 놀다가 울음을 터뜨리는 상황을 가정해봅시다. 사람들은 아이를 엄마에게 데려다주어야 한다고 생각해서 울고 있는 아이를 일으켜 엄마 품에 안겨줍니다. 아이는 눈물을 뚝뚝 흘립니다. 벌겋게 달아오른 뺨 위로 커다란 눈물방울이 흘러내립니다. 아이 엄마가 잠시 아이를 얼러주며 등을 쓰다듬으면 아이는 흥분을 가라앉히고 차분해집니다. "이제 괜찮니?" 엄마가 물으면서 어디 다친 곳은 없나 살펴봅니다. 아이는 훌쩍이다가 안정을 되찾고는 고개를 끄덕입니다. 그리고 다시 놀던 곳으로 향합니다. 이리도 놀라운 변화는 고작 몇 분 만에 일어납니다. 엄마는 어떻게 하는 걸까요?

분명한 점은 엄마가 아이를 달래준 적이 처음이 아니라는 사실입니다. 아이를 달래는 과정은 엄마와 아이가 예전 기억을 되살려내는 것에 달려 있습니다. 하지만 아이가 막 태어난 갓난아기 시절을 유심히 살펴보면, 엄마가 갓난아기를 효과적으로 달래는 모습은 찾아보기 어려울 것입니다. 아마도 엄마는 난감하지만 중요한 상태, 즉 엄마로서 처하는 긴가민가한 상태에 놓여 있을 겁니다. 아기는 울면서 고통스러워하는데 엄마는 뭘 어떻게 해야 하는지 앞이 캄캄하기만 합니다.

아이는 밤만 되면 9시부터 자정까지 울어요. 그러다가 목이 잠겨서 울 수조차 없는 지경이 되죠. 안쓰러워요. 저와 남편은 무력감에 사로잡히고요. 서로 번갈아 안아보기도 하는데 뾰족한 수가 나오지는 않아요. ▸▸ G, 6주

아이가 울면, 그 울음소리가 영원토록 이어질 것만 같아요. 한숨이 나오죠. 아이가 울지 않을 때는 당연히 애가 영원히 울지는 않으리라는 사실을 알아요. 하지만 아이가 일단 울기 시작하면 눈앞의 상황에 완전히 압도되고 말아요. ▸▸ B, 4개월

아기가 지금 처한 상황에 몰두해 절박하게 울 때, 엄마가 미래를 생각하기는 어렵습니다. 과거와 미래를 인식하지 못한 채로 현재를 살아가다 보면 마음이 혼란스러워지고 감정이 여과되지 못한 상태로 매우 강렬하게 느껴지곤 합니다. 하지만 바로 그 이유로 엄마는 '우는 아기에게 다가가 아기의 상태를 살핍니다'. 초보 엄마들은 대체로 그렇게 행동합니다. 엄마들은 아기를 달래기 좋은 위치에 자리 잡습니다. 나는 엄마들이 저마다 앉아서 젖을 먹이거나 아기를 어르거나 보듬거나 토닥이거나 쓰다듬거나 딸랑이를 흔들어주며 달래면서 다른 엄마들과 계속해서 대화를 이어나가는 모습을 봐왔습니다. 얼마나 멋진 일을 해내고 있는지 까맣게 모른 채 말입니다.

아기를 달래는 행동과 관련된 문헌을 찾아봤지만 그런 자료는 놀라우리만큼 적었습니다. 몇몇 자료는 '아기 진정시키기'라는 주제를 다룹니다.[27] 아기를 진정시킨다는 것은 아기의 울음을 그치게 한다는 뜻입니다. 하지만 위로는 거기서 그치지 않고 앞으로 한발 더 나아갑니

다. 엄마는 단지 아기의 행동 양상을 바꾸려고 애쓰는 것이 아닙니다. 엄마는 고통스러워하는 아기를 보고 측은한 마음이 들어 아기를 도와주고자 합니다. 위로를 뜻하는 영어 단어 'comfort'는 '기운'을 뜻하는 라틴어 포르티투도fortitudo에서 유래했습니다. 엄마는 연민이라는 감정을 바탕으로 아기에게 기운을 되찾아주는 방법을 찾습니다.

이와 관련된 책을 찾지 못했기에, 어쩔 수 없이 내 부족한 지식을 바탕으로 설명하고자 합니다. 내가 목격한 엄마들의 행동을 보여주고 싶을 뿐이며, 엄마들에게 강요하고 싶어서는 아닙니다. 오히려 내 설명과는 다른 방식을 선택한 엄마들이 내가 미처 알아보지 못한 온갖 세세한 신호를 알아차렸을지도 모를 일입니다.

엄마의 첫 번째 반응은 아기에게 문제가 있어서 아기에게 엄마가 필요하다는 사실을 알아채는 것입니다. 엄마는 손에 쥐고 있던 일을 내려놓고 아기에게 정신을 집중합니다. 이것만 해도 쉬운 일이 아닙니다. 엄마는 한꺼번에 여러 가지 일을 처리하는 법을 금방 습득했지만 지금은 그와는 상당히 다른 행동 방식을 취해야 합니다. 이제 아기는 엄마에게 온전한 관심을 받습니다. 앞서 4장에서도 살펴보았지만, 이 중요한 행위에는 적절한 명칭이 없습니다.

아기를 달랠 때 가장 중요한 절차는 아기의 상태가 얼마나 심각한지 파악하는 것입니다. 아기는 자신의 상태를 제대로 알지 못합니다. 누구나 어린 시절 무릎에 찰과상을 입고서 자기가 크게 다쳤다고 생각해본 적이 있을 것입니다. 하지만 상처를 본 엄마는 차분한 어조로 이 정도 상처는 크게 염려할 일이 아니라고 말합니다. 아기 역시 이와 비슷한 방식으로 자신이 처한 상황을 파악하는 듯합니다. 엄마의 평가는 그 상황을 '제한'하는 역할을 합니다. 흥분을 잘하는 엄마도 상황 평가를 할 때는 대체로 마음을 차분히 가라앉힙니다. 엄마는 상황 판단을 하면서 마음을 추스르고 행동의 발판을 마련합니다.

그러고 나면 엄마는 온 세상을 뒤로 한 채 자신과 고통스러워하는 아기가 처한 상황에 몰입합니다. 엄마는 아기가 느끼는 고통 속으로 함께 빠져들기 쉽지만, 그러기보다는 아기를 차분하게 달래려고 노력합니다. 엄마는 마냥 가만히 있지 않습니다. 그리스 철학자 플라톤은 아기를 달래는 엄마가 아기를 '조용조용 가만히 달래지 않고 품에 안아 계속해서 어른다든가, 흥얼흥얼 노래를 부르는 모습이 의아'했습니다.[28] 놀랍게도 엄마들은 지금도 아기를 그렇게 달랩니다. 던은 『고통과 위로』에서 "아기를 달래는 기술의 원리를 정확하게 설명하기는 어렵다"고 말합니다.[29] 아마도 아기를 달래는 기술은 기술 이상의 것과 연결되어 있기 때문일 것입니다. 겁에 질린 아기를 원 상태로 되돌리려면 엄마는 자기 자신의 마음부터 차분하게 가라앉혀야 합니다.

위로하기의 마지막 단계는 아기가 기운을 차린 다음, 엄마와의 안온한 세계에서 갖가지 문제가 발생하는 세상으로 되돌아가도록 방향 전환을 시켜주는 일입니다. 아기를 위로해주는 엄마가 아기의 문제를 해결해주기는커녕 아기의 울음조차 멈추지 못할 때도 있습니다. 하지만 엄마는 다급한 상황이 지나갔다는 사실을 알아챌 수 있습니다. 그 순간 엄마는 이렇게 말합니다. "우리 아기 속상했구나", "아이고 깜짝 놀랐구나!", "쭈쭈 먹을까?" 엄마는 이런 말을 하며 일상생활로 돌아가는 다리를 놓아주고, 아기를 위로해주는 과정을 마무리 짓습니다.

아기 달래기의 핵심은 엄마가 아기의 고통을 인정해주는 것입니다. 그러면 엄마는 아기를 존중할 수 있습니다. 아이가 우는 이유를 몰라도 아이를 믿어줄 수 있습니다. 엄마는 아이의 고통스러운 마음을 인정하지 않으려 든다거나, 평온함을 되찾고자 '무의미한 소음'을 없애려 들지 않습니다. 그보다는 아이를 몹시 측은하게 여기며 도움의 손길을 내밀고자 합니다.

처음 아이가 울었을 때는 이미 젖도 먹였고 기저귀도 갈아준 상태였기에 '도대체, 도대체 뭐가 문제야'라고 생각했어요. 애가 머리가 아프다거나 배탈이 났을지도 모른다고 생각하기는 어렵고, 혹시나 그런 증상이 있어도 제가 딱히 할 수 있는 일이 없었어요. 제가 할 수 있는 거라곤 아이를 얼러주면서 그저 모든 게 괜찮아지기를 바라는 것밖에 없었죠. ▸▸ B, 4주

사람들은 우리 아이를 보고 "성미가 고약하다"고 말해요. 하지만 애가 우는 건 그만한 이유가 있기 때문이에요. ▸▸ B, 4개월

친구가 찾아왔지만 딸아이가 기분이 별로 좋지 않은 상태여서 저는 친구에게 사과했어요. 평소에 아이는 저랑 쾌활하게 잘 지내요. 그때 그런 생각이 들었어요. '내가 왜 사과를 해야 하지? 아이가 늘 즐겁고 행복할 수만은 없잖아. 이럴 때도 있고 저럴 때도 있는 거지. 나는 애가 어떤 모습을 보이든 다 받아들여 줄 거야.' ▸▸ G, 7개월

나는 한 엄마로부터 아기의 울음소리를 들으면 '저절로' 아기를 품에 안게 된다는 이야기를 들은 적이 있습니다. 나는 선택의 여지가 있었냐고 물었습니다. 그녀는 아기의 머리를 쓰다듬으며 감정이 진하게

배인 목소리로 이야기했습니다.

아이가 울면 안아주는 것 말고는 선택지가 없어요. 아니, 정확하게 말하자면 그렇지는 않네요. 저는 선택을 한 거예요. 저는 아이를 보육 시설에 보낼 수도 있고, 그냥 울도록 내버려둘 수도 있어요. 하지만 저는 제 선택이 일종의 보험이라고 생각해요. 아이의 첫 1년은 한 번 지나가면 영영 돌아오지 않아요. 아이는 분명 살아가면서 몇 번은 힘든 고비를 겪을 거예요. 그래서 전 아이가 삶을 시작하는 단계에서 안정감을 얻고, 그 안정감을 바탕으로 이후에 겪게 될 어려움을 쾌활하고 다부지게 헤쳐 나가면 좋겠어요. ▸▸ B, 7개월

이 엄마의 마지막 말은 라레체리그가 출간한 『모유 수유의 기술The Womanly Art of Breastfeeding』의 한 구절과 일맥상통합니다. "그래서 우리는 손이 많이 가는 아기를 키우는 엄마들에게 아기가 홀로 울도록 내버려두지 말라고 권합니다. 엄마 품에서 얻는 위로와 안정감은 결코 헛되이 사라지지 않습니다. 사랑은 사랑을 낳습니다."[30]

출산 후 첫 몇 주에 걸쳐 시도와 실수를 반복하다 보면, 엄마와 아기에게 갑자기 서광이 비치는 시기가 찾아옵니다. 모든 게 익숙해지는 시기가 찾아오는 것입니다. 그때가 되면 엄마는 혼란 속에서 눈물지으며 어쩔 줄 몰라하던 시절이 잘 기억나지도 않습니다.

아이는 아직도 밤에 일어나서 울고불고 난리치지만 이제는 제가 아이를

달랠 수 있다는 사실을 알아요. 아이를 포대기에 싸서 안고 방 안을 거닐면 되거든요.

▸▸ G, 3개월

얘는 피곤해서 울 때면 아랫입술이 불룩 튀어나와요. 배가 고플 때나 안아주기를 바랄 때나 심심해서 울 때도 있는데, 이제 저는 그런 신호를 읽어내기 시작했어요.

▸▸ G, 3개월

한 엄마가 울고 있는 자기 딸을 앞에 깔린 매트에 내려놓고 이렇게 말했습니다.

마음과 달리 이렇게 할 수밖에 없어요. 저는 아이를 안아주거나 젖을 물리고 싶지만 얘는 자기 혼자 이렇게 누워 있는 걸 훨씬 좋아하거든요. 맞지 우리 아기? 조금 있으면 얌전해질 거예요.

▸▸ G, 3개월

시간을 재봤더니 아이는 3분도 안 되어서 울음을 그치고 웃었습니다.

아이는 태어나서 3개월 내내 울었어요. 지금은 그렇게까지 심하게 울지는 않지만 힘든 건 마찬가지예요. 예전에는 선 채로 몇 시간씩 아이를 품에 안고 어르곤 했어요. 그게 습관이 돼서 그런지 요즘은 아이를 안고 있지 않을 때도 저도 모르게 몸을 흔들더라고요!

▸▸ G, 4개월

이제 저는 아이가 울 때 그 이유를 정확하게 알아차려요. 아이는 대체로 하고 싶은 게 있는데 제가 그 마음을 알아주지 않거나 너무 늦게 반응하면 화가 나서 울어요.

▸▸ G, 5개월

저는 아이가 울도록 내버려두어야 할 때가 있다는 걸 깨달았어요. 어른도 때로는 퇴근해서 긴장을 풀어야 할 때가 있잖아요. 울음은 아이가 긴장을

해소하는 방법이에요. ▸▸ B, 6개월

아이가 그 어떤 방법을 써도 울음을 그치지 않은 적이 딱 한 번 있었어요. 그때 그런 생각이 들었어요. '아이를 달래지 못하면 어떡하지?' 그때는 정말이지 어쩔 줄을 모르겠더라고요. 그래서 이제는 아이의 마음을 알아차리고 대처하는 능력이 생겼다는 게 저한테는 무척 소중해요. ▸▸ B, 6개월

아이의 마음을 '읽을' 수 있는 순간이 찾아오면, 마음이 한결 놓입니다. 육아도 수월해집니다. 엄마는 아기가 울 때마다 서둘러 달려가지 않아도 됩니다.

저는 점점 더 단단해지고 있어요. 오늘 아이가 울었을 때는 '그만 울어! 기다릴 수 있잖아'라는 생각이 들더라고요. ▸▸ G, 4개월

이 시기가 되면 엄마들에게 약간의 여유를 즐길 겨를이 생기기도 합니다만, 우리는 엄마들이 출산 초기 갈팡질팡하던 시절에서 벗어나 이제야 겨우 그런 여유를 얻었다는 점을 명심해야 합니다. 사람들은 이런 생각을 잘하지 못합니다. 사람들은 엄마가 '아기를 달래고 위로하며' 얼마나 많은 일을 해냈는지 제대로 평가하지 못합니다. 한 엄마는 내게 이런 이야기를 들려줬습니다.

아이는 아주 차분해요. 놀다가 제가 어디에 있는지 확인하는 일도 잘 없어요. 제가 근처에 있다는 걸 알거든요. 사람들은 얘더러 차분한 성품을 타고났다고 말하는데 저는 그렇게 생각하지 않아요. 그건 타고난 성품이 아니라 제가 아이를 그렇게 키웠기 때문이에요. ▸▸ G, 11개월

첫돌이 지나면 아이를 달랠 일은 줄지만, 심각한 상황을 마주할 일은 더 많아집니다. 제법 자란 아이가 다치거나 아플 때, 엄마는 자신이 아이를 위로하고 달래는 여러 방법을 깨우쳤음을 알게 됩니다.

어느 날 아이가 몹시 아팠어요. 온갖 방법을 다 써봤지만 아무 소용이 없었죠. 결국 할 수 있는 거라곤 아이를 안고 있는 것밖에 없었어요. 한 번씩 안는 자세를 바꿔주니까 아이가 조금 더 편안해하더라고요. ▸▸ G, 14개월

사람들은 흔히 엄마라면 아이를 달래고 편안하게 해주리라고 생각하지만 모든 엄마가 그러지는 않습니다. 앞서 살펴봤듯이 어떤 엄마들의 육아 철학은 아이를 달래주어야 한다는 육아 철학과는 결이 다릅니다. 그런 엄마들은 아이를 '달래주는 행위'가 아이의 삶을 '그르치며', 아이를 위로하는 엄마들이 화를 자초한다고 믿습니다. 그들은 아이를 달래는 과정 전체를 못마땅하게 여기며, 그 마음을 다른 사람에게 표출하기도 합니다. 아기를 달래는 엄마들은 그런 생각을 하는 친구나 친척들에게서 '아이는 길을 잘 들여야 한다'는 조언을 듣곤 합니다.

아이가 울음을 그치지 않으면, 온 사방에서 이래라저래라 훈수를 들어요. 하지만 저는 그렇게 **못해요**. 애가 우는데 그냥 울게 내버려두라니 어떻게 그럴 수 있나요? 아이가 얼마나 애처롭게 우는지 저는 도저히 가만히 듣고 있을 수가 없어요.

▸▸ B, 4개월

식사 중에 아이가 울면, 아이를 돌봐주는 시댁 식구들은 매번 "우선 밥부터 마저 먹어"라고 말해요. 그런 말을 들을 때마다 속이 부글부글 끓어요.

▸▸ G, 2개월

사람들은 아이가 울면 그냥 울게 내버려두라고 말해요. 하지만 얼마나 오랫동안 그냥 두고 봐야 하나요? 양치를 하는데 아이가 울면 몇 초가 한 시간처럼 느껴져요. 저희 애는 항상 안겨 있고 싶어 해요. 그래서 지퍼를 잠글 겨를도 없죠. 그렇다고 해도 아이가 운다면 그냥 가만히 내버려두지는 않을 거예요.

▸▸ B, 3개월

아이 키우기가 수월하냐고 묻는 건 아이가 많이 울지는 않느냐고 묻는 거예요. 친정엄마는 벌써 제 딸을 폭군이라고 불러요. 이제 태어난 지 12주밖에 되지 않은 아기를 말이에요!

▸▸ G, 3개월

아이가 울면, 친정엄마는 아이를 안아주지 말라고 말해요. 하지만 저는 안아줘요. 늘 안아주죠. 그렇게 해야 아이의 욕구를 충족시켜준다고 생각하거든요. 제가 아이를 안으면 엄마는 "애 표정 좀 봐라!"라고 하세요. 그 말을 듣고 아이 얼굴을 들여다보면 울음을 뚝 그치고 있죠. 방실방실 웃을 때도 있고요. 제가 보기에 그건 행복해서 짓는 웃음이에요. 엄마가 자기 요구에 응해줬다는 사실을 아이가 아는 거죠. 하지만 친정엄마는 아이가 저를 맘대로 쥐락펴락하면서 짓는 **승리**의 미소라고 생각해요. ▸▸ G, 8개월

자기가 어린 시절에 제대로 위로받지 못하고 컸다는 사실을 깨닫고는 자기 아이만큼은 그렇게 키우지 않겠다고 다짐하는 엄마들도 있습니다.

아이가 울면 엄마는 항상 이렇게 말씀하셨어요. "울게 내버려둬! 그렇게 운다고 해서 어떻게 되지는 않으니까." 그렇지만 저는 아이가 우는 소리를 참지 못해요. 그리고 그런 말을 들으면 이런 생각이 들어요. '엄마는 나한테도 그랬을 거야. 울어도 그냥 내버려뒀겠지.' 기분이 참……. ▸▸ G, 5주

이 엄마는 목이 메 말을 잇지 못했습니다.

어느 날 밤, 아이가 악을 쓰며 울었어요. 배가 고픈 것도 아니었고 졸린 것도 아니었죠. 아이는 내 품에서 위로를 받고 싶어 하는 눈치였어요. 전 두려웠어요. 친정엄마는 제가 어렸을 때 돌아가셨거든요. 아이에게 제 도움이 필요하다는 사실이 부담스러워요. ▸▸ B, 3개월

어릴 적 버림받은 기분을 느끼곤 했어요. 그렇다고 진짜로 버림받은 건 아니었어요. 엄마는 밤이 되면 저를 침대에 눕혔고, 그러고는 더 돌봐주지 않았어요. 저는 조금 울다가 금세 포기했던 것 같아요. 정확하게 기억나지는 않지만요. 제 생각에는 그랬던 것 같은데 엄마는 기억이 나지 않는다고 하

죠. 그래서인지 제 안에는 아직도 누군가에게 버림받은 듯한 감정이 남아 있어요.

▸▸ B, 4개월

아이가 울면 마구 화가 나면서 어쩔 줄을 모르겠어요. 제가 아기였을 때, 엄마는 제가 울면 내버려두셨다고 해요. 그래서 아이가 울 때 그 자리를 떠나고 싶다는 생각이 들면 화가 치밀어 오르면서 무력감이 밀려들어요.

▸▸ B, 6개월

아마도 이렇게 슬픈 기억이 있는 엄마들은 하고 싶은 말이 더 많을 것입니다. 행복한 기억을 이야기하는 사람은 거의 없었습니다. 내게 행복한 기억을 이야기해준 엄마가 딱 한 명 있기는 했는데, 그것도 그나마 내가 그 기억에 관해 물어보아서 가능했습니다. 그 엄마가 들려준 이야기는 다들 비슷하게 가슴속에 담아두기만 하는 이야기를 대변해주고 있습니다.

그 엄마는 생후 2개월 된 아들이 한 번도 운 적이 없다고 확신에 찬 목소리로 말했습니다. 나는 그 말을 듣고 깜짝 놀랐습니다. 우리가 같이 참석했던 모임에서 그녀의 아들이 우는 모습을 몇 차례 본 적 있었으니까요. 그녀의 아들은 한쪽 다리에 장애가 있었고, 그 때문에 자주 불편해했습니다. 아이가 울 때마다 엄마는 아이를 금방 달랬습니다. 나중에 나는 그녀에게 모임 자리에서 아이가 우는 모습을 보지 못했냐고 물었는데, 그녀는 아이가 운다고 말할 정도의 모습을 보인 적은 없는 것 같다고 대답했습니다. 그녀는 아이의 짧은 울음을 울음으로 간주하지 않은 것입니다. 그녀는 일곱 아이 중 막내였습니다. "언니, 오빠들이 저를 금세 달래주었어요. 누가 저를 가장 빨리 웃게 만드는지 보려고 저를 일부러 울리기도 했어요!" 그녀는 지난 기억을 떠올리며 웃었습니다. 내가 보기에 그녀가 아들을 달래는 것에 자신감이 있는 이유는 바로 그런 기억 덕분이었습니다.

그녀의 이야기는 단편적인 사례에 불과합니다. 하지만 우리는 이 이야기에서 엄마가 우는 아기를 대하는 방식은 엄마가 어린 시절에 가족들로부터 얻은 반응과 긴밀하게 연결되어 있을 수 있다는 점을 알 수 있습니다. 그런 연결고리를 찾은 엄마는 자신이 아이에게 반응을 보이면서 강렬한 감정을 느끼는 이유를 깨닫습니다. 이렇게 자신의 속마음을 이해하면 아이를 더 차분한 마음으로 돌볼 수 있습니다.

50년 전 육아서는 아이를 돌보면서 느끼는 감정을 옆으로 제쳐놓으라고 조언했지만, 요즘에는 엄마들에게 자신의 감정을 눈여겨보라고 권장합니다. 이러한 접근 방식은 무척 새로우며, 심리치료와 심리상담에서 얻은 이해를 밑바탕에 둡니다. 그 결과 엄마들은 50년 전이라면 다른 사람에게 털어놓는 것은 고사하고 마음속으로 생각하는 것조차 금기시되던 감정을 더욱 솔직하게 받아들이게 되었습니다. 자신의 감정을 들여다보라고 권장받은 엄마들은 자신의 감정을 어떤 식으로든 추스를 수 있다고 생각하게 됩니다.

> 아이가 울기 시작하면 도저히 감당되지 않으면서 '내가 뭘 잘못하고 있는 건가' 하는 생각이 들어요. 그러면 아이는 제 불안감을 감지하고는 더 크게 우는 것 같아요. 그럴 때는 가만히 앉아서 저 자신에게 말을 건네고 불안감을 누그러뜨리려고 노력해요.
>
> ▸▸ G, 8주

저는 제가 엄마로서 부적합한 사람이라고 생각했어요. 제게는 육아가 너무너무 버거웠거든요. 바닥에 드러누워 세 살배기처럼 투정을 부리기도 해봤어요. 주먹을 쥐고 50초간 바닥을 쿵쿵 치면서요. 아이가 아빠랑 다른 방에 있을 때요. 그러고 나면 다시 아이를 돌볼 수 있겠더라고요.

▸▸ B, 3개월

밤에 아이가 울면 어떻게 달래야 할지 도통 모르겠더라고요. 그러거나 말거나 남편은 옆방에서 계속 잠만 자고요. 이래도 보고 저래도 보지만 소용이 없어요. 앞이 캄캄해지죠. 내가 뭘 잘못했나 싶어서 걱정스러워지기도 하고요. 그래서 아이를 침대에 내려놓고 화장실에 가서 혼자 울었어요. 그러고 나니 더 잘해낼 수 있겠다 싶은 생각이 들더군요. ▸▸ B, 6개월

아이도 울고 저도 울었어요. 저는 막다른 길에 몰려 있었죠. 아이를 침대에 내려놓고 방문을 쾅 닫고 부엌으로 가서 부엌문도 쾅 닫은 다음 오래된 그릇 하나를 박살냈어요. 그릇이 잘 깨지지 않아서 다섯 번이나 내던져야 했죠. 그러고 나자 기분이 한결 나아졌어요. 저는 제가 아이에게 무슨 짓을 할까 봐 겁이 났어요. ▸▸ G, 6개월

그토록 외로웠던 순간을 함께 나누며 엄마들은 위로를 받았습니다. 엄마들은 저마다 다른 엄마들이 자신의 마음을 이해해주는 경험을 한 것입니다. 엄마들은 이야기를 하는 엄마에게 귀를 기울이면서 그런 상황에서 마음을 추스르기가 무척 어렵다는 사실을 인정해주고 그 마음에 공감해줍니다. 그러고 나면 엄마들은 난처한 상황을 다시 마주했을

때 더 큰 힘을 발휘합니다. 서로를 향해 손을 내밀고는 인간이 전하는 위로의 경이로운 힘을 전해받은 것입니다.

아이가 울 때 양가감정을 느낀 적이 있다고 토로하는 엄마들이 있습니다. 그럴 때면 아이를 향한 연민의 감정이 그들의 마음속에서 온데간데없이 사라집니다. 그 대신 공허감과 무력감이 자리 잡고, 더러는 분노와 증오심이 솟구치면서 자신이 몹시도 사랑한다고 여기던 아기를 해치는 환영을 보기도 합니다. 이런 감정 상태에 빠진 엄마는 자신이 아기에게 악감정을 품고 있다는 사실을 믿기 힘들어합니다. 말도 안 된다는 생각이 들면서도, 분별력을 잃고 미쳐버릴 듯한 감정을 느끼기도 합니다. 아기가 도무지 울음을 그치지 않을 때 이런 감정 상태에 빠질 수 있지만, 이후 그런 상태에서 벗어나면 다행이라며 안도합니다. 불편하기 짝이 없는 감정입니다.

> 저는 엄마로 살아가는 삶이 어떤지 제대로 털어놓는 여성이 없다고 생각해요. 저도 저 자신을 잘 알지 못했어요. 이따금 아이가 울면 아이를 창밖으로 던져버리고 싶을 때가 있어요. 그리고…… 그리고…… 그건 그저 빙산의 일각일 뿐이에요. 일부분일 뿐이죠.
>
> ▸▸ G, 5개월

많은 엄마가 이런 경험을 한다고 털어놓습니다. 일부 작가들은 모든 엄마에게 그런 경험이 있다고 주장합니다.[31] 하지만 이런 식의 일반화는 위험합니다. 모든 엄마가 그런 경험을 했을 가능성은 낮아 보이니까요. 양가감정을 선명하게 느껴본 사람이 있는가 하면, 경험해보지 못한 사람도 있을 것입니다.

양가감정을 강하게 느끼는 엄마들은 대개 아기의 울음소리에 큰 영향을 받습니다. 아기의 격렬한 울음소리에 휩쓸린 나머지 처음에는 아이를 위해서 무엇이든 할 수 있고 내줄 수 있다고 생각합니다. 그런데 동시에 다른 생각도 듭니다. 귀를 찔러대는 강렬한 소리가 엄마로서 자신에게 중요한 메시지를 던집니다. 절망에 가득 찬 아기의 울음소리는 마치 엄마를 공격하고 비난하는 듯합니다. 엄마 역시 아기에게 아기가 보여줄 수 있는 모습 그 이상을 기대합니다. 하지만 아기는 대체로 울음을 그치지 못합니다.

여기에서 악순환의 고리가 시작되며, 엄마는 이 고리에서 쉽사리 빠져나오지 못합니다. 아기의 울음소리가 비난으로 들리면 엄마는 아기가 아니라 자기 자신에게 관심을 돌립니다. 내가 뭘 잘못했을까? 아기는 나의 어떤 면을 비난하는 것일까? 이런 의문이 들면 아기의 울음소리에 세심하게 귀를 기울이며 아기를 달래기가 어려워집니다. 호주 작가 수전 모셔트Susan Maushart는 『엄마의 가면The Mask of Motherhood』이라는 책에서 이렇게 말합니다. "엄마들은 (아기가 힘겨워하는) 원인을 찾아 끊임없이 자신의 육아 기술을 점검하고, 육아서를 뒤적이고, 육아관을 검토한다."[32] 모셔트는 원인을 찾고자 하면서도 정작 **당사자**인 아기에게는 주의를 기울이지 않았을 것입니다. 자신의 육아 기술, 육아서, 육아관을 아무리 열심히 살펴봐도 깨달음을 얻을 수는 없을 것입니다. 방향 설정이 잘못되었으니까요.

당연히 엄마의 자신감은 떨어집니다. 엄마는 우는 아이를 달래는 법이라고 전해들은 온갖 방법을 시도하며 상황을 수습하려 합니다. 하지만 당사자인 아기에게는 제대로 주의를 기울이지 않으니 아기가 무엇을 원하는지 알아차리지 못할 것입니다. 엄마의 노력은 물거품이 됩니다. 그렇게 노력했는데도 아기가 울음을 그치지 않았다면, 엄마는 자신이 엄마 노릇을 제대로 못하고 있다고 '확신'하게 됩니다. 아이에게 거부당한 느낌을 받고, 상처받고, 당황합니다. 엄마는 아기를 달래고자 온 힘을 쏟았는데, 아기는 엄마에게 만족하지 못합니다. 아기는 엄마가 더 훌륭한 모습을 보이길 바라는 걸까요? 아기는 정말로 그렇게나 욕심이 많고 만족을 모를까요? 그런 생각이 들면 아기가 괴물처럼 보입니다. 엄마로서는 승산이 없어 보입니다. 그렇다고 아이의 요구에 응하지 않는다면, 그녀는 엄마로서 완전히 실패하는 것이며, 다른 사람들 역시 그녀를 그런 시선으로 바라보리라 생각합니다. 하지만 계속해서 아이의 '요구'에 응한다면 그녀는 완전히 소진되고 말 것입니다. 진퇴양난입니다. 어느 쪽이든 막다른 길이지요.

바로 이런 순간에 엄마는 아기에게 분통을 터뜨리게 됩니다. 아기가 울 때는 다 그만한 이유가 있으니 더 자세히 살펴보면 아기를 달랠 수 있으리라는 생각은 사라집니다. 엄마의 머릿속은 아기가 아니라 자기 자신으로 가득 찹니다. 엄마가 자기중심적이기 때문에 그렇게 되는 것은 아닙니다. 오히려 그 반대일 것입니다. 자기 본연의 모습에 혼란이 오는 것입니다. 엄마는 본연의 모습을 되찾기 위해 화장실에 가서 울 수도 없고 접시를 내던질 수도 없습니다. 자기정체성이 흔들리고 위협받습니다. 엄마는 아기를 만족시키기 위해서라면 지쳐 쓰러질 때까지 보살피고, 보살피고 또 보살펴야 한다는 믿음에 너무 매달리고 있는 게 아닌가 생각합니다. 엄마는 아기가 계속해서 운다면 아기를 계속해서 보살펴야만 한다고 믿어왔습니다. 이제껏 그것이 '좋은' 엄마의 역할이라고 여겨왔습니다. 하지만 이제 그 믿음에 화가 치밀어오릅니다.

이제 엄마는 아기가 자신을 하인처럼 부린다고 생각합니다. 엄마에게는 아무런 힘도 권리도 없다고 느낍니다. 아기가 엄마를 쥐락펴락한다는 생각이 강하게 들면 들수록 아기에 대한 분노가 솟구칩니다. 그러면서 자신의 능력, 자기가 맡은 책임에 대한 감각을 잃습니다. 예를 들어, 아기가 운다면 엄마는 냉큼 달려가서 아기를 안아줄 텐데, 엄마가 그렇게 행동하도록 만드는 건 사실 아기가 아닙니다. 엄마가 그렇게 행동하는 이유는 엄마가 그렇게 행동하기로 선택했기 때문입니다. 엄마는 자신에게 선택권이 있다는 사실을 깨닫지 못해서 모성을 발휘하면서 행복감을 느낄 소중한 기회를 잃고 맙니다. 게다가 엄마는 아이에게 자신을 내어줄 때 그 방법, 시기, 시간에 한계를 정해둔다고 해서 자신이 '나쁜 엄마'가 되지는 않는다는 생각을 하지 못합니다.

이런 엄마들을 보면 자신의 양가감정을 인정하는 편이 양가감정을 품지 않으려고 애쓰는 편보다 더욱 도움이 됩니다. 그런 감정을 인정하면 마음이 누그러지고 엄마로서의 역할을 이어나갈 수 있겠다는 기분이 듭니다. 내가 만난 몇몇 엄마는 이 악순환의 고리에서 벗어나는 길을 찾았습니다. 한 엄마는 친정엄마에게서 예기치 않게 실마리를 얻었다고 합니다.

아이가 잠을 자지 않아서 매일같이 계단을 오르락내리락했는데도 아이는 울고 또 울었어요. 그래서 결국 친정엄마에게 갔죠. 아이를 향한 사랑이 식었다는 생각이 들었어요. 엄마는 아이를 안아주었고, 저는 엄마가 아이를 어떻게 안아주는지 지켜봤어요. 엄마는 아이의 울음소리를 저처럼 마음속에 흘러들어오도록 내버려두지 않고 그대로 **흘려보내시더라고요**. 그때 생각했죠. '나도 저렇게 하면 되겠다.' 그날 밤 아이가 침대에 누워 있을 때 저는 왠지 아이를 꼭 안아주고 싶었어요. 다시 아이를 사랑하게 된 거죠.

▸▸ B, 6개월

또 다른 엄마는 아기를 물끄러미 바라보면서 힘겨운 순간을 넘겼다고 합니다.

저는 인내심이 완전히 바닥나버린 터라 혹시나 내가 돌변해서 아이를 구타하는 엄마들처럼 되면 어쩌나 걱정했어요. 하지만 이제 우리는 상황이 난처할수록 관계가 더 돈독해져요. 아이의 눈을 들여다보면 그 속에 존재하는 또 다른 인격체가 보이거든요. 그때 우리가 이 순간을 함께하고 있다는 사실을 이해하죠.

▸▸ G, 8주

아기가 많이 울면 육아는 무척이나 힘겨워집니다. 일부 연구자들은 이 점을 매우 중요하게 여깁니다. 그들은 아기를 달래지 못하는 여성은 자기 자신을 못난 엄마로 여기게 된다고 주장합니다. 두 미국 심리학자는 이렇게 말합니다. "우는 아기를 제대로 달래지 못한 경험이 있는 엄마는 무력감에 사로잡힌다."[33] 여러 연구 결과와 마찬가지로 이 연구 결과는 몇몇 엄마들에게 딱 들어맞을지도 모릅니다. 하지만 엄마들은 놀라운 기지를 발휘하기도 합니다. 그처럼 포괄적인 주장은 울음이 잦은 아기를 달래고자 애를 쓰는 엄마들의 노고를 정당하게 평가하지 못합니다. 고작해야 다른 사람들에게서 동정심을 얻을 수 있을 뿐입니다. 하지만 그들은 동정심을 넘어서서 찬사를 받아야 마땅합니다.

예를 하나 들어보겠습니다. 한 엄마가 생후 3개월까지 온종일 울어대는 아기를 키우고 있었습니다(다행히 아기가 밤잠은 잤습니다). 이 엄마에게 전화를 걸면 늘 수화기 너머로 아기의 울음소리가 들렸습니다. 그녀는 그 시절 느낀 막막한 심정을 솔직하게 털어놓았습니다. 하지만 아이를 향한 분노와 같은 감정은 한 번도 언급하지 않았습니다. 어느 날 나는 우는 아기와 관련된 책 두 권을 들고 모임에 나갔습니다. 그녀에게 내가 들고 간 책을 어떻게 생각하는지 물어봤고 그녀는 이렇게 답했습니다.

> 제 눈에는 표지부터 너무 비정해 보여요. 책을 집어서 책장을 넘겨보고 싶은 마음이 전혀 들지 않아요. 이 책을 읽으면 아기를 이제 막 발명된 발명품처럼 생각하게 될 것 같아요. 엄마에게는 아무런 해결책이 없는 듯 보일 것 같고요. 전문가들은 심장 이식은 정복했지만 영아산통은 아직 정복하지 못했어요. 바로 그런 점 때문에 화가 나요. 아이가 우는 건 아이 잘못이 아니에요. 아이 역시 다른 사람들만큼이나 울음을 멈추고 싶을 거예요. 저는 제 난감한 심정을 아이에게 드러내지 않으려고 무척 애썼어요. 마음이 막막해질 때면 아이 뒤편에 있는 문이나 벽을 쳐다봤어요. ▸▸ G, 4개월

누군가는 엄마들이 자신의 양가감정을 묻어두어서 그것을 의식하

지 못한다고 주장하기도 합니다. 정말 그럴지도 모릅니다. 하지만 사람이 모든 걸 묻어두고 살아갈 수는 없습니다. 어느 날 문득 아기에게서 자신을 비난하는 듯한 자그마한 신호가 느껴질지도 모릅니다. 그런데 위에서 언급한 엄마는 그 상황을 다르게 받아들였습니다. 앞서 소개했던 다른 엄마들처럼 그녀는 자신의 딸을 하나의 인격체로 봤습니다. 아기가 우는 이유가 무엇인지는 알지 못했지만 '아기에게는 울어야 할 필요가 있다'는 점을 받아들였습니다. 자신과 딸에게 비난의 화살을 돌리지 않았습니다. 그리고 자기 자신을 초보 엄마로 여겼습니다.

이런 생각이 있었기에 그녀의 분노는 논리적으로 자신을 도와주지 못한 전문가들, 즉 우는 아기에 대한 육아서에 비정해 보이는 표지를 덧붙인 육아 전문가들, 우는 아기와 관련해서 제대로 된 연구 결과를 내놓지 못한 의사들에게 향했습니다. 더불어 그녀는 자신의 좌절감이 아기에게 표출되기 쉽다는 사실을 깨닫고는 자신의 감정을 다른 곳으로 돌릴 방법도 마련했습니다. 그녀는 대다수 엄마보다 압박감을 더 많이 느낄 수 있었지만 지혜롭게 반응하기로 결심했습니다. 그런 점 말고 이 엄마가 다른 엄마들과 다른 점은 특별히 없었습니다.

그녀가 딸아이를 안고 말을 건네는 방식은 무척 다정하고 부드러웠으며, 다른 엄마들에게서 깊은 공감을 자아냈습니다. 한 엄마는 이런 얘기를 들려주었습니다.

그 모녀의 이야기가 일주일 내내 생각났어요. 얼마나 힘들었을까 하는 생각이 머릿속에서 떠나지 않더라고요. ▸▸ G, 11개월 아이가 예전처럼 울지 않아 엄마들 모임에 나올 수 있게 되자 그녀는 다른 엄마들의 따스한 격려와 위로를 받았습니다.

모든 사람이 위로받기를 기대하지는 않습니다. 소란을 피우거나 다른 사람에게 '폐'를 끼치지 말라고 배워온 사람들은 기분이 좋지 않을 때면 자기 안으로 침잠해 들어가는 경향이 있습니다. 그들은 홀로 '자신의 상처를 보듬을 때' 더 안온한 기분을 느끼며 자기 자신에게서 위안을 받습니다. 홀로 자신을 달래는 방법은 이것 말고도 또 있습니다. 사람은 술, 음식, 흡연, 컴퓨터게임을 비롯한 개인적인 활동에서 위안을 찾기도 합니다. 이런 활동은 대개 습관성과 중독성이 있습니다. 다른 방법은 '괜찮아', '별일 아냐', '괘념치 말자'며 혼잣말을 하는 것입니다. 이는 자신의 솔직한 감정을 부정하는 방법이어서 우리는 평정심을 찾을 수 있기는 하지만 그 대가로 일상 속의 인간적인 감정을 차단해야 합니다. 이런 상태에서는 다른 사람과 맞닿을 수 있는 여지가 완전히 사라집니다.

지금 우리가 나누는 이야기는 우는 아기와 관련된 최신 연구와 반대되기에 중요합니다. 요즘 심리학자들은 아기들이 스스로 울음을 그치는 법을 배우는 것이 중요하다고 주장합니다.[34] 다행스럽게도 여전히 많은 부모가 아기를 달래주는 방법을 선호합니다. 그렇지 않다면 우리는 서로 고통을 나누면서 힘을 얻는 방법보다는 자신의 고통을 스스로 통제하는 방법을 배운 매우 고독한 사람들 사이에서 살아가야 할 것입니다.

누군가가 달래줄 때 아기는 흥분한 상태입니다. 아기는 소란을 피워서는 안 된다는 걸 배워본 적이 없어서 수선을 떨고 보살핌을 받으며, 그 보살핌을 소중하게 여깁니다. 아기는 서서히 그 보살핌에 의지합니다. 이것은 엄청난 변화입니다. 아홉 달 동안 자궁 안에서 살며 아기는 양수 속에서 멋들어지게 회전하는 기술을 익히지만 더러 탯줄을 목에 감기도 합니다. 자궁 안에는 탯줄을 풀어줄 사람이 없습니다. 아기는 자궁 속에서 기묘하게 움푹 들어간 자리를 탐색하다가 그곳에 머리가 꽉 끼어 움직이지 못하게 되기도 합니다. 자궁 안에는 아기를 도와줄 사람이나 힘을 북돋아줄 사람이 없습니다. 아기가 아는 한, 아기는 자기 자신에게만 의지해야 합니다. 그렇기에 갓난아기는 자족하는 모습을 보입니다. 아기가 엄마를 믿는 법을 배우는 과정은 아기의 세계에 엄청난 변화가 생기는 일입니다.

아기는 태어나고 몇 달이 지난 뒤에야 엄마가 자신을 달래주러 온다는 현실을 믿게 됩니다. 아이가 이 사실을 믿기까지는 시간이 걸립니다. 엄마와 아기는 조금씩 서로에게 길들어갑니다. 엄마는 어떻게 달랠 때 아기가 반응하는지 배워가고, 아기는 이런저런 보살핌이 죽 이어지리라는 사실을 배우며, 엄마는 아이가 울면 아기가 보살핌을 기대한다는 사실을 깨닫습니다. 이렇게 두 사람 사이에 형성된 신뢰 관계는 아이의 유년기로까지 이어집니다. 아이는 시퍼렇게 멍든 무릎을 보면서도 예전에 엄마에게서 보살핌을 받은 사실을 기억해냅니다. 아이는 조금씩 사소한 일과 심각한 일을 구분할 수 있게 되고, 사소한 일은 스스로 해결합니다. 아이가 제법 자라 꽤 심하게 다쳤다면, 그때도 아이는 친숙한 엄마의 목소리와 손길과 냄새를 떠올릴 수 있으며, 이는 상당히 놀라운 힘을 발휘합니다. 아기가 태어난 지 얼마 되지 않아 혼란스럽고 불안하고 불확실하던 시절이 모두 지나면, 오래도록 우리에게 위안을 전해주는 엄마의 능력이 모습을 드러냅니다.

그렇다고 모든 엄마가 항상 아이를 잘 달랜다는 뜻은 아닙니다. 많은 엄마는 자신이 서툴렀던 기억, 아이 곁을 지켜주지 못했던 기억, 곁을 지켜주기는 했으나 아이가 무슨 이유로 고통스러워하는지 알아채지 못했던 기억만을 유독 또렷이 기억합니다. 뒤늦게야 그때 아이를 더 잘 보살펴줘야 했다는 생각이 들면 엄마는 속이 상합니다. 이 세상에 완벽한 엄마는 없습니다. 하지만 우리가 말할 수 있는 건, 아이들을 충분히 보살펴주는 엄마가 이 세상에는 충분하다는 점입니다. 보살핌을 받고 자란 아이는 고통을 대하는 방법을 배웁니다. 누구에게나 고통스러운 순간은 찾아오기 마련입니다. 그건 누구에게나 마찬가지입니다. 하지만 사람은 서로 위로를 주고받으며 고통을 견뎌낼 만큼 단단한 사람으로 성장합니다.

영국의 오랜 속담에는 "아이를 보살피는 건 당연하지만 아이에게서 위로를 받게 될지는 불분명하다"는 말이 있습니다.[35] 이 속담은 부모가 어린 자녀와의 관계를 암묵적이고 일방적인 계약 관계로 여기지 않도록 해줍니다. 이 세상에는 부모에게 위로가 되어주는 아이들이 분명히 존재합니다. 엄마에게 위로받지 못하고 자란 아이가 나중에 타인을 위로해주는 어른으로 자라날지는 아무도 모릅니다. 하지만 아기를 달래는 방법을 터득한 엄마들은 아이가 틀림없이 자기 나름의 방식으로 사람들을 위로하는 법을 깨우친다고 말합니다.

지도 교수님을 찾아간 적이 있는데, 저와 제 딸이 있는 자리에서 교수님 남편이 교수님에게 이혼을 요구하셨어요. 순간 누가 죽기라도 한 듯 긴장감이 감돌았죠. 그때 딸아이가 놀라운 모습을 보였어요. 아이가 사람들을 향해 자꾸만 손을 뻗으면서 방실방실 웃으니까 사람들도 미소를 지을 수밖에 없었죠. 교수님에게는 제법 자란 자녀들이 있었고, 딸이 그곳의 분위기를 바꾸어놓았어요. 모두 제 딸이 그 자리에 함께 있어서 정말 좋다고 말했어요. 아이는 자기가 할 수 있는 최선을 다한 것 같아요. 다음 날 피곤한 기색을 보이더니 거의 종일 잠을 잤거든요. 자기 나름대로 제법 애를 썼던 것이죠.

▸▸ G, 7개월

아이에게 대화를 나누고 싶다는 말을 꺼내고는 이렇게 말했어요. "아까 네 손을 때린 건 잘못된 행동이었어. 미안해. 엄마도 실수할 때가 있는데, 엄마 때문에 괜히 네가 고생이구나." 미안한 마음에 그런 이야기를 꺼냈죠. 아이가 제 말을 이해하리라는 기대는 하지 않았어요. 그런데 아이가 무릎으로 일어서더니 제 입에 뽀뽀를 해줬어요. 마치 '무슨 말인지 알아요. 괜찮으니까 내 걱정은 하지 말아요'라고 말하는 것 같았어요.

▸▸ B, 12개월

아이가 평소에 제법 거친 소리로 기침을 하며 잠에서 깨는 통에, 저는 밤잠을 거의 자지 못할 때가 많았어요. 그러던 어느 날 제가 두 손으로 얼굴을 감싸고 앉아서 울고 있는데, 아이가 제 무릎을 베고 눕더라고요. 마치 '엄마 마음 다 알아'라고 말하는 것처럼요.

▸▸ B, 13개월

제가 딸을 위로해주는 만큼 딸도 저를 위로해줘요. 제가 속상해할 때면 딸이 제 등을 토닥여주는데, 그건 딸이 울 때 제가 하는 행동이에요. 그럴 때면 정말 행복해요.

▸▸ G, 22개월

아이들이 아직 너무나 어릴지 몰라도 그들의 몸짓에는 상대방을 따스하게 위로해주는 힘이 깃들어 있을 때가 많습니다. 그런 행동은 자신의 편의를 위한 것이 아닙니다. 아이는 보상을 기대하지 않고 받은 대로 돌려줍니다. 아이는 그저 엄마와 위로를 주고받는 일이 얼마나 좋은지 배웠을 뿐입니다.

6

온종일 아무것도 못 했어

엄마의 삶이 어렵다는 점은 사람들 대부분이 동의합니다. 그렇다면 엄마는 정확하게 무슨 일을 할까요? 이 질문에 대한 답변은 제각각입니다. 사람들은 흔히 엄마의 역할과 엄마가 해야 하는 일이 상당히 다른 것처럼 말합니다.

예를 들어 한 엄마가 아기의 옷을 빨고 있다고 가정해봅시다. 엄마는 아기가 지금은 잠을 자고 있지만 언제든 잠에서 깰 수 있다는 사실을 압니다. 얼마 후 아기가 울면, 엄마는 수건으로 손을 닦으며 아기를 안아주러 재빨리 달려갑니다. 그러고는 뽀로통해진 아기를 달래줍니다. 혹시 나쁜 꿈이라도 꾼 건가 싶어서 아기를 달랠 때 자주 부르는 우스꽝스러운 노래도 불러봅니다. 이 모든 일 중에서 어느 것이 엄마의 일일까요?

일반적으로 사람들은 엄마가 아기 옷을 빨 때는 일을 한 것이고, 아기를 안아주고 있을 때는 일을 하지 않은 것이라고 이야기합니다. 분명히 아기를 돌보는 중인데도, 엄마들은 자기가 해야 할 일을 제대로 못하고 있다는 생각에 괴롭다는 말을 자주 합니다. 반면 엄마가 집안일로 분주하게 돌아다닐 때, 그 집안일이 눈에 보이는 구체적인 일이긴 하되 분명 엄마가 하는 일 중 가장 중요하지 않은 일임에도 불구하고, 엄마 본인이나 주위 사람들은 엄마가 '자기 일을 끝마치려고 고군분투하고 있다'고 말할 가능성이 큽니다.

오늘날 엄마들은 외로움을 느끼기 쉽습니다. 많은 사람이 엄마가 어떤 일을 하는지 모릅니다. 이런 현상은 엄마라는 역할에 변화가 생겨서 나타난 것이 아닙니다. 엄마라는 역할의 본질은 앞으로도 변하지 않을 것 같습니다. 하지만 엄마를 에워싸고 있는 세상은 늘 변합니다. 엄마가 사회적으로 고립된 상태로 물러나 있을 수 없습니다. 엄마의 역할은 개인적이면서 사회적입니다. 엄마는 자녀와 사회를 이어주는 튼튼한 다리를 놓습니다. 아이는 이 다리를 건너 더 넓은 세상으로 나아갈 수 있습니다. 엄마와 아이의 관계는 이 다리의 토대가 되어줍니다. 엄마가 아이와 좋은 관계를 형성한다면, 아이는 다른 이들과 좋은 관계를 맺는 사람으로 자랄 가능성이 큽니다. 우리 사회 전반은 엄마가 아이와 관계를 맺는 방식에 의존하고 있습니다. 이것이 바로 엄마가 맡은 역할입니다.

엄마들은 대개 다른 사람이 자신의 아이를 좋게 보는지 나쁘게 보는지 세심하게 살핍니다. 누군가의 사소한 반응이 종일 엄마에게 영향을 미치기도 합니다. 하지만 엄마가 아이를 돌보면서 어떤 일을 하는지 잘 모르는 사람이 과연 제대로 된 반응을 보일 수 있을까요? 사람들에게 관심이 없는 건 아닙니다. 많은 사람이 아이를 어떤 방식으로 키우고 싶다는 확고한 생각을 품고 있습니다. 그렇기에 관심이 없다는 말보다는 엄마가 아이를 안고 가만히 있을 때 그 속에서 어떤 일이 벌어지고 있는지 잘 알지 못한다는 말이 더 적절합니다. 사람들이 보기에 아이와 가만히 앉아 있는 엄마는 자기 역할을 수행하고 있지 않습니다.

이해 부족은 영아기를 갓 지난 유아를 대할 때 쉽게 드러납니다. 슈퍼마켓에 가면 엄마가 유아를 데리고 장을 보러 나오는 모습을 볼 수 있습니다. 엄마는 아이에게 몇 가지 사항을 일러줍니다. 이제는 제법 컸으니 공중 장소에서는 어떻게 행동해야 하는지 가르쳐주기도 하고, 슈퍼마켓에서는 선반에 놓인 물건을 떨어뜨리거나 아무 물건이나 장바구니에 집어넣으면 안 되며, 물건을 골라 담은 다음에 값을 치러야 한다고 알려줍니다. 더불어 물건값을 세세히 따져볼지 아니면 장보기를 얼른 끝마칠지 등 엄마가 중요하게 생각하는 것을 알려주고, 계산원을 대하는 요령도 알려줍니다. 엄마는 보통 이런 요령을 직접적으로 가르치지 않고 자신이 속한 세상을 아이와 함께 경험하면서 보여주는데, 무척 수고스러운 일입니다. 이런 방식은 뭘 하든 시간이 두 배씩 걸리고, 계속해서 어른의 장보기 세계와 어린아이의 세계에 번갈아가며 주의를 기울여야 합니다. 두 세계 사이에서 착오나 실수가 생겼을 때 이를 해결해야 하는 사람은 엄마입니다.

우리는 다시 엄마들이 무슨 일을 하는지 제대로 이해하지 못하는 상태로 돌아옵니다. 엄마에게 지금 무엇을 하는 중이냐고 물어보면 엄마는 열이면 열 "장을 보고 있다"고 대답할 것입니다. 다른 손님이나 계산원에게 이 엄마가 지금 무엇을 하고 있냐고 물어도 그들 역시 대체로 "장을 보고 있다"고 대답할 것입니다. 하지만 엄마는 훨씬 많은 일을 하고 있습니다. 엄마는 한 가지가 아니라 두 가지 일을 하고 있습니다. 두 번째 일은 첫 번째 일에 가려져 있습니다. 그 일에는 독립된 명칭도 없습니다. 아이가 유치원에 들어갈 나이가 되면 선생님은 '사회성'의 중요성을 이야기합니다. 하지만 엄마가 아이의 사회성을 서서히, 효과적으로 길러주고 있고, 아이의 곁에서 무수히 많은 일을 하고 있는데도 그 일은 대수롭지 않게 여겨집니다. 사람들은 그저 엄마가 장을 보고 있다고만 생각합니다.

엄마의 행동이 장을 보는 일에 한정된다면 아이는 엄마를 방해하는 걸림돌처럼 보입니다. 아이는 엄마의 이동 속도를 떨어뜨리고 엄마가 평소처럼 능숙하게 일을 처리하지 못하게 합니다. 하지만 이 모든 행동이 엄마가 하는 일 중 하나라는 사실을 인식한다면, 엄마가 하는 일은 '아이 보살피기와 장보기'로 새로 정의 내릴 수 있습니다. 그러면 아이는 엄마의 행동 속에서 정당한 위치에 놓입니다. 또 우리는 장보기가 끝난 뒤에 엄마가 피곤해하고 짜증스러워하는 이유를 알 수 있습니다. 두 가지 일은 하나보다 더 힘든 법입니다. 더욱이 엄마 스스로 두 번째 일을 간과하고 첫 번째 일만 했다고 생각한다면 그 어려움은 가중됩니다. 두 가지 일을 한 번에 수월하게 해냈다며 만족해하는 대신, 한 가지 일을 제대로 해내지 못했다며 짜증내기 쉽습니다.

이러한 이해 부족은 엄마와 아이가 집으로 돌아온 후에 더 자주 나타납니다. 엄마는 장바구니 속에서 자신이 노력해서 얻은 결과물을 확인할 수 있습니다. 고개를 숙여 아이를 바라봤을 때는 별다른 변화를 찾아볼 수 없습니다. 엄마는 장을 보면서 아이에게 화를 내지 않으려

애썼는데도 아이는 기분이 언짢고 피곤하고 배가 고파 보입니다. 엄마가 아이를 돌보며 기울인 노력은 모두 어디로 가버린 걸까요? 한 엄마의 하소연을 들어봅시다.

> 직장에서 일할 때는 하루 동안 내가 어떤 일을 했는지 알 수가 있어요. 전화를 몇 통 받았고 이메일을 몇 통 썼는지, 일을 했다는 증거를 제시할 수 있죠. 지금은 하루가 끝날 즈음에 아이를 바라보면, 하루를 힘겹게 보냈는데도 이런 생각이 들어요. '왜 달라진 게 없지? 온종일 아이를 돌보며 기울인 노력은 도대체 다 어디로 사라진 거야?' ▸▸ B, 2개월

어디로 사라져버린 게 아니라 알아보기 어려울 뿐입니다. 엄마 바로 앞에 있습니다. 아이는 정말로 짜증이 났을지도 모릅니다. 아이가 뾰로통해 있다면 아마도 엄마가 아이를 잘 돌보았기 때문일 것입니다. 아이는 엄마와 함께 뾰로통한 상태가 아니라 **엄마에게** 뾰로통해져 있습니다. 이는 매우 중요한 차이점이지만, 오해하기도 쉽습니다. 심통이 난 아이는 엄마를 믿으며 엄마에게 기대하는 바가 있습니다. 엄마는 자기와 가깝고 자기를 이해해주는 사람이기에 아이는 다른 사람보다 엄마에게 더 많은 것을 요구합니다. 아이는 모르는 것이 없는 엄마가 자신을 위해 상황을 바로잡아 주리라고 믿습니다. 런던병원 소속의 두 통찰력 있는 연구원에 따르면 "많이 우는 아기가 그런 행동을 보이는 이유는 엄마와 긴밀한 관계를 맺고 있기 때문"입니다.[36] 하지만 우리 사회에 널리 퍼진 견해는 이와 정반대입니다. 사람들은 흔히 아기

가 울음을 터뜨리고 화를 낸다면, 그것은 엄마와의 관계가 **나쁘다**는 신호라고 생각합니다. 사정이 이렇다 보니 불행하게도 엄마들은 아이가 울거나 기분이 안 좋아 보이면 엄마에 대한 칭찬으로 받아들이지 못합니다. 아이의 심통은 아이가 엄마를 얼마나 신뢰하는지 보여주는 척도일 때가 많지만, 엄마 본인이나 주변 사람들은 엄마가 엄마 노릇을 제대로 하지 못해서 그렇다고 오해합니다.

딸아이는 저한테만 소리를 질러요. 다른 사람들이 주위에 있을 때는 곧잘 놀고 즐겁게 지내요. 하지만 저와 단둘이 있을 때는 한시도 내려놓지 못하게 한다니까요.

▸▸ G, 7개월

남편은 딸아이를 달래기 좋아해요. 그래서 옆방에서 애를 봐주면서 제게 한숨 돌릴 여유를 주죠. 남편은 그런 사람이에요. 그렇지만 아이가 기분이 좋지 않을 때 찾는 사람은 저예요.

▸▸ G, 7개월

남편이 딸아이를 데리고 오후 내내 나들이를 다녀왔어요. 집에 와서 피곤해하기는 했지만 즐거운 시간을 보낸 것 같더군요. 남편은 아이가 한 번도 울지 않았다고 말했어요. 그러고서 남편이 저에게 아이를 건네줬는데, 미처 제가 아이를 건네받기도 전에 아이의 입이 벌어지더니 큰 소리로 울기 시작했어요. 그건 제가 아이의 **엄마**라서 그런 거예요. 저는 아이가 솔직하게 대할 수 있는 사람이니까요. 아이는 저와 솔직한 감정을 나누었어요. 제가 자기 마음을 이해한다는 걸 아는 거죠. 남편과 있을 때는 순둥이처럼 굴면서 말이에요!

▸▸ G, 약 18개월

엄마가 자기 역할을 얼마나 잘하는지 아기가 확인해주는 일은 거의 없습니다. 아기가 이따금 바로 앉아서 "힘내, 엄마! 엄마는 나한테 진짜 잘해주고 있어!"라고 말해준다면 엄마는 안심할 것입니다. 하지만 아기는 그러지 못합니다. 갓난아기를 키우는 처음 몇 주간 엄마는 외로움과 더불어 자기 노력을 아무도 알아주지 않는다는 서러움에 휩싸이기 쉽습니다.

이번 장에 등장하는 많은 엄마는 모임 당시에 출산 휴가 중이었습니다. 하지만 모든 엄마가 출산 휴가를 받지는 않습니다. 엄마들은 아기와 오랜 시간을 보내는 생활에 관해서도 대화를 나누었습니다. 그런 이야기는 아기를 저녁 시간과 주말에만 돌보는 엄마들에게는 거짓말처럼 들릴지도 모릅니다. 완벽한 육아란 없으며, 나는 이런 이야기로 엄마라면 모름지기 오랜 시간을 들여서 아이를 돌봐야 한다고 말하려는 게 아닙니다. 하지만 그런 엄마들의 이야기에 귀를 기울여보는 일은 모든 엄마에게 도움이 됩니다. 직장을 다니는 엄마와 전업주부인 엄마가 아이를 돌보는 시간에는 차이가 있을지언정 분명 아이와의 관계에서는 유사한 점이 많습니다. 어찌 됐건 엄마는 아이를 책임져야 합니다. 아이를 다른 사람에게 맡겨뒀다고 해도 결국 책임을 져야 하는 사람은 엄마입니다. 엄마가 있기에 아기는 이 세상을 홀로 마주하지 않습니다.

어린 아기를 직접 돌보며 보낸 시간에는 결실이 뒤따를 것입니다. 하지만 엄마들은 그런 느낌을 받지 못합니다. 특히 아기를 처음 돌보는 시기에는 엄청난 '문화 충격'을 받습니다.

직장에서 일할 때는 목표가 있으니까 그 목표를 달성해가면서 생활했어요. 그런데 집에서는 내가 반드시 해야 하는 일이라는 게 없어요. 그래서 아무것도 하지 않죠. 하루가 저물 무렵, 내가 한 일이라고는 고작 옷을 걸쳐 입은 것뿐일 때면 저 자신이 몹시도 무능하게 느껴져요. ▸▸ B, 약 2개월

라디오에서 불쑥 〈여성시대(BBC 라디오 프로그램 - 옮긴이)〉가 다시 흘러나오니까 이런 생각이 들더라고요. '내가 지금 뭘 하는 거지?' 요즘 제게 시계 위에서 흘러가는 시간은 정말이지 아무런 의미가 없어요. ▸▸ G, 2개월

전 사무 변호사 교육을 받았어요. 출산 전에 다니던 직장에서는 15분 단위로 업무 보고를 했죠. 그런데 지금은 15분이 그냥 막 흘러가는데 아무것도 해놓은 일이 없어요. ▸▸ G, 3개월

전 뭘 하든 마무리 짓기를 좋아하는 사람이에요. ▸▸ B, 3개월

배우자가 직장에 다니면, 직장에 다니는 생활이 얼마나 중요한 의미를 지니는지 너무나도 잘 압니다. 이제는 배우자가 가족을 먹여 살려야 하니까요. 돈은 누가 봐도 뚜렷한 결과물이므로 배우자는 분명 '무언가를 하고 있습니다'. 엄마들은 자신과 배우자의 일과를 비교할 때면 기분이 상하곤 합니다. 엄마가 보기에 퇴근한 배우자는 엄마보다 참을성을 훨씬 더 많이 발휘하면서 아기와 무척 즐거운 시간을 보냅니다. 엄마의 눈에는 남편이 돈을 벌어오는 사람인데다가 부모 노릇까지 더 잘하는 사람이므로 자신보다 가치가 더 높은 사람처럼 보입니다.

아기를 돌보며 종일 들인 수고는 목표를 성취하는 과정이었다기보다는 그저 생존하려는 몸부림에 가까웠다는 생각이 들기도 합니다.

저녁에 집으로 돌아온 아빠는 다시 가족과 함께 시간을 보내기를 고대해왔을 것입니다. 하지만 아빠는 오늘 하루 동안 무슨 일이 있었는지 엄마에게 전해들어야 할 필요가 있습니다. 이것은 부부 모두에게 난감한 일입니다. 1장에서 보았듯이 하루 동안 있었던 중요한 일을 전달해줄 언어가 존재하지 않기 때문입니다. 엄마는 아이와의 생활이 하루는 온종일 '흐림'이어서 힘겨웠다가 다음 날은 또 맑게 개는 일을 절실히 경험하지만, 말로 설명하기는 어렵습니다. 누군가가 "난 오늘 직장에서 끔찍한 하루를 보냈어"라고 말한다면 우리는 세세한 속사정을 알지 못해도 그 말의 의미를 대략 알아차립니다. 반면 "난 오늘 아이와 함께 끔찍한 하루를 보냈어"라는 말로는 제대로 된 소통을 할 수가 없습니다.

기분이 아주 우울했어요. 날씨 탓도 있었겠죠. 하지만 한편으로는 제가 하고 싶은 일을 하나도 끝마치지 못했기 때문이기도 했어요. 아이와 온종일 함께 있다 보면 '내 생활이 없다'는 생각이 들어요. ▸▸ B, 4개월

하루하루 그냥저냥 아이를 돌보면서 지내요. 그다지 특별한 게 없는 생활이에요. ▸▸ B, 4개월

아이만 쳐다보며 몇 시간을 보내요. 요즘 제가 무슨 생각을 하는지 저도 잘 모르겠어요. 집은 어수선해요. 시간은 하염없이 흘러가고요. ▸▸ B, 4개월

능력을 제대로 발휘하지 못하고 있다는 생각이 끊임없이 들어요. 특히 아침 내내 침대에 누워서 아이에게 수유하고 있을 때면요. 침대에 누워 있다는 건 직장인도 아니고 학생도 아니라는 뜻이잖아요. 직장인이나 학생의 삶은 엄마의 삶과는 완전히 다르죠. ▸▸ B, 5개월

거리에서 아이에게 벚꽃을 보여주고 있을 때 예전에 다니던 회사 사장님을 만났어요. 사장님은 제게 인사를 건네며 "복직은 언제 하냐"고 물었는데, 그때 왠지 '나를 아기와 시답잖은 짓이나 하는 실없는 엄마로 보는구나'라는 생각이 들었어요. ▸▸ B, 19개월

이런 이야기를 할 때 엄마들은 '아무것도 하지 않았다', '하루 동안 한 게 없다'는 식의 표현을 거듭해서 사용합니다. 우리는 그 말에 주의를 기울이면서 '아무것도 하지 않았다'는 말이 무슨 뜻인지 스스로 되물어볼 필요가 있습니다. 예전에 나는 그 말이 '목표를 성취하는' 생활이 없어졌다는 뜻이라고 생각했습니다. 하지만 엄마들의 말에 귀를 기울이니 아무것도 하지 않는 생활이 그 자체로 하나의 경험으로 들렸습니다.

우선 엄마는 아기를 낳기 전에 누리던 행동의 자유를 더는 누리지 못하거나 (직장에 나간다면) 상당한 제한을 받습니다. 올슨이 집에서 아이를 돌보는 생활을 언급하며 선택한 표현처럼 자유로이 '움직이는 즐거움'을 더는 맛볼 수가 없는 것입니다.[37] 아기와 함께 생활한다는 말은 몇 시간씩 가만히 앉아 있어야 한다는 뜻이기도 합니다. 그러면 엄마는 바삐 돌아가는 일상에서 떨어져 나간 듯한 기분을 느끼고 현실

감각을 잃기도 합니다. 예를 들어 아침 햇살은 엄마에게 지금이 아침 식사 시간이라는 사실을 알려주지만, 아기가 엄마를 찾는다면, 엄마는 그 아침 식사 '신호'에 부응할 수가 없습니다. 주변에 아무도 없다면 아침 식사 같은 건 그리 중요하지 않아 보입니다. 하루가 계속 흘러가지만, 엄마의 하루는 미동도 없는 듯합니다. 이 혼란스러운 감각은 너무도 강렬해서 아이가 엄마를 찾지 않을 때도 이어집니다.

> 아이가 드디어 밤잠을 자는데도 뭘 하면 좋을지 모르겠더라고요. 자리에 가만히 앉아서 '자, 이제 뭘 하지? 뭘 해야 할까?' 그런 생각을 하게 되죠.
>
> ▸▸ B, 2개월

> 친구가 와서 아이를 돌봐주면 드디어 나만의 시간이 주어져요. 그런데 그저 가만히 앉아 있게만 되더라고요. 나중에 가서야 '내가 왜 그때 평소에 하고 싶던 일들을 하지 않았을까?' 싶죠.
>
> ▸▸ B, 9개월

티베트 불교 같은 일부 종교에서는 무無의 경험을 가장 도달하기 어려운 경지로 봅니다. 그런 경험을 추구하는 자세는 분명 삶에 중요한 영향을 미칩니다. 자아가 소멸하는 무의 상태를 향해 마음을 여는 사람은 의식 상태에 뚜렷하고 바람직한 변화가 생깁니다. 역설적이게도 그 안에서 무가 유有로 바뀝니다. '아무것도 하지 않는' 상태로 시간을 보내는 방식을 못마땅해하는 엄마는 중요하고 바람직한 변화가 일어나는 과정을 알아차리지 못합니다. 이처럼 아무런 변화를 알아차리지 못해서 엄마는 아기를 위한 엄마로서의 행동(혹은 무無행동)을 무가치하게 여기기 쉽습니다.

엄마를 '바쁜' 사람으로 여기는 일반적인 생각과 상충하는 견해입니다. '바쁜 엄마'라는 말은 상투적인 표현입니다. 그 말을 들으면 쓸모 있는 행동이 눈에 보이는 듯합니다. 자궁 밖으로 나온 지 6개월이 안 된 아기와 함께하는 생활은 그다지 활동적이지 않습니다. 그 기간은 대체로 느릿느릿 흘러갑니다. 예를 들어 아기에게 젖을 물리고 있을 때는 가속 버튼을 누르기가 불가능합니다. 아기는 젖을 빨다가 멈추고는 엄마를 물끄러미 바라봅니다. 그러다가 다시 젖을 빨기 시작하는가 싶더니 젖을 문 채로 눈을 감고 꾸벅꾸벅 졸기도 하는데 그때 엄마가 잠을 깨워주면 냉큼 일어나 계속해서 젖을 먹습니다. 그럴 때 엄마는 바쁠까요? 아마 머릿속에 떠오르는 생각조차 느릿느릿하게만 흘러갈 것입니다. 모유 수유가 끝난 뒤에는 빨래나 청소나 전화 통화를 하며 바쁘게 움직여야 할 수도 있습니다. 하지만 이것은 엄마를 비롯한 가족들을 돌보거나 집안일을 하는 행위이기 때문에 엄마의 역할과는 다소 느슨하게 연결되어 있습니다. 엄마는 대개 이런 일을 아기가 잠들고 나서야 처리해야 할 것입니다.

이 모든 일을 해내는 동안 엄마는 아기와 **함께**합니다. 아무것도 하지 않는 듯한 상태의 실체는 바로 눈에 보이지 않는 이 관계입니다. 엄마는 바쁘게 생활하기보다는 아기에게 속도를 맞춰서 삶의 속도를 늦춥니다. 활기차게 바삐 돌아가는 도시 생활에 익숙한 사람에게는 그 차이가 어마어마하게 느껴집니다. 아기가 속한 세계에 더 가까이 다가가기 위해, 엄마는 활발하게 사고하는 생활방식에서 벗어나 느리고 단순한 생활방식으로 접어들어야 합니다. 쉽지 않은 일입니다. 하지만 이러한 생활을 바탕으로 두 사람 사이에는 중요한 관계가 형성됩니다. 엄마는 아무 일도 하지 않고 있는 게 아니라 많은 일을 하고 있습니다.

엄마들은 아기와의 관계를 어떻게 형성해나갈까요? 요즘 연구자들은 관계 형성의 첫 단계에 관해 유사한 의견을 내놓고 있습니다. 정신분석가 도널드 위니콧Donald Winnicott은 '일차적 모성 몰두primary maternal preoccupation'라는 용어를 만들었는데, 이는 대니얼 스턴이 제시한 '모성 동조maternal attunement'[38], 클라우스와 케널이 제시한 '모성 민감기maternal sensitive period'[39]와 유사합니다. 모두 엄마가 아기와 관계를 형성하는 과정을 설명하는 용어입니다. 이런 용어는 존재 자체만으로도 우리에게 커다란 도움을 줍니다. 하지만 정신분석가, 정신과 의사, 심리학자인 그들은 이러한 개념을 바탕으로 좋은 관계에서 벗어난 온갖 관계 유형을 규정합니다.

특히 위니콧과 스턴은 관계 형성의 실패 사례라고 간주되는 사례를 무수히 많이 기술합니다. 클라우스와 케널은 일반적인 관계 모형에 관심이 많았습니다. 그들 중 그 어느 누구도 엄마와 아기 사이의 관계가 다양한 방식으로 원활하게 형성되기 시작할 때 무슨 일이 벌어지는지에는 큰 관심을 두지 않았습니다. 또한 그들의 이론은 엄마가 출산 후 몇 주 사이에 겪는 단기간의 경험에 관해서만 설명하는 듯한 인상을 줍니다. 엄마들의 이야기에 따르면 관계 형성이라는 이 민감한 상태를 경험하는 기간은 적어도 출산 후 1년입니다.

엄마들은 아기와 친숙해져가는 단계를 어떻게 이야기할까요? 일반적으로 엄마들은 주저하는 기색을 내비칩니다. 여러 아이를 길러본, 경험이 풍부한 엄마조차 "제 개인적인 경험일 뿐이겠지만"이라는 표현으로 말문을 엽니다. 겸손하게 자신의 경험만 이야기하는 엄마들은 좋은 관계와 나쁜 관계를 규정하는 거창한 이론을 피하는 요령을 보여줍니다. 우리는 엄마들의 경험담을 바탕으로 좋은 인간관계의 다양한 형태를 보여주는 그림 조각을 맞춰나갈 수 있을 것입니다.

엄마들은 우리에게 어떤 이야기를 들려줄까요? 관계 형성 초기에 엄마들은 도대체 무엇을 하는 걸까요? 아마 엄마들은 아무것도 하지 않는다고 말할 것입니다. 엄마들의 이야기를 들어보면 엄마들이 아무것도 하지 않는다고 느끼는 방식은 두 가지로 나뉩니다. 그중 첫 번째 방식은 아기가 엄마의 품속에서 잠이 들기는 했지만 침대에 내려놓는 순간 아기가 잠에서 깨서 울 거라는 사실을 엄마가 알 때 나타납니다. 엄마는 아기가 단잠에 빠져 있는 동안에는 그 상태를 유지하는 것이 좋겠다고 판단합니다. 그럴 때 엄마는 아기의 존재는 거의 잊은 듯 멍해 보입니다. 엄마들은 자신이 오랜 시간 백일몽에 빠져 지낼 때가 많다며 자책합니다. 하지만 갓난아기를 기르면서 자기만의 생활을 누린다는 것은 사치입니다. 휴식이 필요해도 아기에게서 벗어나 휴식을 취할 수가 없을 때가 있습니다. 그렇기에 공상에 빠져드는 행위는 에너지를 재충전하는 좋은 방법이 될 수 있습니다.

이따금 아이의 존재를 깜빡 잊을 때가 있어요. 한 번은 아이를 유모차에 태워서 상점에 갔어요. 잡지를 몇 권 넘겨보다가 잡지에 완전히 빠져들었죠. 그러다가 문득 '맞아, 아이를 데려왔었지!' 하는 생각이 들었어요. 하마터면 잡지를 사서 혼자 상점 밖으로 나올 뻔 했다니까요! ▸▸ G, 4개월

아이가 아주 어렸을 때 제가 샤워를 할 수 있도록 남편이 아이를 봐준 적

이 있어요. 출산 후 처음으로 혼자만의 시간을 보내게 되었죠. 정말 느긋하게 샤워를 했어요. 그때 아이의 울음소리가 들렸어요. 웬 아기 울음소리가 들리나 싶었죠. 그 소리가 제 아이의 울음소리라는 걸 깨닫자마자 죄책감이 밀려들었어요. 샤워를 즐기느라 아이가 있다는 걸 깜빡 잊어버렸지 뭐예요.

▸▸ B, 13개월

엄마가 앞서 말한 것보다 더욱더 고도의 주의를 기울여서 '아무것도 하지 않는' 치열한 시간을 보냈다면 그 뒤에는 휴식을 취해야 합니다. 이 두 번째 방식은 아기를 세세하게 알아가는 과정입니다. 이 과정에서 엄마는 편견 없이 마음을 열고 수용적인 자세를 취해야 합니다. 엄마는 온 신경을 집중합니다. 무척 피곤하고 치열한 작업이므로, 엄마에게는 당연히 회복할 시간이 필요합니다. 7장에서 살펴보겠지만 사람들은 대개 일과 여가를 교대하는 생활을 하며 온전한 정신을 유지합니다. 엄마들은 현실과 공상을 교대하는 방식으로 자신이 처한 상황에 대처하는 듯합니다. 공상에 빠져들고 나서 상쾌한 기분으로 '현실로 되돌아오는 것입니다'. 이 시간 동안 엄마는 아무것도 하지 않는 것과는 거리가 먼, 온전한 휴식을 취합니다.

처음에는 배워야 할 것이 많지만 어쩌면 배우지 말아야 할 것도 많을지 모릅니다. 많은 엄마가 출산 후 첫 몇 주 동안은 혼란스러운 시기를 보내며, 근심 걱정에 시달립니다. 혼란스럽다는 말은 아기의 행동에서 어떤 패턴이나 규칙을 거의 찾아내지 못한다는 뜻입니다. 엄마는 자기도 잘 이해하지 못하는 갓난아기를 책임져야 합니다. 엄마는 날마다 등장하는 예측 불가능한 사건에 더욱더 신경 씁니다. 그리고 그런 사건을 보통 자신의 실수로 여깁니다. 나는 이제껏 그런 심정을 토로하는 엄마들을 무수히 많이 만났습니다.

> 저와 아이는 규칙적으로 하는 게 **아무것도** 없어요. 어디서부터 잘못된 건지 도통 모르겠어요.

엄마들의 걱정 근심은 이해할 만합니다. 2장에서 살펴봤듯이 전통사회의 여성들은 미리 다른 아기들을 보살펴보는 '예행 연습'을 여러 차례 거치면서 엄마가 될 준비를 해나갑니다. 그리고 주변에서 아기를 돌보는 엄마들을 접합니다. 이런 과정에서 나중에 활용할 수 있는 마음속 정보를 얻습니다. 하지만 요즘 엄마들은 이런 기회를 누리지 못하고 엄마로서의 삶을 시작합니다. 밤낮없이 좌충우돌하고 모든 게 혼란스럽습니다. 그러다 보면 자기 자신을 못난 엄마로 여기기 쉽습니다. **그렇지 않다**는 사실을 깨달을 수 있다면 참 좋을 텐데 말입니다. 새로운 관계를 형성해나가려면 마음이 어지러운 시기가 필요할지도 모릅니다. 이것은 앞서 68-72쪽에서 언급한 긴가민가하는 시기가 필요하다는 내용과 일맥상통합니다.

복잡한 시기를 보내고 있는 엄마들은 그런 시기를 이미 통과한 엄마들을 놀라운 눈으로 바라봅니다. 아기를 키우는 사람이 어떻게 저렇게 편안해 보일까? 혼란스러운 시기를 뒤로 하고 안정된 마음으로 살아가는 엄마들은 여전히 어려운 시기를 보내고 있는 엄마들을 따스하게 위로해주고 격려해줍니다.

엄마 1 전 지금 무척 피곤해요. 아이가 간밤에 한숨도 자지를 않았거든요. 그 자리에 몇 시간이고 가만히 앉아서 시계를 쳐다보고 있는데 시계가 새벽 2시에서 3시로 넘어가는 모습을 보고 있자니 '언제쯤 다시 잘 수 있을까?' 하는 생각이 들더군요. ▸▸ B, 4주

그러자 생후 2개월에서 11개월 사이의 아기를 키우는 엄마들이 이구동성 동정 섞인 목소리로 얘기했습니다.

시계를 치우세요! 시계를 쳐다보지 마세요! 그러면 하릴없이 신세 한탄만 하게 될 뿐이에요. 그런 문제는 시간이 해결해줄 거예요. 잠은 나중에 가서 보충할 수 있고요. 틀림없이 그렇게 될 거예요. 걱정 마세요!

서툴기만 한 제 모습에 속이 몹시도 상해서 바람을 쐬러 나가기로 했어요. 그러길 정말 잘했지 뭐예요. 하늘이 보내준 천사를 만났거든요!

천사는 다름 아닌 한밤중에 시계를 쳐다보던 바로 그 엄마였습니다. 하지만 그때는 그로부터 다섯 달이 지난 뒤였고, 이제 그 엄마는 다른 엄마에게 위로의 말을 전할 수 있었습니다.

그녀는 제게 자기도 그렇게 속상했던 시기가 있었다고 얘기해줬어요. 그리고 이 세상에서 아이를 제일 잘 아는 사람은 엄마니까 다른 사람이 하는 말을 너무 귀담아듣지 말라고 조언해주었어요. 집으로 돌아오니 기운이 다시 샘솟는데, 산책을 다녀오기를 정말 잘했다 싶었어요. ▸▸ B, 4개월

그렇게 복잡했던 마음은 잠시 머물렀다가 이내 사라집니다.

지금은 제 모습이 편안해 보일 거예요. 사실 한 시간쯤 전만 해도 저는 전화로 남편에게 "감당이 안 돼. 정해놓은 대로 되는 게 하나도 없어. 온통 **뒤죽박죽**이야. 난 못난 엄마라고!"라며 분통을 터뜨렸어요. ▸▸ G, 6개월

엄마들은 심각하게 혼란스러워지는 빈도가 서서히 줄어들고 있다는 사실을 알아챕니다. 엄마는 아기라는 존재에 대해 배우고, 아기 역시 엄마라는 존재를 배워나갑니다. 이 과정은 5장에서 살펴본 배움의 과정, 즉 다급한 아기 울음소리에 대처하는 방식을 배워가는 것과 달리 비교적 무의식적으로 일어납니다. 이 시기가 되면 엄마는 주의를 덜 기울이는 듯합니다. 엄마들은 그 과정에 특별한 목표는 없다고 말합니다. 그들은 오랜 시간 가만히 앉아만 있습니다. 아기가 좋아하는 듯 보이니까요. 그러는 동안에는 아무것도 하지 않고 있는 듯한 기분이 듭니다. 하지만 시간이 흐른 뒤에 엄마는 그 시간 동안 자기가 많이 배웠다는 사실을 깨닫습니다. 우리는 이를 흔히 '직관력' 혹은 '통찰력'이라고 부릅니다. 언어로 전해지지 않았기에 직관력이나 통찰력으로 보일지도 모르겠습니다. 엄마의 이해력이 서서히 성장하는 능력이라면 직관이나 통찰은 재빠르게 반응하는 능력입니다.

언제 복직할 거냐고 묻는 사람들이 있어요. 하지만 저는 지금도 일을 하고 있어요. 언제나 아이에 대해서 이런저런 생각을 하죠. 다른 생각은 할 수가 없어요. 그러기가 너무나 어려워요. ▸▸ B, 4개월

저는 하루 대부분을 아무것도 하지 않고 가만히 보내야 해요. 하고 싶은 일들을 미뤄둔 채 아이의 엄마로 살아가야 하죠. 그리고 그건 제가 아닌 다른 사람이 된다는 뜻이 아니라 지금 제게 주어진 상황 속에서 살아가는 법을 배워간다는 뜻이에요.

▸▸ B, 6개월

엄마와 아기가 오랜 시간을 함께 보내다 보면, 어느 순간 짠하고 약간의 패턴이 나타납니다. 아기가 밤에 몹시 보채면서 울기 시작한다고 가정해봅시다. 처음에 엄마는 아기가 우는 까닭을 알 수가 없습니다. 아기가 울 만한 이유가 없어 보이기 때문입니다. 아기가 울기 전과 후에 달라진 것은 아무것도 없는 듯합니다. 보통 아기가 너무 많은 자극을 받은 상태라는 걸 눈치채기까지는 몇 주가 걸립니다. 아기가 사리 분별을 할 줄 안다면 아마 이렇게 말할 겁니다. "그만하면 됐어요. 휴식이 필요하니까 이제 재워주세요, 엄마!" 하지만 아기는 호기심이 무척 강합니다. 자극을 과도하게 많이 받으면서도 호기심을 거두지 못합니다. 그러다 결국 울음을 터트리고 말지요. 이 원리를 깨닫는 순간 엄마는 모든 것을 이해하며 크게 안도합니다. 암호를 풀어낸 것 같은 희열도 맛봅니다. 원인을 알아냈으니 그에 따른 대책을 결정하는 일은 그리 큰 문제가 아닙니다. 엄마는 몇 가지 대책을 시험해봅니다. 이제 삶이 다시 통제 가능한 영역 안으로 돌아온 기분을 느낍니다.

부모가 갓난아기와 소통하는 방식에 관해 흥미로운 연구가 진행된 적이 있습니다. 연구자들은 각각의 소통 방식을 종류에 따라 분류하고자 했습니다. 그래서 눈빛 교환, 말 건네기, 안아주기, 쓰다듬기, 다정하게 대하기, 보살펴주기 등의 행동을 주의 깊게 관찰했습니다.[40] 이런 연구는 엄마가 아기에게 뭔가를 계속해서 해줘야 한다는 인상을 남길 수 있습니다. 하지만 그러면 부모도 아기도 모두 지칩니다. 부모와 아기는 함께 지내면서 서로의 존재는 깊이 느끼되 별다른 움직임 없이 시간을 보낼 때가 많습니다. 모유 수유 중인 엄마와 대화를 나눠보면, 엄마는 마치 아무것도 하지 않고 있는 듯 편안한 모습을 보입니다. 아기가 먹는 젖은 엄마의 몸속에서 생산됩니다. 엄마는 젖을 준비하려고 부산을 떨 필요가 없습니다. 모유 수유를 하면서도 엄마는 대화에 온전히 참여할 수 있습니다. 하지만 마음속으로는 주의를 기울입니다. 엄마의 팔은 아기가 보이는 변화를 모두 감지합니다. 아기를 안은 엄마는 팔은 아기가 보내는 신호를 거의 다 알아챕니다. 엄마는 대화에 귀를 기울이면서도 규칙적으로 아기의 상태를 확인합니다.

엄마들과 이야기를 나누다보면 무시당하는 느낌이 들 때가 있었어요. 아이가 무슨 말을 하는 순간 엄마들은 저에게서 시선을 거두고 아이 쪽을 바라보거든요. 그럴 때면 '내 이야기가 지루한가?'라는 생각이 들었죠. 그런데 제가 엄마가 되고 나니 엄마들 마음이 이해되더라고요. 저는 사람들한테 그렇게 설명해줘요. 저도 다른 사람들이 하는 말에 관심이 있지만 한편으로는 계속해서 아이를 돌봐야만 한다고요. ▸▸ B, 9개월

엄마는 아기를 편안하게 보살펴주는 방법을 터득해가는 동시에 서서히 자신에게 맞는 삶의 방식도 찾아갑니다. 엄마와 아기는 서로에게 적응해나가야 합니다. 그것이 두 사람이 관계를 형성해가는 비결입니

다. 엄마와 아기는 서로 완전히 다른 사람이므로 함께 편안하게 지내는 방법을 찾아가야 합니다. 엄마는 아기와 함께 지내는 법을 배우면서 자신의 삶도 살아가야 합니다. 요리사인 한 엄마는 딸과 일종의 합의를 맺는 방법을 알아냈습니다.

> 주변에서는 늘 육아에서 벗어나 휴식을 취할 필요가 있다고 말해요. 하지만 저는 그러지 않았어요. 딸은 제게 더할 나위 없는 친구예요. 제가 좋아하는 걸 같이 좋아해주기도 하고요. 어느 날 생선튀김을 해야만 하는 상황이어서 딸아이에게 생선을 보여줬더니 아이가 제 사정을 이해하는 것 같았어요. 저는 아이를 의자에 앉혔고, 아이가 의자에 앉아 저를 보는 사이에 요리를 끝마칠 수 있었죠. 아이가 의자에 저렇게 잘 앉아 있으니 요리를 조금 더 해도 되지 않을까 하는 생각이 들었어요. 그러자 아이가 의자에서 꼼지락대며 이렇게 말하는 듯했어요. "생선 요리만 한다더니."
>
> ▸▸ G, 5개월

모든 인간관계는 고유한 과정을 거쳐서 형성됩니다. 엄마들은 다른 사람의 아이디어를 빌리기도 합니다. 하지만 완벽한 비결을 아는 사람은 아무도 없습니다. 예를 들어, 생선 요리를 할 때는 요리하는 모습을 아기가 지켜보면 된다는 주장은 옳지 않습니다. 핵심은 엄마와 아기 모두가 만족하는 방법을 찾아내는 것입니다. 둘의 관계가 돈독하면, 엄마는 호기심이 왕성한 아기와 일상을 더욱 즐겁게 공유하게 됩니다. 아기에게 이런 활동은 아주 흥미롭고 색다르게 다가옵니다. 엄마가 분리수거를 하려고 무심코 종이 봉지를 구기면, 바스락거리는 소리에 호기심을 느낀 아이가 동그랗게 눈을 뜨고 엄마 쪽을 쳐다봅니다. 아기에게는 날마다 흥미로운 관심거리가 나타납니다.

마음이 편한 순간은 아이와의 관계가 삐걱대면서 신경이 예민해지는 순간이 오면 상쇄됩니다. 그러면 마치 혼란스러운 시기가 되돌아오는 것만 같습니다. 엄마는 온종일 기분이 찜찜합니다. 아기가 갑자기 평소에는 잘만 자던 오전 낮잠을 자지 않는다고 가정해봅시다. 정신이 말똥말똥하고 기운이 넘칩니다. 이런 모습은 우리가 보기에는 조그마한 변화에 불과하지만, 엄마는 이미 아기가 오전 낮잠을 잘 때 여유 시간이 생길 것이라는 생각에 자신의 에너지를 사용했습니다. 중간에 쉴 시간이 없다는 걸 미리 알았다면 그러지 않았을 텐데 말입니다. 갑작스러운 변화 앞에서 엄마는 피곤하고 짜증이 납니다.

엄마 중에는 아기와의 호흡이 좋아질 기미가 보이지 않는다며 하소연하는 사람들이 있습니다. 남들에게는 쉬워 보이는 아기와의 관계 형성이 자기에게만 어렵다고 생각합니다. 이렇게 생각하는 엄마들은 보통 자기 자신에 대한 기대치뿐만 아니라 아기를 향한 기대도 높습니다. 그들의 말을 들어보면 엄마와 아기 모두를 꼭대기가 없는 사다리로 내모는 형국입니다. 이런 상태에 처한 몇몇 엄마들은 다른 엄마들과 편지를 주고받으면서 도움을 받았다고 말합니다. 편지 덕분에 마음이 편안해지고 스스로에 대한 기대치를 낮출 수 있었다고 말입니다. 그들은 아기에 대한 기대치가 높았을 때보다 낮았을 때, 아기를 더욱 잘 이해하게 되었습니다.

외부 환경이 초기 육아를 어렵게 만들기도 합니다. 엄마들 일부는 집안 분위기, 불안정한 재정상태, 아빠와 아기 사이의 관계 때문에 마음이 무겁습니다. 가족 중에 환자나 사망자가 있다든가 국내 정세가 불안하다면, 엄마는 그런 문제에서 벗어날 수가 없습니다. 이런 상황에 놓인 엄마에게는 자신의 불안감을 한쪽으로 밀어놓고 느긋한 마음으로 아기를 알아가기가 무척 어렵습니다.

놀랍게도 엄마들은 어떠한 난관이 닥쳐오거나 세상 사람들이 제대로 이해해주지 않는 상황 속에서도 어떻게든 육아 초기의 혼란스러운 시기에서 벗어납니다. 인간은 학습을 통해 질서를 찾아가곤 합니다. 인간의 지능에는 임의적인 행동에서 중요한, 의미가 있는 행동 패턴을 인식하는 특성이 있는 듯합니다.[41] 엄마들이 그러한 패턴을 어떻게 알아내는지, 그리고 그러한 패턴이 무엇인지는 다른 책에서 다뤄야 할 주제입니다. 여기서는 엄마들이 그러한 패턴을 알아낸다는 점과 가만히 앉아서 '아무것도 하지 않는' 게 아니라는 점만 확실히 밝혀두고자 합니다.

엄마들은 아기의 행동에 어떤 의미도 담겨 있지 않다고 생각하면서 시작해도 괜찮습니다. 혼란스러워하는 엄마들의 이야기에는 귀를 기울이기가 어렵습니다. 근심 걱정에 휩싸인 엄마들이 정말로 자기 나름의 육아 방식을 찾아낼 수 있을지, 나조차 걱정스러울 때가 있습니다. 하지만 엄마들은 기어이 해내고 놀라운 성과를 거둡니다. 아기는 모두 새롭고 고유하고 복잡한 존재여서 이해하기가 쉽지 않습니다. 한 아기에게 도움이 되었던 육아법이 다른 아기에게는 효과가 없을 때가 많습니다. 하지만 아기의 건강 상태가 좋지 않을 때, 아기가 태어난 지 고작 몇 주 되지도 않은 시기라고 해도, 의사들은 엄마에게 이렇게 물어봅니다. "아이가 평소처럼 놀던가요?" 의사들은 갓 태어난 아기라고 할지라도 아기의 평소 상태를 세세하게 살펴보고자 할 때는 엄마의 의견을 믿어야 한다고 생각합니다.

엄마나 보호자 이외에 의료인에게 아기의 상태를 이해시켜주거나 전달해줄 수 있는 사람은 없습니다. 루마니아 등지에서 궁핍한 고아원 아이들을 대상으로 실시한 연구에 따르면 엄마의 보살핌을 받지 못하고 자란 아이들은 피폐하게 살아갑니다. 이 아이들은 반응도가 떨어지고, 반복적인 위안 행동으로 자기 자신을 보호하며 사람들을 선뜻 믿지 못하는 모습을 보입니다. 우리는 이런 연구만으로도 수많은 엄마가 일상생활 속에서 소리 소문 없이 엄청난 성과를 거두고 있다는 사실을 알 수 있습니다.

혼란스러운 단계를 지나면, 엄마와 아기가 서로를 이해하는 시기가 찾아옵니다. 명백한 변화가 나타나는 것입니다.

> 저는 아이와 한 주 내내 아무것도 안 하며 노닥거리는데, 그 생활이 참 좋아요. 아이와 함께 지내면 참 즐겁고, 이제는 예전보다 아이를 훨씬 더 깊이 이해해요.
>
> ▸▸ G, 4개월

> 이제는 아이의 상태를 읽을 수 있어요. 아이가 너무 피곤해서 짜증이 났다거나 지루해한다는 걸 알아차릴 수 있게 된 거죠. 또 아이가 흥미를 보이는지, 배가 고픈지, 아니면 두 마음 사이에서 갈팡질팡하는지도 알아차리죠. 이제는 아이 마음을 잘 알아요.
>
> ▸▸ B, 6개월

> 이제는 아이가 내비치는 신호가 무슨 뜻인지 알아요. 예를 들어 조그맣게 내지르는 소리는 "그 빗 돌려줘! 깨물어보고 싶단 말이야!"라는 뜻이죠.
>
> ▸▸ G, 7개월

아이와 함께 보내는 시간이 참 좋고, 아이도 그런 것 같아요. ▸▸ B, 1살

가만히 앉아서 '아무것도 하지 않는' 생활이 영 성미에 맞지 않는 엄마라면, 그렇게 생활하는 엄마들 역시 다시 일어나 바삐 살아가고 싶어 한다는 사실을 알면 마음이 조금 놓일 겁니다.

아이가 잠들고 나면, 예전에는 하나밖에 처리하지 못했을 일을 이제는 열 가지는 처리해요. 저는 가만히 앉아서 차를 음미하고 있으면 죄책감이 들어요. 일을 해야 할 것 같은 기분이 들거든요. ▸▸ B, 4개월

하루는 주방 바닥을 꼭 청소해야 했어요. 남편에게 제가 청소하는 동안 아이를 안고 있으라고 얘기했죠. 제가 주방 바닥을 청소했던 건 주방 바닥이 더러워서가 아니었어요. 적어도 청소를 하고 나면 제가 뭔가를 했다는 표시가 나서였죠. 아이는 제가 계속 돌보아도, 달라지는 게 없어 보이거든요. ▸▸ B, 7개월

다시 한번 강조하지만, 이 세상에 좋은 엄마를 위한 단일한 청사진은 존재하지 않습니다. 아기와 매우 남다른 관계를 형성하는 엄마들이 있는데, 그런 관계 속에는 천천히 '아무것도 하지 않는' 방식을 위한 자리가 마련되어 있지 않습니다. 나는 자기만의 육아 방식을 가진 사람의 확신을 뒤흔들려는 게 아니라 '아무것도 하지 않는다'며 스스로를

자책하기만 하는 엄마들에게 힘을 불어넣어주고 싶습니다.

엄마가 아이에게 푹 빠지면 아기는 고마운 마음을 충분히 되돌려줍니다. 그러면서 엄마와 아기의 관계 속에서 꽃이 피어나기 시작합니다.

서로 주고받는 거예요. 아이는 감탄스러운 표정으로 저를 바라봐요. 주는 만큼 돌려받게 되더라고요. ▸▸ B, 3개월

아이는 한시도 내려가려고 하지 않아요. 항상 안아주기를 바라거든요. 이가 나서 그런 거라는 이야기를 한 번만 더 들으면 소리를 빽 지르고 말 거예요. 이는 하나도 올라오지 않았어요. 아이에게 분별력이 있다는 사실을 늘 잊지 말아야 해요. 제 말은, 제 얼굴이 보고 싶어서 계속 안겨 있기를 바라는 사람이 얘 말고 세상에 또 누가 있겠어요? 좀처럼 믿기지 않는 일이죠.

▸▸ G, 7개월

이런 관계는 감상에만 사로잡혀 있지 않습니다. 엄마가 아기와 오랜 시간을 함께 보내면, 아기는 엄마의 감정 상태를 모두 접합니다.

엄마 1 아이가 울 때 제가 짐짓 다정한 목소리로 '여보세요!'라고 말하면 아이는 저를 물끄러미 바라보는데, 그럴 때면 아이도 다 아는 것 같더라고요. 제 심기가 불편하다는 걸요. ▸▸ B, 7주

엄마 2 맞아요. 아이 눈이 휘둥그레지잖아요. 거짓말을 할 수가 없어요. 아

이를 돌보면서 더러 기분이 별로 좋지 않을 때가 있는데 그런 감정을 숨기지를 못하겠더라고요. 아이를 속이기는 싫거든요. ▸▸ B, 4개월

아이가 이상적인 엄마의 모습만 접할 수는 없어요. 아이와 온종일 함께 지내면 아이는 엄마가 아무 말도 하고 싶지 않아 하는 모습이나 기분이 상한 모습, 눈물을 흘리는 모습을 보게 돼요. 그런 모습을 전부 다 보는 거죠.

▸▸ B, 9개월

서로 알아가는 과정을 살펴보면, 엄마와 아기도 서로에 대해 배워갈 필요가 있음을 깨닫습니다. 두 사람이 서로에 대해서 저절로 알게 되지는 않습니다.

처음엔 그냥 안아줬어요. 아이와 꼭 껴안는 관계가 된 거죠. 아이를 실제로 안아주어야 했어요. 꼭 안아주되 너무 세게 안으면 안 되죠. 저는 그렇게 몇 시간이고 앉아 있었어요. 때로는 마치 제가 아이가 된 듯도 하고 아이의 마음속으로 들어간 듯해서 저라는 존재가 사라지는 느낌이 들 때도 있어요. 지금 와서 그때를 돌이켜보니 기분이 무척 묘하네요. ▸▸ B, 8개월

위에서 언급한 엄마의 이야기처럼 '마치'라는 말로 안전장치를 해두는 것이 중요합니다. 우리는 이와 비슷하게 영화를 보거나 소설을 읽다가 그 속으로 자기가 '사라지는' 듯한 경험을 합니다. 이것은 다른 세계

를 이해해보고자 하는 시도입니다. 우리는 의자에 앉아 소설책을 펴들고 제한된 시간 동안 책을 읽습니다. 그러다가 소설 속의 세계로 점점 '빨려' 들어갑니다. 어느 단계에 이르면 잠시 자신이 앉아 있는 의자나 시간 따위는 까맣게 잊습니다. 하지만 그보다 더 깊은 차원에 스스로를 묶어 놓았기 때문에 다시 현실로 돌아올 수 있습니다. 우리는 『오만과 편견』 속 엘리자베스 베넷이나 다아시가 아닙니다. 그저 잠시나마 그들처럼 되어보았을 뿐입니다. 그 경험으로 그들의 입장을 더욱 자세히 이해하게 됩니다. 엄마들 역시 이와 비슷한 경험을 하는 듯합니다.

엄마가 되기 전만 해도, 나는 아기 하나하나에게 배워가야 할 점이 그렇게나 많다는 사실을 전혀 알지 못했습니다. 학창 시절에 위니콧의 저서 『아이, 가족, 그리고 외부세계』를 읽은 적이 있습니다. 하지만 그때는 그 책을 어떻게 받아들여야 할지 잘 몰랐기에, 나중에 '내 아이가 생길 날'에 대비해서 그저 소장만 해두었습니다. 첫 아이가 태어나자 나는 새로운 세계 속에 나 자신을 잃어버린 듯한 기분에 사로잡혔습니다. 그러다가 문득 위니콧의 책이 생각났습니다. 그 책을 다시 찾아냈을 때의 흥분이 아직도 기억납니다. 나는 아직 품에 쏙 들어오는 아기를 한쪽 팔로 안고 다른 쪽 손으로는 책을 들었습니다. 첫 번째 단락을 읽었을 때는 옳지 않은 말을 읽은 것 같은 느낌에 약간 충격을 받았습니다. 하지만 다정하게 이야기를 들려주는 듯한 위니콧의 문체에 이끌려 멈추지 않고 읽어내려갔습니다. 그리고 다시 첫 번째 단락으로 돌아갔습니다. 한 구절 한 구절 읽어내려가자 조금 전에 마음에 걸렸던 구절이 다시 나타났습니다. 전체 문장은 다음과 같습니다. "나는 남자다 보니 내 존재의 일부가 강보에 싸인 채 침대에 누워 독립적으로 살아가는 동시에 다른 존재에 기대어 서서히 하나의 인격체가 되어가는 모습을 바라보는 것이 어떤 느낌인지 제대로 알지 못한다."[42] 내가 놀라움을 느꼈던 구절은 '내 존재의 일부'라는 구절이었습니다.

나는 책에서 눈을 떼고 품에 안고 있던 아기를 바라보다가 다시 첫 번째 단락으로 돌아갔습니다. 내 아기는 '내 존재의 일부'일까요? 아닙니다. 그건 제게 대단히 어려운 문제였습니다. 아기는 저와 완전히 다른 존재였습니다. 그리고 서서히 하나의 인격체가 되어 가는 것도 아니었습니다. 아기는 이미 진정한 인격체처럼 보였습니다. 아기에게는 분명히 자기만의 생각과 관점이 있었습니다. 아기는 끊임없이 내 의사에 반기를 들어왔습니다. 태어난 지 얼마 되지 않은 아기였지만, 나는 딸아이를 '아기'가 아니라 동년배를 대하듯 정중하게 대해야 했습니다.

엄마와 아기는 처음부터 서로를 별개의 존재로 인식하는 듯이 행동합니다. 그래서 복수형 표현을 곧잘 사용합니다. 자신과 아기를 '우리'로 지칭하면서 "우리는 오늘 무척 즐겁게 지냈어요"라고 말하곤 합니다. 핵심은 이런 표현이 서로에 대해 알아가면서 함께 지내는 법을 배워가는 두 개인을 나타낸다는 것입니다. 엄마가 사용하는 '우리'라는 표현은 아기의 독립성을 부정하는 것이 아니라 아기의 독립성에도 불구하고 두 사람이 함께 살아가는 방법을 찾아냈음을 확인해주는 단어입니다.

엄마 중에는 아기에게 그날 있었던 일들을 차례차례 얘기해주는 사람들이 있습니다. 그러면 아기들 대부분은 엄마의 이야기에 귀를 기울입니다. 아기는 눈이 동그래지고 신이 나서 쌔근거립니다. 모든 엄마가 첫돌 이전의 아이에게 언어를 사용하는 육아 방식을 택하지는 않습니다. 아기에게 말을 걸기가 겸연쩍고 이상하다고 생각하는 엄마들도 있습니다. 앞서 생선 요리를 하며 아기와 합의를 맺은 엄마가 바로 그런 사례입니다. 이 엄마는 아기와 합의하면서 언어 사용은 최소화하고 주로 몸짓을 이용했습니다. 그런 상황에서 꼭 말을 주고받을 필요는 없습니다. 중요한 것은 서로 상대에게 주의를 기울이는 일입니다.

의사소통의 중요성은 인정하지만, 아이가 말을 할 줄 모르는 초기 단계에서는 아이와 의사소통을 해도 아무 일도 안 한 듯한 느낌이 들 때가 있습니다. 그 시기의 의사소통은 즉흥적이고 우스꽝스럽습니다. 하지만 시간이 흘러 학령기에 이른 아이는 엄마가 어린 시절에 형성해 준 토대를 바탕으로 생활해나갈 것입니다. 그 당시에는 '아무것도 아닌 것'처럼 과소평가받지만, 그 토대는 무척 중요합니다.

엄마가 아기와의 소통법을 배우는 시기에 엄마와 아기 사이의 관계에서 또 다른 문제가 등장합니다. 두 사람 사이에서 윤리적 관계가 형성되는 것입니다. 한때 윤리 교육은 엄마가 맡아야 할 중요한 역할로 여겨졌습니다. 이제껏 윤리는 주로 종교라는 테두리 안에서 논의되어 왔습니다. 기성 종교가 쇠퇴하고 있는 오늘날에는 윤리를 논하는 것 자체가 당혹스러운 일이 되었습니다. 윤리는 만만한 주제가 아닙니다. 엄마와 아기는 일단 체격부터 차이납니다. 한 걸음 뒤로 물러서서 바라보면 엄마는 훨씬 더 크고, 힘이 세고, 세상 경험도 풍부합니다. 따라서 둘 사이에서 형성되는 윤리적 관계는 강자와 약자의 맥락 위에서 바라봐야 합니다.

엄마와 아기의 윤리적 관계는 매우 방대하고 복잡한 주제입니다. 따라서 이번 장에서는 그와 관련된 일부 내용만 다루도록 하겠습니다. 이는 엄마라는 역할과 관련해서 매우 중요하지만 사람들 사이에서 자주 논의되지는 못하는 영역입니다. 침묵은 이 문제를 '아무것도 아닌 것'으로 바꿔놓습니다. 하지만 엄마의 일상에서 매우 중요한 부분입니다. 엄마는 아이에게 좋은 엄마가 되어주고 있는지 자주 자문합니다. 때로는 자기가 생각하는 가장 좋은 육아법에 다른 사람이 이의를 제기하는 일도 있습니다. 또 더러는 길거리에서 처음 만난 사람이 "애가 착해요?"라고 물어오기도 합니다. '윤리'와 '비판'은 요즘 시대에 환영받지 못하는 주제입니다. 엄마들은 자신이 윤리적 질문을 얼마나 자주 생각하는지 잘 모를 겁니다. 하지만 엄마들은 분명 윤리와 관련된 문제를 자주 생각하고 있습니다.

임신 중에는 좋은 엄마가 되는 방법 같은 주제는 다소 추상적으로 보입니다. 출산을 앞둔 엄마는 가족, 친구, 의료인들에게 태아를 위해 취해야 할 행동에 대해 무수히 많은 조언을 듣습니다. 그러다가 이따금 다들 왜 그리 야단스러운지 이해가 안 된다며 하소연을 하기도 합니다. 하지만 드디어 출산을 하고 아기를 품에 안아보면 생각이 달라집니다. 놀랍게도 엄마의 몸은 이제 막 완전히 새로운 인간을 낳았습니다. 엄마가 이 놀라운 존재를 이제껏 배 속에 품어왔다는 건 정말이지 대단한 일입니다! 초보 엄마들은 아기를 위해 무엇이든 할 수 있을 것 같은 열정을 느낍니다. 그들은 단순히 엄마가 되는 것을 넘어 좋은 엄마가 되겠다고 결심합니다.

그 선한 마음을 실천으로 옮기는 건 또 다른 문제입니다. 엄마에게는 무엇이든 제대로 살펴볼 만한 시간이 없습니다. 엄마는 여러 문제 앞에서 선택의 기로에 놓입니다. 그 문제들은 너무 사소해 보여서 엄마의 결정은 쉬워 보입니다. 여기서 윤리적 문제는 간과되기 쉽습니다. 엄마들은 자기에게 이제는 자유의지가 없는 것 같다며 넋두리를 늘어놓곤 합니다. 엄마에게 선택권이 있기는 할까요? 분명히 없습니다. 고집 센 아기가 모든 결정을 내립니다. 엄마는 노예처럼 아기 근처에 머물다가 아기가 부르면 재빠르게 달려가야 하는 신세입니다. 엄마는 선택권은커녕 예전처럼 하루 계획을 세울 자유조차 잃어버렸습니다. 하지만 엄마에게는 분명 선택을 내릴 권한이 있습니다. 최종 결정을 내리는 사람은 항상 엄마입니다. 강자에 속하는 쪽은 엄마입니다. 아기가 원하는 대로 아기를 돌봐줄 때마다 엄마는 자신의 힘을 자애로운 방식으로 사용하기로 결정한 것입니다. 엄마는 순간순간 자신이 그런 선택을 내렸다는 사실을 간과합니다.

엄마는 다른 일을 하면서 또 다른 일에 결정을 내려야 합니다. 사소해 보이는 문제가 갑자기 우르르 나타납니다. 누군가를 만나러 나갈 시간이 되었는데 아기가 잠들어버립니다. 이럴 때는 아기를 깨워야 할까요? 아니면 약속을 취소해야 할까요? 잠 좀 깨운다고 해서 아기에게 해가 될 건 없습니다. 하지만 곤히 잠든 아기를 깨우자니 자신이 무척 이기적인 사람처럼 느껴집니다. 엄마는 윤리와 실용이라는 잣대로 두 선택지가 주는 이득을 저울질합니다.

> 제게는 좋은 뜻에서 약간 수녀 같은 면이 있어요. 저는 텔레비전을 꺼놓아요. 텔레비전을 켜놓으면 아이에게 좋지 않은 영향을 미칠 것 같아서요. 얼마든지 그렇게 살아갈 수 있어요. 그렇게 할 수 있어서 기쁘고요. ▸▸ B, 4주

> 저는 아기에게 좋은 선택지와 제게 좋은 선택지를 놓고 항상 저울질해요. 결정을 내리는 일은 언제나 어렵죠. ▸▸ G, 5개월

> 과연 내가 아이에게 충분한 관심을 주고 있는지, 집안일에 정신이 팔려서

아이에게 소홀한 건 아닌지, 제 머릿속에서는 그런 질문이 계속해서 맴돌아요. 그리고 우리는 **매번** 약속 시간에 늦죠! 약속 시간에 맞춰서 나가려고 조그만 신발을 헐레벌떡 신기다보면 아이에게 나쁜 영향을 미치는 건 아닌가 하는 생각도 들어요. ▸▸ B, 6개월

더욱이 엄마는 다른 아이나 반려동물까지도 돌봐야 할지도 모릅니다. 엄마는 누구를 먼저 돌봐야 하며, 왜 그래야 할까요?

·

아이가 태어난 이후로 저희 고양이 한 마리가 우울증에 걸렸어요. 온종일 자기 집 안에만 앉아 있죠. 제 손길을 원하는 것 같아요. 정말 안타까워요. 아이가 태어나기 전에는 고양이들이 제 아기들이었거든요. ▸▸ G, 3개월

아이들이 동시에 도와주기를 바랄 때면 곤란해져요. ▸▸ G, 5살 & B, 3개월

이런 사례들은 엄마가 가장 적절한 행동 방식을 헤아려봐야 하는 상황에 놓이는 문제여서 윤리적 문제라고 볼 수 있습니다. 엄마는 그런 상황 속에서 아무것도 하지 않는 게 아니라 엄청난 권력을 행사합니다. 큰 힘은 잘못 사용하기 쉽고, 올바르게 사용하기는 어렵습니다. 엄마는 대체로 혼란스러운 상황 속에서 결정을 내립니다. 처음에는 일관성이 없는 모습을 보일지도 모릅니다. 자기 나름의 시도를 해보고는 고심 끝에 마음을 바꾸기도 합니다. 하지만 서서히 주목할 만한 패턴

이 나타납니다. 엄마의 자잘한 결정들이 서서히 연결됩니다. 이 경험을 통해 아기는 처음으로 정의正義를 맛봅니다.

플라톤은 엄마에게 엄청난 권한이 있다는 점을 알아차리기는 했지만 그런 권한은 너무나 소중하기에 여성이 쥐고 있어서는 안 된다고 생각했습니다. 플라톤은 마지막 저서 『법률』에서 인간 사회를 조직하는 최고의 방법과 사회를 유지하려면 어떠한 법률이 필요한지 살펴봅니다. 더불어 이상적인 사회를 이끌어나가기 위해서 어떠한 종류의 시민이 필요한지도 살펴보는데, 이 주제는 책임감 있는 어른을 길러내려면 어떤 유아기를 보내야 하는지로 이어집니다. 플라톤의 주장은 요즘 시대에도 시사하는 바가 큽니다. 그는 성인이 유아기의 경험에서 영향을 받는다고 확신했습니다. 심지어 임산부의 운동량이 아이에게 영향을 준다고도 생각했습니다.

이윽고 플라톤은 엄마들이 답을 아주 잘 알고 있는 질문을 하기에 이릅니다. 아기가 울면 안아주고 달래줘야 할까요? 아니면 훈육을 해야 할까요? 아기는 즐거운 자극을 많이 받아야 할까요? 아니면 차분하게 지내야 할까요? 여자아이와 남자아이를 다르게 대해야 할까요? 만약 그렇다면 몇 살 때부터 그렇게 해야 할까요? 플라톤은 질문마다 이상적인 해결책이 있다고 확신했으며, 이것이 아이의 인격 형성에 커다란 영향을 미치리라고 내다봤습니다. 이상적인 해결책은 대체로 법률화가 가능합니다. 하지만 플라톤은 엄마와 유모들이 그런 법을 따르지 않으리라고 생각했습니다. 그들이 법을 비웃으리라고 여겼습니다. 플라톤은 한탄합니다. "어째서 비웃음을 살 수밖에 없단 말인가!"[43] 그래서 그는 각 가정의 가장이 자녀를 법률에 따라 키워야 할 책임을 진다고 보았습니다.

다행스럽게도 플라톤의 전체주의적 발상은 플라톤 개인의 꿈에 머물고 맙니다. 엄마에게는 여전히 윤리적 권한이 주어집니다. 그렇지만 엄마의 권한에는 제한이 있습니다. 엄마는 이 권한을 아빠와 공유합니다. 두 사람이 머리를 맞대고 논의하면 문제는 보다 쉽게 해결됩니다. 가족과 친구들 역시 부부에게 영향을 미칩니다. 이번 장 첫머리에서 언급했듯이 엄마들은 다른 사람이 자신의 아이를 어떻게 생각하는지 세심하게 살피는 경향이 있습니다. 사회에는 엄마가 아이를 학대하거나 방임하는 듯한 기미가 보이면 국가가 나서서 개입하는 절차도 있습니다. 그렇지만 여전히 엄마에게는 막강한 권한이 있습니다. 엄마는 가정에서 자신만의 독특한 윤리 체계를 만들 수 있습니다.

커다란 난관은 주로 어른이 아니라 아기에게서 비롯됩니다. 아기는 엄마의 가치관을 부어놓을 수 있는 빈 그릇이 아닙니다. 아기가 처음부터 자신의 뜻을 강력하게 주장하는 모습에 엄마는 깜짝 놀라기도 합니다.

> 아이는 외출할 때 제 어깨에 걸쳐 안아주는 걸 좋아해요. 하지만 여권을 받으러 영사관에 가던 날에는 그렇게 안고 갈 수가 없어서 몹시 아웅다웅했어요. ▸▸ G, 6주

> 요 녀석은 자기주장을 할 줄 알아요. ▸▸ B, 4개월

> 아이는 상당히 단호해요. 원하는 게 있으면 그쪽을 뚫어지게 쳐다봐요. 주의를 도저히 다른 데로 돌릴 수가 없어요. ▸▸ G, 6개월

다른 사람을 제 마음대로 조종할 수는 없어요. 전 그걸 깨달았어요. 예를 들어 아무리 좋은 음식이라도 아이에게 억지로 먹이기는 불가능하더라고요.

▸▸ B, 12개월

시중에는 아동 윤리 교육(혹은 윤리 교육의 부재)에 관한 책이 상당히 많이 출간되어 있습니다. 아기에게는 눈썰미가 있습니다. 어려서부터 윤리적 신호를 감지하지요. 엄마가 아기를 정중하게 대하면 즉시는 아니더라도 어느 정도 시간이 흐른 뒤에 아기는 친절한 반응을 보입니다. 그래서 엄마에게는 묘한 힘이 있습니다. 엄마는 아기에게 본보기를 보이며 가르칩니다. 엄마가 자신의 행동에 주의를 기울이는 것과 비교하여 아기의 행동에는 그만한 주의를 기울이지 않아도 된다는 뜻입니다.

말처럼 쉽지가 않습니다. 아기와 함께 생활해보면 짜증이 날 때가 있으며, 엄마가 아기의 행동에 정신이 팔릴 때 그 점을 짚어줄 사람이 없을 수도 있습니다. 그러면 자기 잘못은 생각하지 못하고 아기에게 비난의 화살을 돌리기 일쑤입니다. 그렇게 행동하고픈 욕구가 강하게 밀려오지요. 엄마들은 아기에게 버럭 화를 냈다가도 그런 행동을 후회하곤 합니다.

엄마 저는 아이에게 크게 소리 내어 말해요. 그러면 제가 뭘 하는지 알 수 있으니까요. 제가 뭔가 잘못을 저질렀을 때는 항상 아이에게 엄마가 잘못했다고 말해줘요.

나 잘못을 저질렀을 때 아이에게 사과한 적이 있으세요?

엄마 그럼요, 늘 하는걸요. 아이가 이다음에 커서 잘못을 했을 때 사과를 하는 것이 올바른 행동이라는 사실을 깨달았으면 좋겠어요. ▸▸ B, 8개월

아기는 어른들이 살아가는 세계의 규칙을 익히고자 어른들의 행동을 세심하게 살핍니다. 엄마가 잘못을 저질렀을 때 아기에게 사과한다면, 아기는 어려서부터 엄마가 윤리적 행동을 중시한다는 점을 배웁니다. 엄마가 아이에게 윤리의 중요성을 가르쳐줄 필요는 없습니다. 아기는 엄마가 자신을 대할 때 어떤 식으로 행동하는지를 오래전부터 살펴보았습니다. 똑같은 문제 상황에서 자신에게는 잘못이 없지만 아이에게는 잘못이 있다는 식으로 행동하는 엄마들도 있습니다. 그러면 아이는 일상 속의 윤리 규칙이 '아이에게만' 적용된다고 받아들입니다.

기어 다니기 시작하는 아이들은 뭔가 새로운 걸 시도해보기 전에 엄마의 표정을 확인하곤 합니다. 아기는 엄마에게서 실용과 윤리에 관한 행동 요령을 얻고자 합니다. 하지만 만일 엄마가 자기 자신을 가치 있는 사람으로 여기지 않는다면, 이런 기회를 쉽게 지나치고 맙니다. 그런 시기에 아이가 물건을 가리키면 엄마는 그 물건의 이름을 가르쳐주면서 아이에게 설명해줄 기회를 얻습니다. "그건 신문이야. 구기지 않게 조심해줘! 엄마 아빠는 신문이 반듯하게 펴진 걸 좋아하거든."

곧 아기는 자기가 들은 말과 문장을 종합합니다. 그리고 엄마가 제시하는 윤리 규칙에 '왜?'로 시작하는 여러 가지 의문을 서서히 표시할 수 있게 됩니다. 아이가 자잘한 것들에 의문을 표시하는 행위는 중요합니다. 아이는 특정 규칙에 궁금증을 품습니다. 그러면서 가족이 서

로를 존중하면서 오순도순 살아가려면 규칙이 필요하다는 원칙을 받아들였음을 보여줍니다. 가족이 지켜야 할 규칙을 엄마가 나서서 일일이 가르쳐줄 필요는 없습니다. 아이에게 필요한 몇 가지 규칙만 가르쳐주면 됩니다. 아이들은 그렇게 정의가 그 자체로 소중한 가치라는 점을 배워 나갑니다.

정의는 고대인이 만들어낸 개념입니다. 원시 사회에는 선한 행동과 악한 행동을 구분하는 사회적 규칙이 있었고, 그에 상응하는 적절한 보상과 처벌이 존재했습니다. 덕분에 인류는 복잡다단한 형태로 모여 각자의 가족과 재산을 존중하며 살아갈 수 있었습니다. 우리는 살아가면서 다양한 상황에 처하며, 그 상황에 맞춰 행동 규칙을 계속해서 조정합니다. 상황에 적합한 행동 규칙을 배우고 자기 나름의 규칙을 형성해나갑니다. 사회적 규칙을 받아들여야 할 때와 그 부당함에 이의를 제기해야 할 때를 배워나갑니다. 갓난아기 앞에는 광대하고 복잡한 인류 사회 전체가 놓여 있습니다.

누가 갓난아기의 앞날을 알 수 있을까요? 아기는 막중한 책임감을 짊어지는 어른이 될 수도 있고, 사회 안에서 자신의 권리가 제약받고 억압받는다고 생각하는 어른이 될 수도 있습니다. 그런 상황에 부닥쳤을 때 어린 시절에 엄마가 자신을 대해준 방식에 관한 기억은 자기중심을 잃고 흔들리지 않도록 지지대 역할을 합니다. 플라톤이 확신했듯 중요한 시기에 엄마가 아이에게 미친 윤리적 영향은 유년기 이후에도 지속됩니다.

엄마가 조용히 아기의 요구를 받아주고 있을 때는 눈에 띄는 성과가 나타나지 않을 것입니다. 우리가 이러한 모습을 보고 '온종일 아무것도 하지 않았다'고 말한다면 엄마들 대부분은 자신이 하는 일이 먼

훗날 얼마나 가치 있는 성과를 낼지 알아차릴 수 없을 것입니다. 지금 당장 눈에 띄는 변화만을 중시하겠지요. 하지만 눈에 띄는 것은 지극히 사소한 일들뿐입니다. 사회학자 제시 버나드Jessie Bernard가 말하듯 "기저귀 갈기, 설거지하기, 반창고 붙여주기, 그네 밀어주기와 같은 지극히 평범하고 사소한 일들이 아이들을 지키고 보호하고 인격체로 길러내고 사회화합니다."[44]

어떤 엄마들은 자신이 해내는 일의 가치를 직감하지 못합니다. 그리고 그 가치를 직감하는 엄마들 역시 그것이 왜 중요한지는 설명하기 어려워합니다. 육아의 중요성을 가장 명확하게 인식하는 부류 중 하나는 제대로 보살핌을 받지 못하고 자란 청소년을 직업적으로 대하는 사람들입니다. 아이러니하게도 이런 직종에 종사하는 엄마들은 출산 휴가를 몇 달밖에 받지 못합니다. 그들은 돈을 벌어야 하기에 휴가가 끝나면 눈물을 머금고 아기를 다른 사람에게 맡긴 채, 부모에게 제대로 관심을 받지 못한 청소년을 돌보는 소년원 교사, 교내 심리 상담사, 청소년 상담사, 약물 중독 치료소 직원, 심리치료사 등으로 일합니다. 정작 자신의 아이는 제대로 돌보지 못하면서 말입니다.

학령기에 이르면 아이의 관계 형성 능력이 두드러지게 나타납니다. 선생님들은 이 능력을 '사회화'라고 부르는데, 바로 이 사회화 과정에서 지금껏 눈에 띄지 않아서 간과되었던, 엄마와 아이가 맺은 관계의 가치가 드러납니다. 엄마에게 진정으로 이해받고 자란 아이는 학교 화장실이나 수저를 사용하는 법을 잘 모르더라도 금세 배웁니다. 그리고 엄마를 존중하는 마음을 선생님에게까지 확장하면서 선생님 말씀에 귀를 기울이고 학교에서 배운 것들을 자랑스럽게 여깁니다. 하지만 전쟁터 같은 가정에서 부모에게 이해와 존중을 받지 못한 아이는 학교에서 올바른 행동 방식을 습득하기보다는 어른이 가하는 모욕적인 공격에서 자기 자신을 보호하는 일이 먼저라고 생각할 것입니다.

시련의 흔적은 아이가 어른으로 자라나면서 더욱 분명하게 드러납니다. 요즘은 대인관계의 어려움을 겪는 사람이 많습니다. 많은 성인이 시간을 들여 개인 상담, 부부 상담, 부모 집단 상담을 받으며, 심지어 '대인관계 기술'을 배우는 사람도 있습니다(대인관계 기술은 저절로 생기지 않기 때문입니다). 이런 상황에 있는 사람들, 즉 '내담자'가 된 사람들의 이야기에 귀를 기울여보면, 그들은 어린 시절에 엄마에게 존중받지 못한 듯합니다. 어린 시절에 제대로 된 관계를 경험해보지 못한 아이는 그 상태로 자랍니다. 그런 사람은 다른 사람의 사랑을 구하는 데서 오는 기쁨이나 고통을 전혀 경험해보지 못했을지도 모릅니다. '자기만의 방식'으로 살아가면 마음이 편하기야 하지만, 다른 사람의 사랑을 얻기 위해 다른 방식으로 살아보면 삶이 더욱더 흥미로울 수도 있다는 사실을 깨닫지 못할지도 모릅니다. 돈독한 우정이나 결혼으로 맺어진 두 사람은 각자 살아갈 때보다 더욱 성숙해질 수 있습니다. 이 모든 감정은 성인이 되어서도 배울 수 있지만, 성장기의 적절한 경험 속에서 훨씬 더 수월하게 배울 수 있습니다.

우리는 문제 해결을 도와주는 다양한 방법을 일구어내기는 했지만, 애초에 문제가 될 소지를 줄여주는 방법은 계속해서 과소평가하고 있습니다. 서서히 엄마가 되어가는 시기의 엄마들을 보고 '아무것도 하지 않는다'는 표현을 고수한다면, 많은 엄마는 계속해서 자신이 하는 일을 '아무 가치도 없는 일'로 여길 것입니다.

7

피곤해 죽겠어

초보 엄마들은 누가 더 피곤하게 사는지 그들만의 경쟁을 펼칩니다. 누구나 한 번쯤은 이런 식의 대화를 엿들은 적이 있을 겁니다.

"잘 지내요?"

"너무 피곤해요!"

"나도 그래요. 침대에 눕기만 하면 일주일 내내 잘 수 있을 것 같아요."

"일주일이라고요? 네 시간만 푹 자면 소원이 없겠어요."

"예전에는 다른 엄마들이 피곤하다고 말하면 그게 무슨 말인지 이해가 잘 안 됐는데 이제는 무슨 뜻인지 확실히 알겠어요."

"너무 피곤할 때는 정신을 차릴 요령이 떠오르지 않는다니까요."

"처음 몇 달 동안에는 '이러다가 잠을 제대로 자는 날이 영영 돌아오지 않는 거 아냐?' 하는 생각이 들더라고요."

"너무 피곤하면 유머 감각도 사라져요. 사람들이 떠들어대는 농담을 참을 수가 없는 거죠."

"균형감각도 사라져요. 너무 피곤해서 판단력을 잃는 거죠."

아기를 돌보는 엄마들은 왜 그리도 피곤할까요? 엄마들은 대체로 "잠이 부족해서 그렇다"고 대답합니다. 한숨 푹 자고 나면 다시 힘이 날 텐데 그건 엄마들에게 꿈만 같은 이야기입니다. 수면 부족이 전부는 아닙니다. 그보다는 피곤해하면 **안 된다**고 생각하는 마음가짐이 엄마를 더욱 피곤한 상태로 몰아갑니다.

피곤하다고 말하는 엄마들의 말투에는 그런 생각이 묻어납니다. 엄마들은 피로감을 자랑스러워하지 않습니다. 피로감을 갓난아기를 기르면서 얻는 훈장으로 여기지 않습니다. 엄마들은 마치 자신이 문제를 저질렀다는 투로 말할 때가 많습니다. 엄마들은 피로를 언급하면서 '나사가 풀린 듯하다'거나 '일순간 멍해진다'거나 '피로감에서 도저히 헤어날 수 없을 듯한 생각'이 든다고들 말합니다. 아기를 기르는 엄마가 아니라 업무 능력이 부족한 회사원처럼 말합니다. 그럴 만도 한 것이, 대개 사람들은 엄마들이 피곤하다는 이야기를 꺼내면 피로감을 줄이는 요령을 조언해줍니다. 피로감을 느끼는 건 보람된 일이라며 칭찬을 해주는 사람은 아무도 없습니다. 피로감은 엄마로서 능력이 부족하다는 신호처럼 보입니다.

아기를 처음 키우는 엄마들은 특히나 더 갈팡질팡합니다. 친구들에게 육아가 피곤하다는 이야기를 들어본 적은 있을 테지만, 그때는 그저 사람들은 원래 이런저런 넋두리를 늘어놓기 마련이라고 생각했을 것입니다. 출산 전에는 그런 이야기가 별로 부담스럽지 않습니다. 그저 '아기들은 잠을 많이 자지 않나?' 하고 생각할 뿐입니다. 아기가 깨어 있을 때는 젖을 주고, 트림을 시켜주고, 기저귀를 갈아주고, 남는 시간에는 놀아주면 된다고 여깁니다.

그러다가 출산 후에는 극심한 피로감을 느낍니다. 나와 이야기를 나누는 여성들은 대체로 자신이 유능하다고 생각합니다. 몇 달 전만 해도 그들 중 상당수가 교사, 의료인, 방송인, 회사원으로서 어려운 직업에 에너지를 쏟아부었습니다. 그들은 직장 생활에서 받는 스트레스에 익숙하며, 어려운 상황에 대처할 줄 아는 자신의 능력을 자랑스러워했습니다. 자기 자신에게 자부심이 있었습니다.

그들의 자부심은 대개 엄마가 된 지 한 달이 되지 않아 사라집니다. 스스로에 대한 평가가 믿기 어려울 정도로 뒤바뀝니다.

직장에 다니는 여성의 피로감은 비교적 설명하기가 쉽겠지만, 출산 휴가 중인 여성의 피로감은 어떻게 설명해야 할까요? 그들은 집에서 지내고 있고, 집은 여가와 휴식을 즐기는 곳입니다. 집에서 지내는 엄마가 피로감을 호소한다는 게 말이 되는 일일까요? 집에서는 편안하게 사생활을 즐길 수 있습니다. 책임도 본인이 지니 원하는 대로 행동해도 됩니다. 직장 내 서열, 마감 기한, 정리 해고 따위는 걱정하지 않아도 됩니다. 많은 엄마가 집에서 지내는 생활이 편안하리라고 생각합니다. 그래서 출산 전에는 느긋하게 지내는 동안 (그냥 놀기는 뭣하니) 방을 꾸민다거나 새로 공부를 시작한다거나 하면서 활기차게 지내려는 계획을 세웁니다. 집 안에서 생활한 사람이 힘겹게 일하는 남편이나 친구들에게 자신이 느끼는 극도의 피로감을 어떻게 설명할 수 있을까요?

피로감은 어쩌다가 육아를 대표하는 특징이 되었을까요?

엄마가 느끼는 피로감은 보통 처음에는 평소보다 아주 조금 더 높은 수준입니다. 출산 후 몇 주 동안 갓난아기는 하루 중 많은 시간 잠을 자면서 보냅니다. 연구 결과에 따르면 갓난아기는 하루 평균 16시간을 잔다고 합니다(내가 아는 아기들은 대체로 평균에서 벗어나나 봅니다!).[45] 그때가 되면 초보 엄마도, 그리고 주변 사람들도 앞으로 엄마가 피곤한 나날을 보내리라고 짐작합니다. 이 시기에 가장 피곤한 일은 밤중 수유입니다. 아기가 밤에 수유하는 시간 말고는 푹 자주는 시기에 엄마의 삶은 비교적 수월해 보입니다. 엄마는 아기가 '순하다'는 생각을 하면서 예전에 하던 활동들을 다시 시작합니다. 엄마로 지내는 생활이 듣던 것보다 어렵지 않다는 생각과 함께 도움의 손길과 격려 전화가 드물어질 때쯤, 아기는 새로운 단계에 진입합니다. 수유 후에 잠을 자는 대신 말똥말똥한 눈으로 두리번거리며 주변 사물에 호기심을 보이는 시기가 다가옵니다.

이 시기에 접어든 갓난아기는 특히 밤에 활기를 띨 때가 많습니다. 어른은 밤이 되면 긴장을 풀고 잠을 자고자 합니다. 갓난아기는 낮과 밤을 어른과 다르게 경험하는 듯합니다. 요즘은 많은 아기가 낮에는 밝은 햇살과 소음에 휩싸인 채 생활합니다. 그러다 보니 밤에 엄마 아빠가 불을 끄고 조용한 목소리로 속삭여줄 때 더욱 편안해하는 모습을 보입니다. 눈을 크게 뜨고 주변을 둘러보며 활기찬 상태가 됩니다. 아기의 새로운 면모가 잠깐은 엄마에게 활력소가 되어줄 수 있습니다.

저는 밤 시간이 좋아요. 아이랑 단둘이 있으면 이 세상에 우리밖에 없는 듯 한 기분이 들거든요. 좀 피곤해도 괜찮아요. 얻는 게 훨씬 많으니까요.

▸▸ B, 6주

하지만 치러야 할 대가는 점점 늘어납니다. 아기는 밤에 젖을 먹어야 합니다. 위가 작아서 어른보다 자주 먹어야 하고, 그러다 보니 배가 고파 잠에서 깰 때가 많습니다. 보통 아기들이 조금 더 길게 잠을 자는 아침 시간에는 수유 시간을 예측할 수 있습니다. 아기들이 자는 아침 시간에는 아마도 엄마가 깨어나 있는 시간일 것입니다. 스탠리 코렌Stanley Coren의 책 『잠 도둑들』에 따르면 "갓난아기는 첫돌을 맞이할 때까지 엄마의 수면 시간을 400~750시간 빼앗아 갑니다".[46] 그 이유는 주로 엄마들이 수유를 하려고 밤에 일어나면서도 낮잠을 그리 좋아하지 않기 때문입니다.

또 다른 문제점은 어른과 아기의 수면리듬이 다르다는 점입니다. 어른의 수면주기는 대략 85~90분 간격으로 반복됩니다. 반면 아기의 수면주기는 그보다 훨씬 짧은 50~60분입니다.[47] 그래서 아기가 1시간 동안 편안한 수면주기를 거치는 동안, 엄마의 수면주기는 3분의 2 정도만 진행됩니다. 엄마는 개운함 대신 불쾌감을 느끼며 잠에서 깹니다. 이때도 엄마는 잠이 부족하다며 투덜거리면서도 정작 자신이 피곤한 이유가 수면주기가 깨졌기 때문이라는 사실을 알아차리지 못합니다.

하지만 인간은 적응을 잘합니다. 우리는 잃어버린 수면 시간만큼 정확하게 잠을 보충하지 않아도 됩니다. 너새니얼 클라이트먼Nathaniel Kleitman이 1931년에 출간한 책 『수면과 각성Sleep And Wakefulness』은 요즘 우리가 '복구 수면recovery sleep'이라고 부르는 개념을 설명합니다. 예컨대 "3~4일 수면 부족에 시달리며 총 12~14시간 수면을 취한 젊은 피험자는 다음 날 평소보다 한 시간가량을 더 자기는 했지만 그보다 더 많이 자지는 않았습니다."[48]

클라이트먼의 실험에 참가한 피험자들은 깨어 있는 상태를 지속적으로 유지해야 했습니다. 엄마들은 평소에 꾸벅꾸벅 졸거나 얕은 수면 상태에 빠져들기도 합니다. 우리에게는 그와 관련된 정보가 부족합니다. 연구 문헌에서는 '피로'라는 키워드가 자주 등장합니다. 그런데 한 논문 저자의 말에 따르면 "불행히도 현재는 피로와 관련된 연구가 부족"합니다.[49]

몇몇 연구자가 의사, 군인, 소방대원, 공항 관제사, 조종사, 대형 트럭 운전사들이 느끼는 피로에 관한 연구를 진행하기는 했습니다. 하지만 그들의 연구 대상에는 초보 엄마가 포함되어 있지 않습니다. 르네 A. 밀리건Renee A. Milligan과 린다 C. 퓨Linda C. Pugh는 "지난 20년간의 연구물을 살펴본 결과, 건강 상태가 양호한 사람과 양호하지 않은 사람의 피로에 관해 여러 연구가 진행되었지만 육아 기간의 피로와 관련된 연구는 찾아보기 어려웠다. …… 육아 기간의 피로는 지금까지도 연구가 제대로 이뤄지지 않고 있다"고 말합니다.[50] 엄마들에게 더 많은 정보가 제공된다면, 피로에 대비하기 더욱 수월할 것입니다.

속사정을 모르는 사람은 뭐가 문제냐고 물을지도 모릅니다. 분명 인류가 출현한 이후로 엄마와 아기와 수면에는 별다른 변화가 없었을 것입니다. 그동안 왜 엄마들이 피곤에 대처하는 방법을 찾아내지 못했냐고요? 그 질문에는 사회 구조가 바뀌었다고 대답하겠습니다. 엄마들에게 도움이 되던 방법은 오늘날에는 대체로 효과가 없습니다.

우선 전기가 발명되면서, 이제는 등불과 촛불에 의지하던 시절에는 하지 못하던 활동을 할 수 있게 되었습니다. 이제 우리는 언제든 전깃불, 전열 기구, 텔레비전, 컴퓨터를 사용할 수 있습니다. 그러면서 잠들지 않고 활동하는 시간이 훨씬 길어졌습니다. 부모들은 아기가 태어나기 전에도 자신의 활동 에너지를 한계점에 이를 때까지 사용해왔을 것입니다. 수면 시간을 최소화하며 밤낮을 가리지 않는 생활을 해오다가 아기가 생기면서 균형을 위태로이 유지하던 저울의 바늘이 고갈을 가리키는 쪽으로 기웁니다.

더욱이 아기는 피곤해하면서도 잠들지 못할 때가 있습니다. 현대인의 생활방식은 부모만 자극하는 것이 아니라 아기도 자극합니다. 부모야 이런 상황이 익숙하겠지만 아기는 전혀 그렇지 않습니다. 아기는 집 안에 켜진 환한 불빛, 텔레비전에서 울려퍼지는 소리, 특히 부모의 재빠른 목소리와 행동에 크게 자극받습니다. 도시에서는 삶의 속도가 아주 빠릅니다. 부모가 이 점을 알아차린다고 해도 그 속도를 늦추기는 어렵습니다. 엄마들은 배우자가 퇴근하면 둘이 같이 저녁 식사 준비를 한다고 이야기하곤 하는데, 그 말은 아기에게 여러 가지 새로운 소리와 냄새가 전해진다는 뜻입니다. 아기의 호기심이 발동하면서 정신이 말똥말똥해지기 때문에 다시 다독여서 재우기가 어렵습니다.

홀로 아이를 키우는 엄마들은 저녁 시간을 상당히 조용하게 보내기 때문에 밤에 아기를 재우기가 그리 어렵지 않다고들 말합니다. 남편이 몇 주씩 해외 출장을 나가 있는 엄마들 역시 이 이야기에 동의합니다. 그들은 처음에는 배우자 없이 아이를 어떻게 재우나 걱정을 하지만, 저녁 시간이 부산스럽지 않아서 아이를 재우기가 오히려 더 수월합니다. 이른 저녁 시간에 배우자와 어느 정도 자란 아이들이 돌아와 집 안이 시끌벅적해지면 아기는 지나치게 흥분하고, 앞서 낮잠을 잔 탓에 밤잠을 자지 않으려 들기도 합니다.

엄마들은 아기를 시골로 데려갔을 때 아기가 도시에 있을 때와는 다른 모습을 보인다며 깜짝 놀라기도 합니다.

스페인으로 가족 휴가를 떠났을 때 우리는 시골에 있는 아름다운 목조 주택에서 지냈죠. 거기서는 할 일이 별로 없어서 그저 느긋하게 시간을 보냈어요. 저는 일과표대로 살아가려고 늘 시간을 확인해요. 그런데 아이가 런던에 있을 때와는 다른 모습을 보이더라고요. 런던은 이것저것 할 게 많아서 참 좋아요. 하지만 스페인에 가보니 시골 생활도 느긋하니 참 좋더라고요. 우리는 아이가 잘 때 다 같이 잤고, 일어날 때 다 같이 일어났어요.

▸▸ B, 11개월

방 안을 아무리 조용하게 해놓아도 비행기나 헬리콥터나 라디오 소음이 들려올 때가 있어요. 반면 시댁 식구들과 머물렀던 인도의 시골 동네는 밤이 되면 어두컴컴하고 고요해서 할 수 있는 거라고는 잠을 자는 것밖에 없었어요.

▸▸ B, 15개월

전통 사회에서는 보통 엄마가 짊어져야 하는 책임을 공유하며, 엄마의 친정 식구들이 육아를 도와줍니다. 하지만 현대 사회에 들어서는 친정 식구의 도움을 받기가 어려운 경우가 많습니다. 친정 식구도 직장에 다닐 가능성이 크니까요. 전통 사회에서 초보 엄마가 제일 먼저 의지하던 친정엄마는 여전히 종일 직장에 매여 있고, 은퇴하려면 아직도 몇 년은 더 있어야 할지도 모릅니다. 친정엄마가 가까이에 산다면 약속을 정해서 아이를 맡길 수도 있겠지만, 이렇게 가까운 사람에게 도움을 받는 육아 방식은 이제 아무나 누릴 수 있지 않습니다.

지금도 전통적인 확대 가족 안에서 살아가는 엄마들은 자신이 짊어져야 할 책임을 친척 여성들과 함께 짊어집니다. 엄마가 잠을 자는 동안 다른 누군가가 아기를 돌봐주는 등 엄마는 여러모로 도움을 많이 받습니다. 가는 것이 있으면 오는 것이 있어야 하는 법입니다. 엄마는 현대식 교육을 받아왔습니다. 그들은 독립적으로 사고하라고 배워왔고 그렇게 행동합니다. 하지만 친척 여성들은 예전부터 해오던 대로 먼저 도움을 받았던 엄마가 이번에는 자기 아이를 맡아주기를 바라며, 만약 도움을 받았던 엄마가 오랜 관습과 다르게 행동하고자 하면 화를 냅니다. 다른 사람의 도움에는 그만한 대가가 따릅니다. 오랜 세월에 걸쳐 엄마의 피로를 해결해주던 방법은 자기 주관이 뚜렷한 요즘 엄마들에게는 적합하지 않습니다.

또 현대 사회에서는 일하는 방식도 바뀌었습니다. 이제는 엄마가 아이를 일터에 데려가기가 어려워졌습니다. 직장에 다니던 엄마들 다수는 아이가 첫돌을 맞이하기 전에 복직합니다. 이 말은 엄마가 두 가지 생활을 병행한다는 뜻입니다. 하나는 아기와 관련된 '전화를 받을지도 모르는 상태'로 직장 생활을 하는 것이고, 다른 하나는 여가 시간에 다른 동료들처럼 쉬지 못하고 아기의 욕구를 '채워주는' 생활을 하는 것입니다. 이를 두고 작가 멀리사 벤Melissa Benn은 "직장 여성을 대상으로 실시한 모든 연구는 그들의 인내심이 한계에 이르러 있음을 보여준다"[51]고 말합니다.

지식 산업에 종사하는 여성들은 또 다른 어려움을 겪습니다. 인류 역사상 이렇게 많은 여성이 고등교육을 받았던 적은 단 한 번도 없었습니다. 고등교육을 받은 여성들은 엄마가 된 뒤에 자신에게 급격한 변화가 찾아왔다고 말합니다.

책이 머리에 들어오지 않아요. ▸▸ G, 6주

생계가 책 읽기에 달린 이 여성은 걱정스러운 말투로 이야기했습니다.

지능은 저한테 정말 중요한 능력이에요. 그런데 그게 완전히 무뎌졌어요. 일단은 마음을 내려놓고, 언제가 다시 제 지능이 돌아온다고 믿으려고요. 지금은 그게 최선인 듯해요. ▸▸ G, 3개월

3년 뒤 이 엄마는 자신의 첫 번째 책을 출간했고, 책에 담긴 뛰어난 연구 성과는 극찬을 받았습니다.

저는 머리가 멍한 상태로 돌아다녀요. ▸▸ G, 6개월

최근 연구 결과는 엄마들의 이야기를 뒷받침합니다. 앨런 홉슨Allan Hobson에 따르면 "수면은 뇌의, 뇌에 의한, 뇌를 위한 활동입니다."[52] 홉슨의 이야기를 보면, 지식 산업에 종사하는 여성들이 수면 부족을 겪을 때 특히나 혼란스러운 모습을 보이는 이유가 이해됩니다. 출산 후에 이 같은 변화가 생기며, 그러한 현상은 일시적이라는 점을 미리 알아두면 도움이 될 것입니다. 육아를 하면서 이러다가 머리가 완전히

굳는 거 아니냐는 불안감을 품지 않기는 정말이지 어렵습니다.

아기의 잠자리에도 커다란 변화가 생겼습니다. 전통 사회에서 아기는 엄마 곁에서 잠을 잤습니다. 그러나 오늘날 서구 사회에서는 대체로 아기를 따로 떨어진 방의 아기 침대에서 재웁니다. 이 방식은 예상외로 힘들 수 있습니다. 엄마는 매일 밤 아기가 젖을 먹으려고 깨어날 때마다 잠자리에서 일어나 다른 방으로 건너가야 합니다. 게다가 베이비모니터에서 들려올지도 모르는 아기 울음소리에 귀를 기울이다 보면 잠을 깊이 자지 못합니다. 모유 수유를 하는 엄마들은 아기와 함께 잠을 자는 생활이 더 편하다는 사실을 '다시 발견'합니다. 일부 엄마들은 굳이 잠에서 깨지 않고 거의 자다시피 하면서 수유하는 방법을 터득하기도 합니다.[53]

엄마들은 아기 때문에 잠에서 깨어나는 생활이 무척 힘겹다고 말합니다. 그들도 아기와 마찬가지로 어릴 적 밤에 통잠을 자는 방법을 배워본 적이 있다는 사실은 놀랍습니다. 오늘날의 수면 교육 방식은 예전보다 더 세심합니다. 요즘 엄마들이 아기이던 시절, 엄마의 엄마들은 아기를 멀리 떼어놓고 '아기가 울어도 가만히 내버려두라'고 배웠습니다. 이런 방식으로 수면 교육을 받은 아기들 모두가 불안한 부모로 자라지는 않았겠지만 일부는 그렇게 되었을 것입니다.

엄마들은 일정 시간 밤잠을 **반드시** 잘 수 있어야 한다고 여기는 듯하며, 정확히 몇 시간을 자고 싶다고 이야기하는 그들의 목소리에는 간절함이 묻어납니다. 더불어 그들은 밤에 아기가 울면 무척 괴롭다는 말도 덧붙입니다. 어쩌면 아기의 울음소리를 들을 때 그들의 머릿속에서는 어린 시절 부모와 떨어져서 수면 교육을 받았던 충격이 되살아나는지도 모릅니다. 홀로 울던 기억이 그들의 머릿속에 남아 있지는 않을 것입니다. 하지만 친정 부모에게 아기를 어떻게 재워야 하냐고 물었다가 울어도 그대로 내버려두라는 이야기를 들으면 깜짝 놀라곤 합니다.

저는 아기 때 통잠을 잤다고 해요. 지금은 여덟 시간이 제 적정 수면 시간이에요. 하지만 요즘은 다섯 시간만 자도 다행이죠. 고문이 따로 없어요. 엄청 힘들어요. ▸▸ B, 4개월

이 엄마는 친척에게서 자기가 아기였던 시절 저절로 잠을 잔 게 아니라 아래층 방에서 홀로 울다가 잠들었다는 얘기를 들었습니다.

낮에는 별문제 없이 기분 좋게 지내면서 엄마로서 제 모습에 자부심을 느껴요. 하지만 밤에 저는 완전히 다른 사람이 되어버리죠. (눈물지으며) 아이가 밤에 잠을 자지 않으면 마음이 심란해서 어쩔 줄을 모르겠어요. ▸▸ B, 9개월

두 엄마의 마음은 부대낍니다. 밤에 아기가 우는 소리가 안쓰러워서 세심하게 돌봐주고 싶지만, 한편으로는 어린 시절에 자신이 받았던 엄격한 수면 교육 때문에 부담감을 느낍니다. 몇몇 엄마들은 남편 덕분에 이런 상황을 버틸 수 있다고 말합니다. 이들은 수면 교육에 더 유연하게 접근하는 배우자를 고른 듯합니다. 내면에서 수면 교육을 엄격하게 해야 한다는 목소리가 들려올 때, 곁에서 마음을 다독여주고 격려해주는 사람이 있으면 큰 도움이 됩니다.

이와 관련된 연구가 진행되면 참 좋겠습니다. 엄마들이 밤에 깨면

서 느끼는 불안감과 수면 교육 사이에는 어느 정도의 연관성이 있을까요? 인간은 환경에 적응합니다. 인간에게는 특정 시기 동안에는 각성 상태를 유지하다가 안전한 때가 오면 잠을 보충하는 능력이 있으며, 한때는 이 능력에 인류의 생존이 달려 있었습니다. 수면 교육이 이 능력에 지장을 초래할지도 모릅니다. 아기가 일반적인 관례에 맞춰 일정한 시간을 자도록 훈련하는 방법이 눈앞에 닥친 문제는 해결해주지만, 아기가 적응하는 어른으로 자라나기는 어려울 것입니다.

밤에 겪는 어려움은 눈앞에 닥치는 피로감 말고도 또 있습니다. 앞으로 기나긴 나날을 어떻게 버티나 하는 엄마의 근심입니다. 엄마들에게는 앞날을 미리 헤아려보려는 성향이 있습니다.

저는 이런 식으로 하루가 끝날 때까지, 그리고 주말이 올 때까지 어떻게 버티나 생각해요. 다음 주 월요일, 화요일, 또 다른 한 주, 그리고 내년이 또 다가올 텐데 그 시간을 도대체 어떻게 버텨야 할까요? ▸▸ G, 2주

아침에 일어날 때마다 오늘 하루는 우리 둘이서 또 어떻게 보내야 하느냐는 생각이 들어요. ▸▸ G, 5개월

직장에 다니는 엄마들은 특히나 그 시간이 얼마나 피곤한지 잘 압니다.

아이 돌보미가 아파서 제가 집에 가봐야만 했어요. 한 시간 만에 녹초가 되었죠. 커피 한 잔 마실 기운이 없었어요. 일하는 게 훨씬 쉬워요. ▸▸ G, 7개월

사람들 대부분은 활동 '영역'이 두 개로 나뉩니다. 그중 하나인 일터에서는 '여가 시간'과는 완전히 다른 방식으로 행동해야 합니다. 재택근무를 하는 사람들도 대체로 일하는 시간과 휴식 시간을 명확하게 구분합니다. 그러한 구분이 있으면 생활에 활력이 생깁니다. 한 가지 영역에서 다른 영역으로 넘어가면서 우리는 자기 자신에게 휴식을 줄 수 있으며, 재충전된 상태로 이전 영역으로 되돌아갈 수 있습니다. 한 가지 영역에서 문제가 발생하면 다른 영역에서 생각을 가다듬으며 조금이나마 마음의 여유를 누릴 수 있습니다. 하지만 아이가 생기면 엄마들의 삶은 대개 한 가지 영역에 묶입니다. 이러한 생활에 익숙해지기까지는 시간이 걸립니다.

아기를 돌보며 어려움을 겪을 때, 엄마는 생각을 추스르고 기력을 회복하는 독립된 영역을 찾기가 어렵습니다. 엄마는 자기가 어떤 어려움을 겪고 있는지조차 제대로 알지 못합니다. 엄마가 겪는 어려움을 제대로 표현해줄 언어가 없기 때문입니다. 많은 엄마가 스스로 집에 '갇혀 있다'고 생각합니다. 그런 생각은 아마도 더는 독립된 두 영역 안에서 살아가지 못해서 비롯될 것입니다. 복직을 하는 엄마 중에는 단순히 돈 때문만이 아니라 '제정신을 유지하고자' 그런 결정을 내리는 사람도 있습니다. 밤낮없이 한 가지 영역 속에서만 살아가는 생활에는 어려움이 뒤따릅니다.

피곤한 엄마들이 위기의 순간에 대처를 잘하는 이유를 여기에서 찾

을 수 있을지도 모릅니다. 위기의 순간은 그 특성상 이례적인 일이기 때문에 평소와 다른 규칙이 적용됩니다. 우리는 위기가 닥치면 스트레스를 받기도 하지만 에너지가 샘솟기도 합니다. 피임 중인 여성을 대상으로 실험을 진행해본 결과, 피험자들은 수면이 박탈된 상태에서도 위기 순간에 잘 대처하는 모습을 보였습니다. 엄마들은 이보다 **훨씬 더** 뛰어난 모습을 보여줍니다. 엄마들은 특히나 아기가 아플 때 놀라운 힘이 샘솟는다고 이야기합니다.

잠을 못 자면 기분이 영 별로예요. 잠을 잘 자는 일은 중요하죠. 그렇지만 아이가 아프고 잘못될지도 모른다는 생각이 들면 잠을 자지 못한 건 조금도 신경 쓰이지 않더라고요. ▸▸ B, 7개월

어디선가 불끈 힘이 샘솟아요. 아이가 아팠을 때 아이를 안고 밤새 똑바로 앉아 있었어요. 아이가 그렇게 해주길 바랐거든요. 침대에 내려놓으면 울고불고 난리가 났을 거예요. ▸▸ G, 10개월

일상생활은 그다지 인상적인 사건 없이 무난하게 이어집니다. 엄마는 그 흐름이 이어지도록 맞춰나가야 합니다. 그러다가 위기의 순간이 닥치면 갑자기 삶에 어떤 '형태'가 생겨납니다. 위기가 없을 때는 아기와 함께 하는 삶에 특정한 형태라고 볼 만한 점이 없습니다. 그럴 때는 시간이 흘러 낮은 밤이 되고, 평일은 주말이 됩니다. 모든 일이 죽 이어지거나 반복되고 마무리가 지어지는 일이 없습니다.

이상한 점은 다른 엄마들 역시 그런 삶을 산다는 사실을 엄마들이 깨닫지 못할 때가 많다는 것입니다. 예를 들어 엄마가 아이를 공원이나 쇼핑센터에 데려 나갈 때 두 사람의 감정 상태에는 변화가 생깁니다. 외출을 하면 아이는 신이 나고 엄마는 아이와 함께 외출에 성공했다는 사실에 만족감을 느낍니다. 엄마의 피로도도 줄어듭니다. 그때 다른 엄마가 이 엄마를 본다면, 차분한 상태로 아기를 데리고 다니는 모습이 눈에 들어옵니다. 그러면 이 엄마가 지금 잠깐이 아니라 늘 저렇게 평온하게 지낸다고 착각할 수 있습니다. 차분한 모습을 보이는 엄마는 자신이 다른 사람에게 그런 모습으로 비친다는 사실을 눈치채지 못할 것입니다. 그러기는커녕 이 엄마는 집으로 돌아오면서 아이를 데리고 다니는 걸 이렇게 피곤해하는 사람은 자기뿐이라며 낙담할지도 모릅니다.

육아는 매우 일상적인 일처럼 보입니다. 혼잡한 런던의 거리를 거닐 때라든가 텔레비전을 켤 때마다 엄마는 사람들을 봅니다. 이 수많은 사람이 한때는 모두 아기였다는 사실을 떠올립니다. 수많은 엄마가 이들을 돌봐왔을 것입니다. 따라서 엄마가 되는 일은 그렇게까지 어렵지 않을 것입니다. 유능한 여성이라면 충분히 해낼 수 있어야 하는 일입니다. 세상은 기진맥진한 엄마들로 넘쳐나지 않습니다. 그렇다면 결론은 명확해 보입니다. 피로를 느끼는 엄마는 실패자입니다. 그들이 느끼는 피로감이 그 증거입니다.

이러한 감정을 피로에 젖어 사는 다른 사람들의 감정과 비교해보면 흥미로운 점이 드러납니다. 의대생들과 수련의들은 엄마들처럼 수면 부족에 시달리지만 수면 부족은 그들의 마음가짐에 다른 식으로 영향을 미칩니다. "의대생들과 수련의들은 잠이 부족한 생활을 영광스러운 표식이자 자기 직무에 대한 희생과 헌신의 상징으로 여깁니다."[54] 의학계에는 높은 위상이 있어서 수면을 희생하는 생활을 아주 값진 일로 여기며, 자신의 삶을 정당화할 수 있습니다. 그렇다면 분야를 육아로 바꿔서 생각해봅시다. 엄마는 육아와 관련된 훈련을 받지도 않고, 수준 높은 자격시험을 치르지도 않습니다. 아이를 돌보는 대가로 높은 급여를 받지도 않습니다. 엄마는 환자가 있는 병동이 아니라 조그만 갓난아기 하나를 책임집니다. 그런 연유로 엄마는 의기소침해지며, 침울한 마음은 피로도를 가중합니다.

어쩌면 이런 이유에서 엄마들은 다른 사람들과 대화를 나누면 다시 힘이 솟는 듯한 기분을 느끼는지도 모릅니다.

피로감에 젖어 있을 때 이상한 짓을 얼마나 많이 한지 몰라요. 시리얼에 커피를 들이부은 적도 있고, 잘못 산 치마를 바꾸려고 아이와 함께 몇 킬로미터나 떨어져 있는 가게까지 갔다가 그제야 치마를 가져오지 않았다는 사실을 깨달은 적도 있어요!

▸▸ B, 4개월

잠이 부족해요. 지금 제 머릿속에는 자고 싶다는 생각밖에 없어요.

▸▸ G, 5개월

아이는 밤이면 한 시간 반마다 한 번씩 깨요. 너무 피곤해서 몸을 제대로 가누기도 힘들어요. 수유를 마치고 나서 물을 마시려고 했는데 팔을 들지도 못하겠더라고요.

▸▸ G, 5개월

이런 말을 하려니 좀 부끄럽기는 하지만 밤이 되면 아이를 어디 다른 곳으로 데려다 놓았다가 아침에 다시 데려오고 싶다는 생각을 한 적도 있어요. 잠을 자고 싶거든요. ▸▸ G, 6개월

아이가 잠을 자지 않을 때는 '이러다가 내가 죽는 거 아니야' 하는 생각이 들어요. 물론 진짜로 죽지야 않겠죠. 마치 덫에 걸린 듯한 기분이에요.

▸▸ B, 6개월

낮이 되면 간밤에 내가 그런 생각을 했다는 사실이 믿기지 않아요. 너무 피곤하니까 더는 못하겠다 싶은 생각이 들었거든요. 끔찍한 이야기지만 하느님께 저를 데려가 달라고 **기도** 드린 적도 있어요. ▸▸ B, 6개월

엄마가 아닌 사람들은 피곤하다는 말을 입에 올리지 말아야 해요!

▸▸ G, 6개월

엄마들은 피로 **누적**을 이야기합니다. 피로 누적이 엄마들에게 어떤 영향을 미치는지는 알려진 사실이 많지 않습니다. 그렇기에 의사들에 관한 연구 자료는 우리가 참고하기에 가장 좋은 자료입니다. 수련의에 관한 최신 연구에 따르면, 수련의들은 보람찬 일을 하면서 느끼는 피로감에 대해 자부심을 느끼는 한편, 피로 누적으로부터 악영향을 받기도 합니다. 놀랍게도 그들은 피로가 누적되어도 단기간에는 진료 업무를 잘 수행했습니다. 하지만 인간관계는 악화되었습니다.[55] 앞서 살펴봤듯이 엄마들도 긴급 상황에 대처를 잘하지만, 수련의와 마찬가지로

가족과 친구들에게 분통을 터뜨리는 모습을 보이기도 합니다.

> 남편에게 "자기도 아이도 내 알 바 아니야. 그냥 온종일 잠이나 잤으면 좋겠어"라며 소리를 지른 적이 있어요. ▸▸ G, 6개월

여기서 인용한 엄마들은 격한 감정을 토로하기는 했지만 그중 신경 쇠약에 빠지거나 상황 대처가 불가능한 사람은 아무도 없었습니다. 자신의 감정을 분명하게 인정하는 것 역시 상황 대처의 일부분입니다. 한 엄마가 자기가 얼마나 지쳐있는지 얘기할 때, 그 엄마에게 (불평할 일보다는 감사할 일이 더 많지 않겠냐는 식으로) '긍정적인' 반응을 보여주고자 하는 엄마들은 다른 엄마들에게 정중한 목소리로 "아이가 순한가 봐요"라는 말을 들을지도 모릅니다. 대화 모임에 참석하는 엄마들 대부분은 피곤에 시달리는 다른 엄마들의 하소연에 전적으로 공감합니다. 엄마라면 다들 피로감을 느낍니다. 피로감은 엄마들의 공통분모입니다.

정말로 수면 부족 혹은 수면 방해로 죽을 수도 있을까요? 아마 그런 일은 없을 겁니다. 그보다는 잠에 취해 쓰러질 수는 있을 것 같습니다. 하지만 엄마들이 비유적으로 죽을 것 같다는 말을 입에 올리는 것은 이해됩니다. 내 상담 노트를 보면 엄마들이 죽을 것 같다는 말을 이렇게나 많이 하는구나 싶어서 깜짝 놀랄 때가 있습니다. 엄마들은 몸이 피곤해도 겉으로는 생기가 있어 보이기에, 죽을 것 같다는 말이 과장된 표현처럼 들립니다. 그러나 그 말을 단순히 엄마들의 몸이 아니

라 출산 이전의 생활 전체와 연결하면 그 속뜻이 이해됩니다. 마치 사별과 비슷한 기분일 겁니다. 모든 게 달라집니다. 예전 생활로 돌아갈 방법도 없습니다. 정말로 '죽음'을 맞이한 것입니다.

어떤 엄마가 죽도록 힘들다고 말한다면, 그건 대개 그 엄마가 아직 현실을 인정하지 않았다는 뜻입니다. 그녀는 여전히 예전 생활방식이 진짜고, 육아 생활은 잠깐의 일탈이라고 여길지도 모릅니다. 아이를 '제대로 다룰' 수만 있게 되면 다시 예전 생활로 돌아갈 수 있다고 말입니다. 한 엄마는 그런 마음을 다음과 같이 표현했습니다.

> 몸이 별로 피곤하지 않고 기운이 넘친다면, 해야 할 일이나 하고 싶은 일을 모조리 해치우면서 돌아다니겠지만, 엄마들은 '애들' 때문에 너무 피곤해요. 그렇지 않나요?
>
> ▸▸ B, 4개월

현대 사회는 여성이 엄마로 거듭나는 과정이 용이한 구조가 아닙니다. 엄마가 되는 과정은 중대한 변화입니다. 처음에 초보 엄마들은 엄마라는 역할이 녹록지 않으리라며 자기 자신을 다독이면서 변화에 대처해나갑니다. 엄마라는 역할은 시간이 지나면서 점점 수월해질 것입니다. 분명히 그럴 것입니다. 하지만 저절로 수월해지지는 않습니다. 옛 생활방식에서 벗어나 새로운 생활방식에 적응해나가야 합니다.

한번은 모임에 참가한 초보 엄마들이 자신이 얼마나 피곤한지 이야기했습니다. 참석자 중에는 아기 월령이 8~14개월인 엄마가 세 명 있었습니다. 이들은 초보 엄마의 이야기에 가만히 귀를 기울였습니다.

잠시 후 나는 세 엄마에게 물었습니다. "세 분도 처음에는 그렇게 피곤하셨어요?", "물론이죠!", "그럼 요즘은요?", "요즘은 그렇지 않아요." 그래서 나는 혹시 해결책을 찾아냈다면 초보 엄마들에게 조언해달라고 요청했습니다. 그러자 그들이 이구동성으로 대답했습니다. **"그냥 적응하면서 사는 거죠!"** 처음 만난 세 사람은 서로를 바라봤습니다. 동시에 똑같은 대답을 내놓았다는 사실이 믿기지 않았던 것입니다.

나는 세 엄마에게 더 자세하게 물어봤고 그들은 비슷한 대답을 내놓았습니다.

적응하는 수밖에 없어요. 그 뿐이에요.

아이가 엄마한테 맞춰 수면 패턴을 바꿀 수는 없어요. 그러니까 엄마가 아이한테 맞게 수면 패턴을 바꿔야 해요.

저는 하루에 아홉 시간은 자야 한다고 생각해왔어요. 정말로 그 정도 시간은 자야 했고요. 지금은 여섯 시간만 자도 다행이라고 여겨요. 이제는 적응했어요. 살아가려면 그래야만 했죠. 아이가 낮잠을 잘 때는 설령 자고 싶은 생각이 별로 없거나 다른 할 일이 있어도 아이와 함께 자요. 다 내려놓고 잠을 우선순위에 두기로 한 거죠.

엄마들은 다양한 해결책을 찾아냅니다. 아이가 잘 때 함께 자는 방법은 모든 엄마에게 통하는 만병통치약이 아닙니다. 그저 한 가지 해결책일 뿐입니다. 상황을 대하는 태도를 바꾸는 일이 가장 중요합니다.

더는 거부하지 말고 '이제부터는 이렇게 살아야 한다'고 마음을 먹으면 극도의 좌절감과 피로감이 사라져요. 그렇지만 그런 자세를 유지한다는 게 쉽지만은 않죠.

▸▸ B, 5주

이건 어디까지나 제 개인적인 경험이에요. 다른 사람에게도 도움이 될지는 잘 모르겠네요. 전 아이가 밤마다 자꾸 깨서 무척 피곤했어요. 어떻게 해야 할지 곰곰히 생각해봤죠. '아이가 밤에 젖을 먹으려 한다는 건 걔가 그렇게 하고 싶다는 뜻이야. 아이한테 그렇게 하지 말라고 말하는 건 내가 해야 할 일이 아니야.' 그래서 어떻게든 밤중 수유를 했고, 힘을 내야 했어요. 결정을 하고 난 뒤로는 밤중 수유가 그렇게까지 힘들지는 않았어요.

▸▸ B, 3개월

남편과 아이와 저는 매일 아침 8시에 일어나요. 그렇게 한 시간 반을 깨어 있다가 9시 반이 되면 다 같이 두 시간 동안 낮잠을 자죠. 시댁 식구와 같이 살고 있는데, 시댁 식구들이 저희 방식을 마땅치 않아 하는 사실을 알기는 하지만 그 시간이면 다들 밖에 나가고 없어요. 처음에는 그런 생각도 들더라고요. '이래 봐야 무슨 소용이야. 내 삶은 도대체 어디로 간 거냐고?' 하지만 낮잠을 자는 생활에 죄책감을 느끼지 않고 이게 우리만의 방식이라고 여기기 시작한 다음부터는 육아가 훨씬 쉬워졌어요.

▸▸ B, 8개월

그러고 나면 아기를 재우는 일은 방법의 문제에 가까워집니다.

아이가 졸려 하면 저는 아이와 함께 침대에 누워서 아이 눈앞에서 눈을 감아요. 그러면 아이가 그 모습을 보고는 자기도 눈을 감고 잠에 빠져들어요.

▸▸ B, 2개월

전 항상 제 체취가 나는 옷을 아이 곁에 두는데 그러면 아이가 통잠을 자는 데 도움이 되는 듯해요. ▸▸ G, 4개월

아이는 제가 요란하게 코를 골면 잠이 들어요. 그래서 집에서는 코 고는 소리를 엄청나게 크게 내야만 하죠! ▸▸ B, 6개월

누군가에게 도움을 받는 일에 거부감을 느껴서 그런 생각을 털어내야 하는 엄마도 있습니다. 많은 엄마가 육아처럼 '대수롭지 않은 일'은 스스로 해내야 한다고 생각합니다.

어느 날 친구가 찾아와서 즐겁게 대화를 나눴어요. 친구가 집으로 돌아가려고 막 나서려던 차에 친구한테 아이를 좀 봐달라고 부탁해도 괜찮았을 텐데 하는 생각이 들었어요. 하지만 이미 너무 늦어버린 터라 괜스레 저 자신에게 짜증이 났어요. 저는 직장에 다녀서 사람들은 저를 무척 유능한 여자라고 생각해요. 누군가의 도움을 받아야 할 사람처럼 보이지 않는 거죠. 친구가 다녀간 날, 조금 더 솔직하게 친구에게 도움을 청해볼 필요가 있다고 생각하게 되었어요. ▸▸ B, 4개월

날마다 시차가 바뀌거나 숙취가 있을 때보다 더 힘들었어요. 언젠가 시어머니가 집에 며칠 묵으면서 아이를 돌봐준 덕에 잠을 보충할 수 있었어요. 평소보다 아침에 두 시간을 더 자고 오후에도 조금 더 잘 수 있었죠. 시어머니가 아이를 워낙 예뻐해서 사실 제가 원하는 만큼 더 자도 괜찮았어요. 그렇게 잠을 보충한 덕에 지금은 한결 살 것 같아요. ▸▸ B, 4개월

하루는 완전히 녹초가 되어서 직장에 있는 남편에게 전화를 걸고는 잠 좀 자게 어서 돌아와서 아이를 보라고 명령을 내렸어요. ▸▸ B, 5개월

남편은 아이를 안고서 춤을 추며 재워요. 그럴 때는 노래도 틀어주는데, 아이가 동요는 좋아하지를 않더라고요. 대신 재즈를 좋아하죠. ▸▸ G, 9개월

일부 엄마들에게는 '아이가 울어도 그대로 두는 방법' 혹은 '아이 스스로 울음을 그치게 하는 방법'이 효과적입니다. 그러나 나는 그 안에 담긴 철학에 그다지 끌리지 않습니다. 이런 식의 수면 교육으로 효과를 보지 못하거나 한때는 효과를 봤으나 시간이 지나면서 효과가 사라진다면, 아기는 스트레스를 심하게 받을 수 있습니다. 엄마들은 수면 습관이 조금 더 체계적이기를 간절히 바라는 마음에서 이런 방법을 사용할 때가 많으며, 수면 습관을 바로 잡겠다는 확고한 마음 덕분에 이 방법으로 효과를 보는 경우도 있는 듯합니다. 그러고 나면 엄마들은 다시 삶이 제자리로 돌아온 듯한 기분을 느낍니다.

아이를 키우다 보면 항상 자신보다 육아를 수월하게 해내는 사람들의 이야기를 듣기 마련입니다.

친구네 아기는 밤에 열 시간을 내리 잔다고 해요. 그 얘기를 듣고 정말 부러워서 '우리 아이는 왜 그렇게 못 할까?' 하는 생각이 들었어요. 그날 밤 아이가 평소처럼 밤에 깨니까 화가 났어요. 젖을 먹여서 아이를 재웠지만 저는 너무 화가 나서 잠을 이루지 못했어요. 지금 와서 생각해보면 우리 아이를 다른 아이와 비교하지 않았을 때는 마음이 불편하지 않았어요. 비교는 금물이에요. 아이를 있는 그대로 받아들여주는 게 가장 좋더라고요.

▸▸ B, 5개월

직장에 다니는 엄마라면 힘을 아껴두는 자기만의 요령을 마련해야 합니다. 그러려면 예전처럼 일거리를 집에 들고 온다든가 퇴근 후에 동료들과 술자리를 가지는 일은 그만둬야 합니다. 엄마들은 직장에서 예전보다 훨씬 더 힘을 아끼려는 태도를 보입니다.

예전처럼 퇴근 후에 동료들과 어울리지 않으니까 동료들이 웬일이냐는 듯이 바라보더라고요. 오후 5시가 되면 저는 퇴근해서 아이에게 돌아와요.

▸▸ G, 8개월

다른 엄마의 에너지 비축 요령을 참고하는 것도 좋습니다. 하지만 그러면 피로가 언제든 해결 가능하게 보일 수 있습니다. 그렇지 않을 때가 있는데도 말이에요. 아기는 첫돌 무렵이 되면, 낮에는 활발하게 놀고 밤에는 특별한 이유 없이 자주 깹니다. 그러면 엄마는 자고 싶은 마음이 굴뚝 같아지면서, 아기를 돌봐주고 싶은 마음도 간절해집니다. 엄마를 찾으면서 우는 아기들을 위해 잠을 포기한 엄마들과 대화를 나누었습니다. 이렇게 노력하는 엄마들이 자기 자신을 실패자로 여기는 모습을 보면 안타깝습니다. 잠을 자지 않으면서 육아에 헌신하는 엄마들은 마땅히 존중과 찬사를 받아야 합니다.

엄마들은 아이가 커가면서 생활에 틀이 잡혀간다는 말을 많이 합니다. 제법 자란 아기는 낮에는 매우 독립적인 모습을 보이지만 밤이 되면 엄마를 찾습니다. 엄마는 아기가 더 일정한 모습을 보이길 바랍니다. 많은 엄마는 낮에 독립적인 모습을 보이는 아이가 밤에도 독립적인 모습을 보이리라고 기대합니다. 그래서 생후 9개월인 아기가 밤에 엄마를 더 많이 찾는다면, 피곤에 젖은 엄마는 '예전 상태'로 되돌아가 버린 듯하다며 한탄합니다. 사실은 그렇지 않습니다. 마치 흔들리는 추처럼 뻗어나가는 폭이 클수록 되돌아오는 폭도 크기 마련입니다.

엄마들은 갓난아기를 돌볼 때보다 생후 9개월 이상의 아이를 돌볼 때 화낼 때가 더 많다고 말합니다. 그들이 첫 6개월은 힘겹더라도 그 뒤에 이어지는 6개월은 수월하리라고 짐작하기 때문인 듯합니다. 하지만 아이들은 그렇게 딱 떨어지는 속도로 발달하지 않습니다. 생후 9개월인 아기는 엄마의 손을 많이 탈 수도 있습니다. 많은 엄마가 바로 이 시기에 자신의 삶에 찾아온 변화를 절감합니다. 육아는 일상생활에서 벗어나 휴가를 떠나는 것과는 다릅니다. 육아가 일상생활입니다. 이 사실을 받아들이면, 피로감에서 벗어나게 해줄 근본적인 해결책을 찾을 수 있습니다. 그러고 나면 엄마는 아이를 더욱 차분하게 대할 수 있습니다. 삶이란 상충하는 욕구 사이에서 줄다리기 시합을 벌이는 일이 아닙니다. 엄마와 아기는 같은 편에 있습니다. 삶은 느릴수록 더욱 조화로워지는 듯합니다. 그럴 때 아이를 향한 엄마의 사랑이 샘솟습니다.

바지런 떨면서 살아가느라 지쳤어요. 저는 날마다 뭔가를 하는 걸 좋아하거든요. 하지만 하루는 그런 생활을 포기하고 아이가 원하는 대로 지내봤어요. 집에 있으면서 아이가 원하는 시간만큼 젖을 물렸죠. 그랬더니 무척 즐겁고 행복하더라고요. ▸▸ G, 5개월

한고비 넘긴 듯한 기분이 들어요. 아직도 밤에 모유 수유를 하고 있는데, 다른 사람들에게서 그러면 안 되는 거 아니냐는 이야기를 계속해서 들어왔어요. 그런데 이번 주에 한 웹사이트에서 아이가 **일반적인 범주**에 속한다는 사실을 알게 되었어요. 아이는 그저 평범한 아기였던 거예요. 예전에는 밤마다 수유 횟수를 세어보았어요. 요즘은 아이를 바라보면서 "먹고 싶은 만큼 먹어"라고 말해줘요. 이제는 괜한 걱정을 하지도 않고 피로에 찌들지도 않아요. 아이가 젖을 먹는 모습을 물끄러미 바라보고 있으면 어찌나 사랑스러운지 몰라요. ▸▸ B, 6개월

언젠가 수첩을 찾고 있었어요. 너무 피곤하니까 수첩을 어디에 뒀는지 도무지 기억나지 않으면서 신경이 곤두서더라고요. 그때 아이가 절 찾았는데, 수첩을 꼭 찾아내고 싶은 마음에 아이를 데려와서 수첩을 같이 찾아봤어요. 끝내 찾지 못했죠. 그러다가 아이가 저를 바라보는 표정을 보니까 그런 생각이 들더라고요. '바보같이 굴지 마! 수첩이 중요해, 애가 중요해?' 그러고는 아이에게로 다가가 아이를 꼭 끌어안고는 마음을 진정시켰어요. 그러자 수첩을 어디에 두었는지 곧장 기억이 나더라고요. ▸▸ B, 7개월

엄마들은 자기가 아이를 여럿 키웠다는 사실에 놀라곤 합니다. 아이 둘을 기르면 피로도도 당연히 두 배로 늘어날까요? 엄마들은 대체로 둘째를 키우면서 자신이 피로감을 느끼는 이유가 수면 부족뿐만이 아니라는 사실을 깨닫습니다. 둘째를 기를 때도 잠이 부족하고 몸이 피곤하지만 첫째 때만큼 힘겹지는 않습니다. 엄마와 첫째 아이가 생활의 밑바탕을 이뤄놓았으니까요. 첫째 아이 때의 경험은 둘째 아이를 기를 때 도움이 됩니다. 그래서 첫째를 기를 때만큼 급격한 적응 과정이 필요하지 않습니다.

엄마가 가족이나 친구들에게 몹시 힘겹다는 말을 꺼내면, 그들은 엄마를 도와주고 싶어 할 것입니다. 엄마의 육아 방식을 이모저모 따지며, 이러저러한 이유로 힘겨운 게 아니냐고 지적할지도 모릅니다. 그들은 도움이 되기를 바라는 마음에서 지적을 하지만 엄마에게 가장 절실한 도움은 엄마의 말을 경청해주는 것입니다. 만약 엄마가 조언을 구해오지 않았다면, 그건 엄마에게 조언이 필요하지 않다는 뜻일 겁니다.

분명 아이를 키우느라 고생하다 보면 몸이 몹시 피곤하고 잠을 제대로 자지 못합니다. 하지만 우리 모두 육아가 어렵고 복잡한 일이라는 사실을 인정해주면, 엄마들은 자신이 처한 상황에 더욱 수월하게 대처해나갈 수 있을 것입니다. 만일 어떤 엄마가 잠이 부족하다고 말한다면, 이 엄마가 실패자라는 뜻이 아니라 엄마로서 역할을 아주 훌륭하게 해내고 있다는 뜻일 수도 있습니다. 엄마들이 지독한 피로감에 시달리는 진짜 이유는 엄마들을 경시하는 사회 분위기 때문이라고 생각합니다. 아기는 엄마를 피곤하게 만들 뿐이지만, 우리의 부주의가 엄마를 기진맥진하게 만들 수 있습니다.

8

아기는 무엇을 원하는 걸까요?

아기를 일반화할 수 있을까요? 사람들은 아기가 다 똑같아 보인다고 말하기도 합니다. 하지만 아기를 매일 관찰하는 사람들은 태어날 때부터 아기에게 나타나는 온갖 차이점을 알아봅니다. 그런 아기들을 하나로 아울러서 표현한다는 것이 가능할까요?

아기는 불가사의한 존재입니다. 우리가 아기에 대해서 아는 사실들은 대개 우리가 아기에게 뭔가를 해주면서 알게 된 것들입니다. 우리는 아기에게 뭔가를 해주고 난 뒤, 가만히 기다리며 아기의 반응을 살핍니다. 우리가 모든 걸 다 해줄 수는 없으니 분명 우리는 아기에 대해서 모르는 것이 많습니다. 지식에 한계가 있을 수밖에 없습니다. 그렇지만 적어도 첫발은 어렵지 않게 내디딜 수 있습니다. 아기는 울음과 몸짓으로 "진짜 좋아!", "이건 잘 모르겠는걸", "끔찍해!"라는 신호를 실수 없이 전달합니다. 우리도 예전에는 이런 언어로 의사를 전달했습니다. 그러다가 엄마가 되는 순간 이 오래된 언어를 전달받는 쪽이 된 것입니다.

엄마는 아이에 대한 이해를 가로막는 것은 불명확한 의사소통이 아니라 엄마 자신의 기대치라고 말합니다.

> 아이는 태어날 때 설명서를 들고 오지 않아요. 저는 손에 닿는 대로 책을 읽고, 조언을 구했어요. 그러다가 최근에서야 아이가 뭘 원하는지를 제가 제대로 알고 있다는 사실을 깨달았어요. 예전에는 몰랐거든요. 아이는 육아서에 나오는 아이들과는 다르니까요. 이제는 아이를 있는 그대로 받아들이면서, 아이가 이러저러한 걸 원해도 괜찮다는 사실을 깨달아가고 있어요. 육아가 한결 쉬워졌죠.
>
> ▸▸ G, 8개월

처음에 엄마들은 아기가 뭘 원하는지 긴가민가할 수밖에 없습니다. 아기들은 누구나 생각지도 못한 일로 엄마를 놀라게 합니다. 한 엄마의 전화를 받은 적이 있습니다. 그녀는 모유 수유 상담가인 내게 최근에 아기가 보인 행동을 어떻게 생각하느냐고 물었습니다. "이전에 키운 애들은 이런 적이 없었어요." 수화기 너머로 아이들이 재잘거리는 소리가 들려와서 나는 그 엄마에게 아이가 몇 명이냐고 물었습니다. "열 명이요. 그런데 막내는 나머지 아홉과는 달라요." 그녀는 경험이 풍부한 엄마였지만 겸손하게도 자기에게 아직도 배워야 할 것이 있다는 태도를 보였습니다.

아기가 태어난 지 몇 주밖에 되지 않았을 때라면 "우리 아이는 늘 이것보다 저걸 더 좋아해요"라고 자신 있게 말했을지도 모릅니다. 엄마들의 관찰은 심리학자들이 표본 집단 내 아기들을 대상으로 질서정연하게 연구한 내용과는 차이가 있습니다. 엄마의 관찰은 임의적이고 개별적인 경향이 있습니다. 장점이라면, 엄마가 언급하는 세부 사항들은 특정한 실험 상황이 아닌 자연스러운 맥락에서 관찰되었다는 것입니다. 심리학자들은 엄마들의 발언에 회의적인 모습을 보이기도 합니다. 제롬 케이건Jerome Kagan 교수는 자신의 책 『아이들의 특성The Nature of Children』 1장에서 다음과 같이 말합니다. "구두 보고는 과학자들이 명백한 형태로 알고자 하는 본질을 심각하게 왜곡할 때가 많다."[56]

하지만 엄마들이라고 해서 과학적이지 않을까요? 어떤 면에서 엄마들은 수준 높은 과학자가 되어야만 합니다. 엄마는 연구자처럼 상당히 열린 자세로 출발합니다. 물론 엄마에게는 자기만의 신념이 있을 수 있지만, 아기를 기르면서 그 신념은 순식간에 사라져버릴 가능성이 큽니다. 굳게 믿어오던 신념이 정작 내 아이에게는 효과가 없는 일이 비일비재합니다. 그럴 때 엄마는 훌륭한 과학자처럼 자신의 생각을 수정합니다. 엄마들의 대화를 들으면, 이런 사례가 단골 주제로 등장해서 관련된 이야기를 들을 기회가 상당히 많습니다.

아이에 관한 제 생각을 모두 내려놓아야 했어요. 애는 조용조용하다가도 가끔은 힘이 마구 넘쳐요. 그런 모습을 보이리라고는 예상치 못했어요.

▸▸ G, 2개월

한때는 아이를 등에 업고 어디든 다닐 수 있으리라는 환상을 품은 적이 있어요. 지금은 그런 생각이 완전히 사라졌어요. 아이가 과도하게 자극을 받아 칭얼거려서 집으로 돌아와야만 하죠. ▸▸ B, 5개월

아이는 엄마 아빠를 침대 밖으로 밀어내요. 자기만의 공간을 누리길 좋아하거든요. 제 머릿속에서 아이는 항상 엄마 아빠를 원하데, 저희 아이는 그러지 않아요. ▸▸ B, 13개월

아이가 "싫어"라는 말을 그만했으면 좋겠어요. 뭐든 물어보기만 하면 그렇게 대답하거든요. 말버릇이 저래서는 안 된다는 생각이 계속해서 머릿속을 맴돌아요. 제가 자라온 문화권에서는 그렇게 단도직입적으로 의사표현을 하지 않고 "그건 어려울 것 같아"라고 말하거든요. ▸▸ G, 16개월

제 마음속에는 아이가 이런저런 걸 원하리라는 고정된 그림이 있어요. 하지만 아이는 고정된 존재가 아니에요. 계속해서 자라나니까요. 아이에게 맞춰나가기가 쉽지 않더라고요. ▸▸ G, 2살

다시 말해서 엄마는 아기가 보내는 '신호'를 알아들으면 모든 기대를 내려놓아야 합니다. 자기 아이에 대해서라면 엄마는 할 얘기가 많습니다. 엄마들의 이야기를 들어보면 아기들의 요구사항과 관련된 복잡한 그림이 나타납니다. 이 복잡한 그림은 아기 하나하나를 위한 청사진이 되지는 못하더라도 유용한 길잡이는 되어줄 수 있습니다. 내가 엄마들에게서 전해 들은 경험담은 놀랍게도 윤곽이 매우 또렷합니다.

그 이야기들 속에는 일관성이 있습니다.

엄마들의 이야기를 들어보면 아기는 자신이 원하는 걸 열정적으로 요구합니다. 그렇다면 아기들이 가장 원하는 것은 무엇일까요? 이번 장에 인용된 개별 사례들을 살펴보면, 어떤 패턴이 나타납니다. 그것도 아주 또렷하게요. 엄마는 아기가 (놀이나 안전이나 음식이나 위안보다) 바쁜 생활 속에서 자기를 위한 여유 공간을 남겨놓기를 바란다고 말합니다. 아기는 엄마가 자기를 반겨주기를, 서로가 서로에게 귀 기울여주기를, 좋을 때나 나쁠 때나 함께할 수 있기를, 모든 활동에 참여할 수 있기를, 제대로 된 인격체로 대접받기를 바랍니다. 아기들은 '아기' 대접을 받는 것을 그렇게 반기지 않습니다. 아이들은 엄마 아빠가 계속해서 자신에게만 주의를 집중하면 달가워하지 않는 듯합니다. 대신 부모가 뭔가에 열중하고 있는 모습을 유심히 지켜보기를 아주 좋아하는 것 같습니다. 즉 아기는 부모에게 어렵기는 하지만 불가능한 요구를 하지는 않습니다.

아기를 위한 여유 공간을 마련하는 일은 상황에 맞게 조정할 수 있는 목표입니다. 특정한 전제조건에 얽매이지 않습니다. 엄마들은 자기가 처한 상황에 맞게 목표를 설정합니다. 이 목표 앞에서 엄마들 사이에서 분열과 불화를 조장하는 요소들, 예컨대 엄마의 직장 유무, 모유 수유 여부,[57] 수면 교육 방식 등은 모두 사소한 문제가 됩니다. 건강한 아기라면 그런 요소들이 어떤 식으로 겹치든 대체로 잘 적응합니다. 아기가 엄마에게 바라는 것은 그보다 더 근본적인 것입니다. 특정한 행위라기보다는 엄마가 자신을 진심으로 소중하게 대해주고 자신의 관심사를 엄마의 관심사처럼 생각해주는 것입니다.

이런 이야기는 육아서에 등장하지 않을 때가 많습니다. 육아서는 더러 아기를 욕심 많고 만족할 줄 모르는 존재로 그립니다. 아기가 많은 것을 바란다는 말은 사실입니다. 피상적으로 이런 모습은 탐욕스러워 보일 수 있습니다. 그렇지만 그토록 열성적인 아기도 결국 만족하는 단계에 이릅니다. 엄마가 아기의 목소리가 아니라 전문가의 목소리에만 귀를 기울이면, 아기는 '요구가 무척 많아' 보일 수 있습니다. 아이가 언제 먹고 싶어 하는지, 언제 잠잘 준비가 되었는지는 오직 아기만 확실하게 알 수 있습니다. 아기를 관찰해본 엄마라면 아기들의 수유 시간과 수면 시간에 일정한 간격이 있다기보다는 각자 개인적인 패턴을 따른다는 사실을 알게 됩니다. 그러면 아기는 만족할 줄 모르는 게 아니며, 그런 행동을 보이는 게 당연하다고 말합니다.

이처럼 아기의 요구사항을 알아내는 과정에는 적절한 명칭이 없습니다. 하지만 앞서 3장에서 보았듯이, 이것은 엄마가 해내야 하는 기본적인 일입니다. 잠깐 동안은 아기의 행동을 '꾸준히 살펴보면서' 그럭저럭 대응해나갈 수 있습니다. 초보 엄마는 아기가 배고파하는 시간, 활달하게 노는 시간, 졸려 하는 시간을 꾸준히 살펴보고자 애씁니다. 그다음에는 아기도 엄마의 행동을 살피면서 엄마가 어떤 사람인지 배워갑니다. 엄마에게 이해를 받는 아기는 계속해서 엄마와 의사소통을 이어나가는 반면, 울어도 아무도 신경써주지 않으면 아기가 의사표현을 덜 한다는 사실을 엄마는 알아차립니다.[58] 그렇다고 아기를 이해하려는 노력이 항상 엄마와 아기에게 능사라는 뜻은 아닙니다. 하지만 때로 그 과정에서 서로 간에 깊은 신뢰가 쌓입니다. 갓 태어난 아기를 먹이고, 재우고, 깨우면서 기본적인 의사소통을 하는 행위는 나중에 아기가 더 복잡한 소망을 드러낼 때를 대비하는 과정입니다.

오랜 세월 동안 운 좋게도 엄마들이 아기를 세세하게 살피면서 알게 된 사실들을 전해들을 수 있었습니다. 그 이야기들을 명쾌하게 정리하기란 무척 어렵습니다. 그래서 그 이야기들을 작은 표본 자료처럼 몇 가지로 유형화하여 선별해보았습니다. 이 작업은 균형 잡힌 관점이 아니라 흥미로운 관점을 제시하려는 시도입니다. 엄마들이 모은 이 이야기 속에, 아기는 욕심이 많고 자기중심적이라는 고정관념에 반대되는 이야기가 충분히 포함되어 있기를 바랍니다.

출산 직후 아기는 생존하는 방법을 배워야 합니다. 숨쉬기, 젖 먹기, 사레들리지 않고 삼키기 등 아주 기본적인 기술을 배워야 합니다. 엄마들은 아기가 성장해가는 모습과 아기가 자신의 신체 발달을 즐거워하는 이야기를 들려줍니다.

애는 한시도 가만히 있지 않아요. 앉으려고 안간힘을 쓰고, 늘 제가 자기 몸을 지탱해주기 바라죠. 눕혀두려고 하면 엄청 칭얼거려요. 꼭 "눕히지 마! 난 아기가 아니란 말이야!"라고 말하는 것 같아요. ▸▸ B, 4개월

아이는 매사에 즐거워요. 일어서기도 좋아하고 다리에 빳빳하게 힘을 주는 것도 좋아해요. ▸▸ B, 5개월

아이는 배밀이를 하고, 이제 막 기려고 해요. 그래서 바닥에 내려놓을 때면 속으로 '힘내라 우리 아기, 할 수 있어!'라고 속삭이게 되죠. 하지만 그러다가 아이가 기기 전에 필요한 기술을 완전히 익히려는 모습을 보게 돼요. 배밀이로 물건 위를 오르기도 하고, 이쪽저쪽으로 기우뚱거리다가 다시 앉기도 해요. 그 모습을 보고 있으면 시간 가는 줄 몰라요. 그래서 느긋

하게 앉아서 감탄하면서 바라보죠. 아이가 얼른 기도록 채근하지 않길 잘 했어요. 그랬으면 이런 모습을 모두 놓쳐버렸을 테니까요. ▸▸ B, 6개월

아기들이 참 느긋하다는 사실을 아세요? 저희 아이는 늘 새로운 것을 시도해요. 이걸 해보다가 안 되겠다 싶으면 다른 걸 해보러 가죠. 성공했을 때도 그렇게 기뻐하는 내색을 내비치지 않아요. 마치 원래부터 할 줄 알았다는 듯이요. ▸▸ G, 8개월

아기에게 '원하는 것'이 없다고 주장하는 사람들도 있습니다. 그들은 만일 아기가 울면, 그것은 아기에게 뭔가가 필요하기 때문이라고 말합니다. 이런 사고방식을 강력하게 지지하는 사람이 지그문트 프로이트입니다. 프로이트는 갓난아기들이 길들지 않은 본능에 지배받는다고 주장했습니다. 그는 "아기들이 말을 할 수 있다면, 그들은 단언코 인생에서 가장 중요한 행위는 엄마 젖을 빠는 일이라고 대답할 것이다"[59]라고 주장하기까지 했습니다. 프로이트의 견해를 아주 피상적으로 받아들이는 사람들은 아이가 '먹는 것에만 관심이 있다'고 말하기도 합니다.

그런데 과연 엄마들도 그렇게 생각할까요? 엄마들은 오랜 시간 아기들에게 젖을 먹이며 다른 엄마들과 수유 방법에 대해서도 많은 이야기를 나눕니다. 사람들은 엄마들의 경험담이 프로이트의 견해를 뒷받침해주리라고 생각합니다. 하지만 그렇지 않습니다. 엄마들은 다른 이야기를 합니다. 물론 아기는 먹어야 합니다. 아기는 태어난 지 다섯 달 동안 체중을 두 배로 불려야 하지요. 수유는 중요한 행위이고 다행

스럽게도 아기들 대부분은 수유를 좋아합니다. 하지만 그 밖의 수많은 행위에도 관심이 있는 듯합니다. 갓난아기를 기르는 엄마들은 내게 이런 얘기를 들려줬습니다.

저는 임신 중에 매일 아름다운 첼로 연주를 들으면서 휴식을 취했어요. 요즘은 첼로 연주를 틀어놓으면 아이가 울고 있다가도 금세 차분해져요.

▸▸ G, 3주

저희 아이는 평소에 베이비짐을 갖고 놀아요. 그런데 어느 날 정신을 집중하더니 거기에 달린 물건을 치는 요령을 터득해내더라고요. 그렇게 한 시간을 놀고는 잠에 빠져들었죠. 그런데 잠을 너무 오래 자니까 걱정되었죠. 수유 시간이 한참 지나도록 잤거든요. 결국 조산사에게 전화를 걸었고 조산사가 집으로 와주었어요. 조산사는 아기에게 아무런 문제가 없다면서, 너무 신나게 놀아서 피곤해하는 것뿐이라고 말했죠! ▸▸ B, 7주

한 엄마가 눈이 보이지 않는 아기를 키우는 친구의 집에 갔던 일을 얘기해준 적이 있습니다. 이 엄마가 집으로 돌아가려고 했을 때 친구가 말했습니다. "얘가 널 보고 웃네." 엄마는 그때 일을 떠올리며 이야기했습니다.

그럴 리가 없다고 생각했어요. 아이는 제 얼굴을 쳐다보지도 않았거든요. 아이가 앞을 보지 못한다는 사실을 잊고 있었어요. 지금 생각해보면 아이는 저와 친구가 이야기하는 소리를 듣고 미소 지었던 거예요. 그러니까 저를 향해 미소 지은 셈이죠. ▸▸ 두 아기 모두 3개월

가슴에 종기가 난 적이 있어요. 의사가 모유 대신에 분유 수유를 권하더군요. 처음에는 수유 방식을 바꾸면 아이와의 관계에 변화가 생길지도 모른다고 생각했어요. 제가 아이에게 특별한 의미가 없는 존재가 될 것만 같았죠. 하지만 그렇지 않았어요. 아이와 저의 관계는 수유 방식이 아니라 양육과 이해에 기반을 두고 있었어요. 저는 아이를 진정으로 **이해하는** 사람이에요. 아이는 제게 자기가 뭘 원하는지 분명하게 알려줘요. ▸▸ G, 4개월

위 엄마들에 따르면 갓난아기는 본능에 충실한 존재가 아닙니다. 갓난아기는 어리기는 하지만 복잡한 인격체입니다. 아기의 본능을 채워주는 일과 아기를 하나의 인격체로 받아들이고 돌보는 일은 엄연히 다릅니다. 인격체는 동류의식을 불러일으킵니다. 동류의식은 부모가 수고스럽고 잠도 제대로 못 자는 육아 생활을 이어나가도록 도와줍니다. 또 부모가 그저 편한 방법이 아니라 스스로 옳다고 생각하는 방법으로 육아를 해나가도록 힘을 북돋아주기도 합니다.

아기가 엄마에게 전달하는 메시지는 아주 단순합니다. 아기는 엄마와 함께 있을 때가 가장 행복하다는 메시지를 전달합니다. 이것은 겉보기에는 단순한 요구처럼 보이지만, 실제로는 그렇지 않습니다. 엄마가 가는 곳마다 아기가 따라다닌다면, 엄마는 한 손으로는 아기를 안고 나머지 한 손으로 볼일을 봐야 합니다. 엄마가 만일 인형을 안고 있다면 그 모습은 이상해 보일 것입니다. 하지만 동류의식을 느끼는 인격체라면 이야기가 달라집니다. 흔히들 엄마는 자기 자녀에 관해 이야기할 때, 어른이 다른 어른에 대해 이야기할 때처럼 배려하는 모습을 보입니다.

아이가 혼자 있는 걸 싫어해서 제가 화장실에 갈 때도 데려가야 해요. 그래서 이제 저는 한 손으로 바지를 능숙하게 내릴 수 있고, 그러면 아이는 제 무릎 위에 서 있어요. ▸▸ G, 3개월

저희 아이와 함께 자는데, 아침이면 아이가 제 코를 잡아당기며 저를 깨워요! 그럴 때면 어린 시절이 생각나요. 아침이면 침대에 누워 비몽사몽 하던 때가요. 아기들은 곁에 사람이 있어야 활기가 도는 것 같아요.

▸▸ G, 8개월

아기는 엄마와 함께 시간을 보내면서 정말 많은 걸 배웁니다.

아이가 계속해서 "이꺼!"라는 말을 해서 저런 말은 도대체 어디서 배운 건지 궁금했었어요. 그러다가 제가 '이거'라는 말을 자주 한다는 걸 깨달았어요. 그때 아이가 저를 관찰하면서 많이 배우고 있다는 사실을 알아차렸죠.

▸▸ B, 7개월

어느 날 밤 남편에게 "지금 몇 시야?"라고 물었어요. 그랬더니 아이가 자기 손목을 쳐다보더라고요. 물론 아이에게는 손목시계가 없어요. 그렇지만 아이가 말귀를 알아듣는다는 사실이 무척 놀라웠어요. ▸▸ G, 15개월

한 엄마는 아직 두 돌이 채 지나지 않은 딸과 집에 돌아왔을 때의

일을 이야기해줬습니다. 그때 엄마의 머릿속에는 문득 피아노를 연주하고 싶다는 생각이 떠올랐습니다. 딸이 아주 느릿느릿 걸어서 모녀가 집에 도착했을 때쯤 엄마는 더는 기다릴 수가 없었습니다. 엄마는 코트를 훌렁 벗어 던지고 곧장 피아노 앞에 앉았습니다. 평소에 딸은 엄마가 뭘 하든 같이하기를 원해서 엄마는 딸이 옆에 와서 앉으리라고 생각했습니다. 하지만 딸은 자기 방으로 갔고, 방 안에서 부스럭거리며 뒤적이는 소리가 났습니다. 얼마 후 딸이 다시 나타났을 때, 딸은 고풍스러운 모자를 의기양양하게 쓰고 있었습니다. 그러고는 엄마 곁으로 쪼르르 달려와 피아노 앞에 바짝 붙어 앉고는 피아노를 연주하기 시작했습니다. 엄마는 그 순간 자기가 코트는 벗어 놓았지만 모자는 아직 쓰고 있다는 사실을 깨달았습니다. 딸은 그 모습을 보고 피아노 연주를 할 때는 모자를 꼭 써야 한다고 결론 내린 게 틀림없었습니다. 아이는 이유를 묻지 않았습니다. 그저 엄마가 모자를 썼으니 자기도 써야 했던 것입니다.

세상에는 이 엄마가 취한 행동을 표현해주는 단어가 없습니다. 엄마는 아기가 관찰할 수 있는 대상이 되어주었습니다. 아기는 엄마에게서 올바르게 행동하는 요령을 많이 배워두어야 합니다. 미리 말해두지만 지금 여러분에게 전하는 이 말은 처방전이 아닙니다. 아기와 완벽한 관계를 형성하기 위해서 엄마가 아기 옆에 온종일 붙어 있어야 한다는 뜻도 아닙니다. 이 사례는 아기와 오랜 시간을 함께 보내는 엄마들이 수유 이외에도 많은 일을 해내고 있음을 보여줍니다. 엄마와 아기는 다방면에 걸쳐 관계를 형성합니다. 낮에 밖에서 생활하는 엄마라면 분명 아기와 관계를 맺는 자기만의 방식을 찾아낼 것입니다.

요즘 아기들은 배워야 할 것이 많습니다. 아기들은 자기를 사랑해주는 사람들을 관찰하면서 계속해서 배워가는 듯합니다. 그들에게는 온갖 학습 과제가 주어집니다. 아기들은 사랑과 배움을 따로 구분하지 않습니다. 그 두 가지를 하나로 합칩니다. 이렇게 두 가지를 결합하는 행위가 아기들에게 큰 의미가 있는 듯합니다.

엄마는 아기가 많이 배우고 있다는 사실은 눈치를 채면서도, 아기가 엄마에 관해서도 많이 알아간다는 점은 눈치채지 못할 때가 있습니다. 이 두 가지 행위는 밀접하게 연결되어 있습니다. 엄마는 자기도 모르는 사이에 허용하는 것과 허용하지 않는 것에 명확한 기준을 세웁니다. 그리고 인내심을 발휘하다가 어느 순간 인내심을 잃기도 합니다. 또한 표정과 어조와 행동으로 자신이 중요하게 생각하는 가치가 무엇인지를 아이에게 내비칩니다. 아기는 이 모든 체계 속에서 배워갑니다.

우리가 아주 오래전부터 함께 즐긴 행위 중에는 음악이 있습니다. 음악을 즐기는 행위는 주로 노래에서 시작합니다. 평소에 노래를 잘 부르지 않는 엄마도 아기에게는 노래를 불러줍니다. 나는 이제껏 아기에게 노래를 불러주지 않는 엄마를 한 사람도 만나보지 못했습니다. 아기에게 노래를 불러주느냐고 물어보면 엄마들은 대개 이렇게 대답합니다. "그다지 많이 부르지는 않아요.", "노래 같지 않은 노래일지도 모르지만 어쨌거나 아이는 좋아해요!", "저는 그냥 우스꽝스럽게 불러줘요. 다른 사람 앞에서는 창피해서 부를 수가 없는 노래들이죠."

목욕 후에 아이가 약간 칭얼거릴 때 노래를 불러줘요. "이제는 양말을, 양말을, 양말을 신겨줄게"라는 식으로요. 그러면 아이가 좋아하더라고요.

▸▸ B, 3개월

〈곰 세 마리〉를 불러주면 아이가 따라 불러요! ▸▸ G, 3개월

제가 그때그때 하는 행동을 노래로 바꿔서 불러줘요. 다른 사람 앞에서 부르면 제정신이 아니라고 생각할 그런 노래들이죠. 하지만 아이가 그런 노래를 좋아하고, 또 노래를 부르면 아이는 제가 어디에 있는지 알 수 있어서 집안일을 더 많이 할 수 있어요. ▸▸ B, 3개월

라디오를 켜놓으면, 아이는 스피커에 손을 대고는 소리를 잡으려는 듯이 손을 이리저리 흔들어대요. ▸▸ G, 6개월

이건 아이의 북이에요. 가장 좋아하는 장난감이죠. ▸▸ B, 14개월

음악을 향한 욕구는 타고나는 듯합니다. 런던에는 아기들을 위한 음악 단체가 있습니다. 설령 단원들이 아기라고 해도, 음악 단체는 홀로 노래를 부르는 엄마보다 더 다양한 소리를 만들어낼 수 있습니다. 그러나 흥미롭게도 엄마들은 정해진 시간에 특정 음악 단체를 찾아가기보다는 일상생활 속에서 노래를 불러주며 아이와의 음악 생활을 시작합니다.

아리스토텔레스는 '인간이 멜로디와 리듬에 대한 능력을 타고나며', 이러한 능력이 시의 탄생으로 이어진다고 주장했습니다. 아리스토텔레스는 인간이 어려서부터 모방을 즐기며, 사물을 묘사하는 행위에서 즐거움을 맛본다고 생각했습니다.[60] 아리스토텔레스에 따르면, 시는 한 가지 사물과 다른 사물의 유사한 점을 인지하는 인간의 능력에서 비롯

됩니다.

엄마들의 목격담은 우리가 아주 어려서부터 이러한 능력을 발휘한다는 점을 보여줍니다. 그림을 그릴 수 있거나 제법 복잡한 생각을 문장으로 표현할 수 있게 되기 전에 우리는 한 가지 사물이 다른 사물과 비슷하다는 점을 인식합니다. 이런 성향이 아주 잘 드러난 생후 21개월 아이의 사례가 생각납니다. 아이가 개구리 인형을 손가락 위에서 뱅그르르 돌리자 인형이 네 다리를 옆으로 쭉 뻗으며 회전했습니다. 그러자 아이가 엄마를 바라보면서 외쳤습니다. "엘리코터다!" 엄마가 "맞네, 헬리콥터 같네" 하면서 맞장구를 쳐주었고, 아이는 만족스러운 표정을 지었습니다.

이 사례는 특히 컴퓨터 기술이 아이들의 상상력을 말살한다는 최근 연구 결과에 반박 근거가 됩니다. 상상력은 아이가 컴퓨터를 만지작거리는 시기보다 훨씬 이전에 발전하는 듯합니다. 엄마들의 이야기를 들어보면 아기들은 두 살 이전에 음악가나 시인으로 자라날 자질을 기른다는 사실을 알 수 있습니다.

또 다른 주요 의사소통 방식에는 농담이 있습니다. 음악을 감상하고 상상력을 발휘하며 즐거움을 맛보는 능력과 마찬가지로, 농담을 이해하는 능력도 아주 어려서부터 나타나는 듯합니다. 재미있게도 농담을 주제로 아주 매력적인 책을 쓴 프로이트는 "아이들에게는 유머 감각이 없다"고 주장했습니다.[61] 프로이트는 자신의 견해를 뒷받침하는 증거를 제시하기는 했지만, 안타깝게도 자기주장을 너무 강하게 했습니다. 엄마들의 이야기를 들어보면, 놀랍게도 아기들은 아주 일찍부터 유머 감각을 터득합니다. 우리는 말문을 트기 한참 전부터 웃는 법을 배웁니다.

남편이 방 안으로 들어왔어요. 막 머리를 감은 터라 머리에 빨간색 수건을 두르고 있었죠. 아이는 그 모습이 의아했나 봐요. 그때 남편이 수건을 걷자 아이는 그 사람이 아빠라는 걸 깨달았는지 갑자기 까르르 웃었어요.

▸▸ B, 2개월

남편이 손가락 인형 놀이를 했어요. 손가락에 인형을 끼우고는 우스꽝스러운 목소리로 이야기를 했죠. 아이가 그렇게 깔깔거리며 웃는 모습을 본 건 그때가 처음이었어요. 어찌나 크게 웃던지, 그 모습을 보고 우리도 따라 웃었죠.

▸▸ B, 7개월

아이는 기침을 하는 척하며 장난을 치다가 혼자 웃음을 터트리며 우리도 웃기를 기대해요.

▸▸ B, 14개월

아이한테는 자기만의 유머 감각이 있어요. 한 번은 자기가 쓰는 작은 모자를 고양이한테 씌웠어요. 그러고는 그 앞에 서서 깔깔거리며 웃었죠. 그 자리에 함께 있지 않았다면 그 모습을 놓치고 말았을 거예요. 아이는 고양이에게서 모자를 벗기고는 다른 놀이를 하러 갔어요.

▸▸ G, 15개월

엄마들의 이야기에서 아기들이 아주 어려서부터 의사소통을 시작한다는 점도 발견할 수 있습니다. 일부 육아서나 기사는 아기의 반응을 이끌어내는 특별한 방법을 소개합니다. 하지만 그런 방법이 필요할까요? 엄마들은 '대화'를 시작하는 쪽은 아기라고 말합니다. 아기와의 대화는 긴 과정을 거쳐서 언어를 사용하는 형태로 발전해갑니다.

엄마 아이가 안아달라고 부탁했어요.

나 그걸 어떤 식으로 표현하던가요?

엄마 자기 등을 동그랗게 구부리면서요. ▸▸ B, 4개월

아이는 자기 목소리를 이제 막 발견한 듯이 소리를 지를 때가 있었어요. 그러더니 요즘은 말에 억양이 생겼더라고요. 이제는 한 문장을 다 말하고 나서 조금 쉬었다가 다시 말을 이어나가요. ▸▸ B, 7개월

아이에게 젖을 잘못 줘왔나 싶은 적이 있었어요. 아이가 젖을 달라고 운 적이 없는 걸 보면, 젖을 정말로 원한 게 아니었는지도 몰라요. 전 늘 아이에게 젖을 물렸어요. 하지만 시험 삼아 젖을 물리지 않아 보고서야 아이가 굳이 울 필요가 없었다는 사실을 깨달았어요. 약간 칭얼거리는 식으로 조그만 신호를 보내기만 해도 제가 그 신호를 알아차렸으니까요. ▸▸ B, 7개월

아이는 욕실에서 나가고 싶으면 수건을 가리켜요. 또 아침에는 커튼을 가리키는데, 그러면 커튼을 걷고 하루를 시작하죠. 하지만 아이가 뭔가를 가리킬 때 제가 그게 무슨 뜻인지 알아차리지를 못하면 아이가 무척 화를 내요. 제가 자기 말을 제대로 이해해주기를 바라는 것 같아요. ▸▸ G, 11개월

아이와 대화다운 대화가 가능해요. 이제 세 살밖에 안 되었지만 말하는 걸 들어보면 세 살짜리가 아니에요. 자기 **생각을 분명하게** 표현하거든요.

▸▸ G, 3살 & B, 3주

이 모든 과정은 엄마(혹은 보호자[62])가 아이의 의사를 알아듣고 서로 소통하는 것에 달려 있습니다. 남들은 전혀 알아듣지 못하는 말도 엄마는 능숙하게 알아듣습니다. 엄마는 아이의 의사 표현을 아주 분명하게 알아차립니다. 그래서 엄마와 의사소통할 때 아이는 자기가 소통을 잘하고 있다는 자신감을 느낄 수 있습니다.

아기는 자신의 요구사항만 전달하지는 않습니다. 자신이 원하지 **않는** 것도 적극적으로 표현합니다. 출산 후 엄마는 아기가 무서워서 우는지 화가 나서 우는지 구별하는 방법을 터득합니다. 몇 개월만 지나도 아기는 엄마가 자신을 이해해준다는 사실을 알아차리는 듯합니다. 그러면 무서울 때 내던 울음소리가 의사소통 수단으로 발전합니다.

엄마 어느 날 밤, 아이가 겁에 질려서 비명을 내질렀어요.

나 겁에 질렸다는 건 어떻게 아셨나요?

엄마 전 **알아요.** 아이가 겁에 질렸다는 게 고스란히 느껴지거든요.

▸▸ G, 6주

저희 아이도 어느 날 밤 비명을 질렀어요. 저는 아이가 배가 고픈가 보다 생각했어요. 그러다가 곧 아이가 악몽을 꾼 게 틀림없다는 생각이 들었어요. 잠에서 깨지 않았거든요. ▸▸ G, 2개월

아이는 제 친구가 "우!" 하고 말하면 웃곤 했어요. 하지만 지금은 예전보다 예민하게 굴면서 울음을 터뜨려요. ▸▸ B, 8개월

골수를 기증하기로 결심한 적이 있어요. 마음이 편안했고 두렵지도 않았어요. 그때 저는 아이를 무릎에 올려놓고 있었고, 아이가 상황을 알아차리리라고는 생각지 않았어요. 하지만 간호사가 바늘을 찔러 넣었을 때 아이가 마치 자기가 아프기라도 한 듯이 새된 소리로 비명을 질렀어요. 누군가가 저를 아프게 하는 게 싫었던 모양이에요. ▸▸ G, 13개월

위 엄마들은 아기의 마음을 이해하고 아기가 느끼는 두려움에 공감합니다. 반면 아기의 마음은 이해하지만 그 마음에 공감하지 못하는 엄마들도 있습니다. 한 엄마는 생후 8개월인 딸이 '낯가림'을 한다는 사실을 알게 되었고, 그 점이 못마땅했습니다. "낯가림이 버릇될까 봐 걱정이라서 어릴 때 싹을 잘라내야겠어요"라고 말했습니다. 그녀는 딸이 모르는 사람과 함께 지내도록 하고 있으며, 그 과정을 '치료'라고 말합니다.

많은 엄마는 어려서부터 화를 내지 말라는 말을 들으며 자랍니다. 엄마들은 아이가 두려워할 때보다 화를 낼 때 돌보기가 더 벅차다고 말합니다.

저는 화난 감정을 표현하는 데 서툴러요. 아이가 화를 낼 때면, 저는 마음속으로 친정엄마가 제게 "방에 가서 마음이 가라앉을 때까지 나오지 말거라"라고 말씀하셨을 때 느꼈던 감정을 억눌러야 해요. 엄마는 제 얘기를 한 번도 들어주지 않으셨어요. ▸▸ G, 6주

엄마 1 요즘 들어 아이가 엄청나게 화를 내는데, 아무리 달래도 화가 가라앉지 않을 때가 있어요. ▸▸ G, 5개월

엄마 2 저는 이따금 아이가 화를 내도록 놓아두고 어느 정도 거리를 두는 게 중요하다는 결론을 내렸어요. 함께 있어 주면서 그 자리를 떠나지 않는 것도 중요하고요. 대체로 그럴 때는 누군가가 잘못을 한 게 아니에요. 더러 아이들은 성가신 일이 있어서 화가 났을 뿐이에요. ▸▸ B, 18개월

아기들은 의사소통법을 터득해가는 동안 지적 자극을 충분히 받지 못하면 따분함을 느낄 수도 있습니다. 수많은 책에서 아기에게 자극을 주는 방법을 소개해왔습니다. 집에서 '빈둥빈둥' 시간을 보내거나, 외출이라고는 장을 보러 나간 일밖에 없을 때면 죄책감을 느낀다고 말하는 엄마들이 있습니다. 하지만 아기들에게 매일 일정량 자극이나 흥미거리를 줄 필요는 없을지도 모릅니다. 아기들은 주변을 관찰하고 엄마 곁에서 놀 때, 엄마와 가까이 있되 각자의 활동에 몰입하고 있을 때 행복해 보입니다.

보통 이렇게 독립적으로 노는 모습은 아기가 넘어지지 않고 혼자 앉아 있을 수 있는 시기에 나타납니다. 그때가 되면 아기는 두 손으로 자유로이 탐험에 나설 수 있습니다. 엄마들은 갓난아기의 호기심을 불러일으키기가 그다지 어렵지 않다고 말합니다. 누구나 한 번쯤 아기에게 고심 끝에 고른 값비싼 장난감을 선물했는데, 정작 아기가 관심을 보이는 건 장난감이 아닌 포장지였던 경험을 해본 적이 있을 겁니다. 장난감을 가지고 노는 능력은 이 시기보다 훨씬 더 나중에 가서야 발달하는 듯합니다.

애는 쌀 포대를 좋아해요. 부스럭거리는 게 재미있는 모양이에요. 일반적인 장난감은 금방 시들해지더라고요. ▸▸ G, 5개월

아이는 자기 몸집만 한 시리얼 상자를 갖고 놀아요. 가장 좋아하는 장난감이죠. ▸▸ G, 6개월

'필요를 채워줘야 하는 단계'에서 '원하는 걸 요구하는 단계'로 넘어갔어요. 요즘은 자기가 원하는 것을 누가 가져가면 화를 내요. 갓난아기였을 때라면 가져간 사실을 알아차리지도 못했을 텐데 말이에요. ▸▸ B, 7개월

아이가 원하는 걸 다른 곳에 치워 놓으면 아이는 몇 시간이 지나도 그 장소를 정확히 기억해내고는 그쪽을 가리켜요. ▸▸ B, 12개월

요 녀석은 집요해요. 아이가 나이프를 쥐어보고 싶어 할 때면 저는 나이프를 치우고 주의를 다른 곳으로 돌려보려고 하는데, 제 마음대로 되지 않더라고요. 그렇게 하면 엄청 화를 내죠. 나이프를 원할 때는 나이프를 주는 것 외에는 방법이 없어요. ▸▸ G, 13개월

아기가 점점 스스로 행동하는 데서 즐거움을 느끼기 시작하면, 갖가지 충돌이 발생할 수 있습니다. 오해가 생기는 것입니다. 예컨대 엄마가 도와주려고 나섰을 때 아기는 혼자 힘으로 해내고 싶은 마음에 무척 불쾌한 기색을 드러내기도 합니다. 이 시기의 아기는 엄마가 자기 이를 왜 닦아주는지, 기저귀를 왜 가는지, 그런 활동을 왜 중요하게

여기는지 이해하지 못합니다. 그중에서 가장 어려운 문제는 엄마가 세워 놓은 '실내' 생활 규칙과 '실외' 생활 규칙 사이의 차이점을 이해하는 일입니다. 엄마들은 부모로서의 권위를 다지는 요령을 터득하기 전에 아이와 충돌하는 때가 있다고 말합니다.

> 아이와 서점에 간 적이 있었는데 애가 선반에서 책을 끄집어내더라고요. 집에서야 그렇게 하도록 두지만 "이곳에서는 그러면 안 돼" 하고 아이에게 말해줬죠. 제가 책을 제자리에 꽂으니까 아이가 화를 냈어요. 안아주려고 해봤지만 몸을 버둥거리면서 품에서 빠져나갔어요. 나중에 그 일에 대해서 생각을 해봤어요. 집에는 양말 서랍장이 있는데 아이는 그 안에 든 양말을 모조리 끄집어내기를 좋아해요. 그러고는 독특한 소리를 내면서 양말을 도로 다 집어넣죠. 생각해보면 그때 서점에서도 책을 다시 제자리에 꽂고 싶었던 듯해요. 하지만 그건 판매용이었는데, 아이는 그 점을 이해하지 못했죠.
>
> ▸▸ B, 11개월

부모는 아이를 책임져야 하지만, 아이가 혼자할 수 있다고 판단되는 만큼 조금씩 뒤로 물러나야 합니다. 아이들은 계속해서 더 독립적으로 생활하고자 하지만, 이런 요구는 때로 허세에 불과할 수 있습니다. 엄마들은 어린아이에게 너무 일찍, 너무 많은 짐을 지우는지도 모릅니다.[63] 특히 아이더러 낯선 사람이 가득한 방 안에서 딱 1분만 (하지만 아이는 얼마나 기다려야 하는지 모르는 상태로) 기다리기를 바란다든가, 아이가 갖고 놀고 싶어 하는 장난감을 다른 아이가 가지고 있을 때

참을성 있게 차례를 기다리라고 요구한다든가, 다른 사람을 아프게 했을 때 '미안해'라고 말하기를 바랄 때 그런 모습이 나타납니다. 아이는 아직 이 복잡한 사회가 낯섭니다. 엄마들은 자신이 당연하게 여기는 원칙들이 아이가 아직 이해하지 못하는 완전히 새로운 개념이라는 점을 깨닫지 못해서 실수할 때가 많습니다.

아기들은 복잡한 생활 규칙을 하나둘 알아가면서 그 안에 타당한 일관성이 있기를 기대합니다. 아기들은 자신이 보기에 공정하지 못한 일들에 이의를 제기하고 분통을 터트립니다. 제대로 설명할 수 있기도 전에 아기들은 엄마가 마음을 바꾸거나 자기와 뜻이 달라 보이면 거세게 화를 냅니다.

어쩌면 이것은 분노 발작의 원인을 일부 설명해줄지도 모릅니다. 사람들은 흔히 분노 발작이라고 하면 화를 아주 강하게 표출하는 상태라고 생각합니다. 그 견해에는 분노 발작의 특징적인 요소가 빠져 있습니다. 분노 발작을 보이는 아이는 극도의 분노 상태를 보입니다. 달래주려는 손길을 대체로 뿌리칩니다. 그리고 훌쩍거리면서 이런 식으로 말하기도 합니다. "그네 한 번 더 탈래! 엄마! 제발! 한 번만!" 하지만 아이가 원하는 게 정말로 그네를 타는 것뿐일까요? 아이는 분명 그네를 타고 싶어서 울고 있는 게 맞을 겁니다. 그러나 어쩌면 처한 상황은 무척 복잡한데, 아이가 아직 자기 생각을 제대로 표현하는 능력을 갖추지 못한 것일지도 모릅니다.

보통 아이들에게 물어보면 아이들은 자기가 제대로 이해받지 못한다고 느낍니다. 아이는 의도와 다르게 '말을 듣지 않거나 버릇 없는 아이'로 낙인찍힌 듯한 기분에 휩싸입니다. 어쩌면 앞서 그네를 타던 아이는 이미 그네를 여러 번 타다가 엄마에게 당당하게 다섯 번째로 그네를 타겠다고 요구했는데, 엄마가 "안 돼!"라고 말하면서 버럭 짜증을 냈을지도 모릅니다. 아이의 기분을 상하게 하는 것은 엄마의 말투이지 그네를 타지 못하는 것이 아닙니다. 아이 입장에서는 엄마가 갑자기 알 수 없는 이유로 자신에게 화를 내는 것입니다. 아이는 억울하지만 자기가 아는 단순한 어휘로는 그 미묘한 감정을 표현하기가 어렵습니다. 그러니 이 난처한 상황 속에서 성질을 부리는 것도 이해가 됩니다. 만약 엄마가 아이를 오해하고 아이를 나쁘게 생각한다는 사실을 눈치챈다면, 엄청난 타격이 됩니다. 아이는 필사적으로 엄마와의 관계를 바로잡고자 합니다. 여기서 중요한 점은 사건의 발단으로 보이는 물건이나 대상이 아니라 엄마와 아이 사이의 관계입니다.[64]

아이의 마음을 속속들이 아는 엄마는 아이의 복잡한 고충을 해결해줄 수 있습니다. 아이가 처한 난처한 상황을 헤아려주면, 아이의 마음은 마법처럼 누그러집니다. 서로에 대한 이해를 다져나가면, 엄마와 아기는 함께 조화로운 시간을 보낼 수 있습니다. 그런 관계는 무척이나 자연스러워 보여서 엄마가 자기 역할을 수월하게 해내는 듯한 인상을 주기도 합니다. 하지만 조화로운 관계는 엄마가 그동안 기울인 노력에 바탕을 둡니다.

이런 관계는 아이가 무척 어리고 미숙하다고 해도 우정의 일종으로 볼 수 있지 않을까요? 우정의 본질을 자세히 파헤친 아리스토텔레스는 "선천적으로 부모는 자식에게, 자식은 부모에게 우정과 같은 감정을 느낀다"고 말합니다.[65] 18세기의 유명 페미니스트 메리 울스턴크래프트Mary Wollstonecraft 역시 비슷한 결론을 내립니다.[66] 아이들이 부모에게 바라는 것은 돈독한 우정인 듯합니다.

아이와 우정을 맺은 엄마는 아이가 갑작스레 아플 때 이런 관계가 특히나 중요해진다는 점을 깨닫습니다. 엄마는 아기가 아주 어려서부터 보이는 무척이나 세심한 모습을 보고 깜짝 놀랍니다.

저는 지난주에 독감을 앓았어요. 항상 '내가 아프면 아이는 어떻게 돌보나'라는 생각을 해왔어요. 아이가 제가 엄마 역할에서 완전히 벗어났다는 사실을 알아채는 것 같더라고요. 아이는 침대 옆에서 조용히 놀기만 했고, 저한테서 관심을 받으려는 기색을 일절 보이지 않았어요. ▸▸ B, 11개월

둘째를 임신한 후 매일 몇 차례씩 구토를 하던 한 엄마는, 그럴 때면 첫째 아이가 늘 곁을 지켜주고자 한다는 사실을 깨달았습니다.

첫째는 늘 화장실에 함께 가줘요. 자기만의 조촐한 의식도 있어요. 제가 화장실에 있는 동안 티슈를 뽑아 들고는 제 손을 잡아주죠. 물을 내리고 변기 뚜껑을 덮으면 제가 코를 풀도록 도와줘요. 그렇게 몸을 추스르고 나면 아이를 향해 미소를 지어주죠. ▸▸ B, 12개월

한 달 동안 몸이 몹시 아픈 적이 있어요. 2주 내내 침대에 누워 있었죠. 공원에도 못 가고 재밌게 놀아주지도 못해서 아이가 언짢아할지도 모른다는 생각이 들었어요. 그렇지만 아이는 놀랍도록 적응을 잘하더라고요. 제가 외출을 하지 못한다는 사실을 이해하는 듯한 모습을 보였고, 제가 자리를 털고 일어나자 무척 기뻐했어요. ▸▸ B, 15개월

위 엄마들은 몸이 아픈 상황에서도 솜씨 좋게 대처했습니다. 나는

그들의 이야기를 들으면서 자기가 아이에게 짐이 되었다는 기색을 내비치지 않았다는 점이 인상적이었습니다.

엄마들은 보통 자신이 아이 마음을 알아줬을 때 아이가 얼마나 기뻐하는지는 이야기를 하지 않습니다(그런 일이 매우 자주 일어나니까요). 그럴 때 아이들은 눈이 반짝반짝 빛나거나, 웃으면서 허벅지를 치는 등 무척 소중한 경험을 했다는 온갖 신호를 내보입니다. 그들은 우리 삶의 일부로 살아가는 삶과 엄마와 소통해나가는 삶을 즐거워합니다. 우리에게 우리가 아이를 만족시켜주고 있다는 이야기를 전해주고자 합니다.

9

모성애란 무엇일까요?

모성애를 바라보는 관점은 크게 오래된 것과 새로운 것 두 가지가 있습니다. 두 관점은 각자 자신이 옳다고 주장합니다.

오래된 관점은 사랑하는 마음에는 미워하는 마음이 없다고 봅니다. 그래서 어떤 엄마가 자기 아이를 미워한다면, 오래된 관점은 그 사랑을 잘못된 사랑으로 여기는 반면, 새로운 관점은 그 역시 사랑의 일부로 여깁니다. 어쩌면 이런 얘기가 말장난처럼 들릴지도 모르겠습니다. 하지만 모성애는 분명 육아에서 가장 중요하며, 초보 엄마는 자신의 모성애에 대해서 불안한 마음이 들곤 합니다. 초보 엄마가 아기를 충분히 사랑해줄까요? 사람들은 엄마라면 응당 아기에게 푹 빠져 있어야 한다고 생각하는가 하면, 아기를 사랑하는 엄마조차 때로는 아기를 미워할 수 있다고 생각하기도 합니다.

모성애에 관한 전통적인 관점은 오래전부터 전해져 내려왔지만 놀랍게도 이와 관련된 책은 그다지 많지 않습니다. 어쩌면 모성애는 너무나 명확해 보여서 굳이 자세히 설명할 필요가 없었는지도 모릅니다. 아이를 향한 엄마의 사랑은 아빠를 비롯한 다른 사람의 사랑과는 완전히 다르게 비추어집니다. 엄마와 아기의 관계는 특별하게 여겨집니다. 엄마는 아기를 배 속에 품고 있다가 아기를 낳고 아기를 먹입니다. 그것도 대체로 자신의 모유를 먹이지요. 그렇기에 모성애는 한결같고 따스하고 오래도록 단단하게 지속됩니다. 모성애는 전적으로 아이를 위하는 물리적이고 정신적인 힘을 말합니다. 사람들은 자기 자신보다 아이를 먼저 생각하는 엄마를 칭찬합니다. 전통적인 의미에서의 모성애는 사랑의 기준점으로 간주되어 오기도 했습니다. 사람들은 모성애를 부드러우면서도 강인하다고 여겨왔습니다. 아이가 잘못을 저지르면, 사람들은 엄마가 아이를 더 올바른 방향으로 이끌어 주리라고 기대합니다. 그 말은 엄마라면 아이를 사랑하는 마음을 잃지 않으면서 아이의 잘못을 눈여겨볼 줄 알아야 한다는 뜻입니다. 모성애는 침범할 수 없는 영역으로 여겨집니다.

혼란스럽기 그지없는 인류 역사 속에서 모성애에 대한 생각만큼은 한결같이 전해져왔습니다. 모성애는 아주 뜻밖의 상황 속에서 다시 수면으로 떠올랐습니다. 모성애는 엄마들을 전혀 위해주지 않는 사회 속에서 계속해서 융성하게 꽃을 피워왔습니다. 모성애는 엄마들의 행동으로 표현되므로 우리는 그 점에 확신을 품을 수 있습니다. 사람들은 오랜 세월 모성애를 주제로 글을 쓰고 그림을 그려왔습니다. 글과 그림 속에서 우리는 또렷하고 일관된 모성상像을 접할 수 있습니다.

예를 들어, 3000년 전 어느 이집트인 아버지는 성인이 된 아들에게 다음과 같은 글을 써 보냈습니다.

> 어머니께 드리는 음식을 두 배로 늘려드리고, 어머니가 너를 돌보신 것처럼 너도 어머니를 돌봐드려라. 어머니는 너를 기르느라 무거운 짐을 떠안았고, 한 번도 그 짐을 내게 미룬 적이 없다. 네가 산기를 다 채우고 태어났을 때 어머니는 너를 품에 안고 다니며 3년 동안 젖을 물렸다. 어머니는 네 변을 봐도 역겨워하지 않으셨고, 신세 한탄 한번 한 적이 없으셨다.[67]

이 글은 사람들이 엄마들의 어떤 면을 칭찬하는지 잘 보여줍니다. 엄마들이 이 기준을 충족하지 못할 때는 비난이 뒤따르기도 했습니다. 오랜 세월 대체로 남성이 출간한 시와 수필은 '현대' 여성이 아기를 유모에게 맡기는 일을 불평해왔습니다. 주로 앞선 시대에 각광 받던 이런 비평은 좋은 엄마라면 모유 수유로 자신의 사랑을 보여준다고 말합니다. 하지만 이 역시도 여성의 행동거지에 대한 비판입니다. 이런 글은 모성애의 본질에 관해서는 아무런 의문을 던지지 않습니다.

이와 같은 전통적인 견해에 제대로 된 반론을 펼친 사람은 다윈이나 프로이트같은 위대한 지성인입니다. 그들은 인간이 기본적으로 자신의 생존을 위해 애쓴다고 주장했습니다. 그들의 견해는 전통적인 모성상에 들어맞지 않았습니다. 프로이트는 엄마가 아기를 그토록 헌신적으로 사랑할 수 있는 이유에 대해서 의문을 품었습니다. 그는 엄마가 자기중심적인 자기애의 감정을 아기에게 전이하는 것이 틀림없다고 결론 내렸습니다.[68] 프로이트의 견해는 모성애를 일종의 **자기애**로 재정립합니다. 프로이트 이후의 정신분석가들은 아기가 사랑스러운 미소로 엄마를 매료할 때 모성애가 생겨난다고 생각했습니다.[69] 또 모성애는 생물학적인 반응으로, 특히나 엄마가 모유 수유를 할 때 몸에서 호르몬이 분비되면서 생겨난다는 의견이 제기되기도 했습니다.[70]

이 밖에도 사람들이 널리 받아들이는 견해가 하나 더 있는데, 나는 그것을 『엄마 고양이의 사랑The Way Mothers Are』이라는 동화책에서 요약된 형태로 접했습니다. 이 책에 등장하는 아기 고양이는 엄마 고양이에게 엄마가 자기를 왜 사랑하는지, 자기가 말썽을 부릴 때조차 자기를 사랑하는 이유가 무엇인지 계속해서 묻습니다. 그러자 엄마 고양이가 대답합니다. "네가 보기에는 네가 착하게 굴 때나 말썽을 부릴 때나 엄마가 너를 사랑한다는 거지? 엄마들은 원래 그런 마음으로 자기 아이를 사랑해. 내 새끼니까 언제나 사랑하는 거야."[71] 이런 견해는 모성애를 근본적으로 소유와 관련된 개념으로 봅니다. 사람들은 이런 주장들로 엄마가 아이를 위해 자신을 희생하는 이유를 설명하고자 합니다.

프로이트는 아주 좋은 질문을 던졌습니다. 아이가 말썽을 부릴 때든 아플 때든 엄마는 어떻게 매일같이 아이를 향한 사랑을 유지할 수 있을까요? 겨울이 유독 긴 북유럽의 미술계에는 '아픈 아이'라는 그림 주제가 있습니다. 그림 속에서 열이 나는 아이는 침대에 누워 있고 엄마는 촛불을 켜놓고 계속해서 아이를 보살핍니다. 엄마는 어떻게 그럴 수 있을까요?

엄마 아이가 이앓이를 하면서 계속해서 안겨 있으려고만 했어요. 그런 시기가 2주 동안 이어졌죠. 아이는 끊임없이 울었고, 저는 자세를 이리저리 바꿔가며 계속해서 아이를 안아줬어요. 막막했어요. 아무리 애를 써봐도 소용이 없었어요.

나 그렇게 힘들었는데 계속해서 아이를 돌봐줄 수 있었던 이유는 무엇이었나요?

엄마가 아이를 내려다보더니 살포시 미소 지으며 뭐라고 말을 합니다.

나 무슨 말인지 못 알아들었는데 다시 한번만 더 얘기해주시겠어요?

엄마 (작은 목소리로) 모성애가 아니었나 싶어요. ▸▸ B, 7개월

엄마에게 모성애가 힘겨운 시기를 계속해서 버티게 해주는 힘이라면, 모성애는 진심 어린 애정에 기반을 두는 걸까요? 아니면 엄마의 성향에 따라 결정되는 걸까요? 여성은 대개 엄마가 되는 시기에 이미 사람들과의 관계에 능숙합니다. 다양한 사람들을 알고, 그중에 더 마음이 맞는 사람들이 있습니다. 많은 엄마는 아기를 처음부터 하나의 인격체로 인식합니다.[72]

이 말은 엄마가 아기에게 느끼는 사랑이 저절로 일어나는 감정이 아니라 개별적으로 생긴다는 뜻입니다. 모성애는 호르몬이나 아기의 웃음에 대한 엄마의 반응이나 소유의 개념만으로는 제대로 설명되지 않습니다. 생물학은 모성애의 일부분을 설명할 수 있지만, 전체를 설명하지는 못합니다. 만일 생물학이 전부라면, '애愛'라는 단어는 적절하지 않습니다. 그 대신 우리는 본능을 논의해야 할 것입니다. 전 세계의 주요 언어가 엄마가 느끼는 감정을 '사랑'이라고 표현하는 점은 시사하는 바가 큽니다. 만약 모성애가 본능이 아니라 사랑이라면, 엄마가 자기 아이를 사랑하지 않을 가능성 혹은 위험성이 존재할 것입니다. 따라서 엄마의 사랑은 자기 아기를 열렬히 '긍정'하는 것입니다. 엄

마가 아이를 사랑한다면, 그것은 엄마가 그렇게 하기로 했다는 뜻입니다. 그래서 생물학적 이론은 전통적인 견해와 다른 입장을 취하고 있기는 하지만 전통적인 견해에 포함된다고 볼 수도 있습니다. 생물학적 원인은 엄마가 아이를 사랑하도록 이끌지만, 모성애를 결정짓는 요인은 아닙니다.

20세기에 접어들면서 전통적인 모성상에 더욱 근본적인 의문을 제기하는 사람들이 등장합니다(이와 관련된 내용은 우선 간추린 내용만 다루겠습니다. 더 자세한 내용은 이번 장 후반부에 실었습니다). 전통적인 모성상에는 엄마가 느끼는 부정적인 감정이 배제되어 있다며 이의가 등장한 것입니다. 그들은 아이를 전적으로 사랑하기만 하는 엄마는 없다고 말합니다. 엄마와 아이는 서로 힘겨루기를 합니다. 그 과정에서 아이는 끊임없는 요구로 엄마를 지치게 하는 존재로 묘사합니다.

이런 주장을 펴는 작가들은 전통 사회의 엄마들이 사회적 압력에 짓눌렸다고 주장합니다. 그들은 기대 수준이 상당히 높은 사회적 눈높이에 맞춰 행동해야 했습니다. 자신의 욕구는 제쳐놓고 바른 몸가짐으로 아이에게 헌신하는 모습을 보여야 했습니다. 이 주장을 펴는 작가들은 엄마들이 기대치에 미치지 못한다고 해서 죄책감을 느낄 필요는 없다고 말합니다. 엄마도 자신의 욕구를 헤아리고 독립성을 지켜야 한다고 조언합니다. 하지만 아이를 돌보면서 그러기는 쉽지 않습니다. 엄마는 아이를 사랑하면서도 아이가 정말로 미워지는 순간을 경험합니다. 엄마와 아이의 관심사는 상충합니다. 그래서 아이를 사랑하는 마음에는 불가피하게 아이를 미워하는 마음이 깃들어 있는 것처럼 보입니다. 이 견해에 따르면, 아이를 미워하는 마음을 엄마가 인정하고 받아들였을 때 엄마는 아이를 더욱 진솔하게 사랑할 수 있습니다.

오래된 견해가 갑작스레 도전을 받는 일은 흥미진진합니다. 모성애에 관한 이야기는 분명 아주 오래된 관심사 중 하나입니다. 이제는 위선이라는 혐의를 받고 법정에 오르게 되었습니다. 시시비비가 가려져야 할 것입니다. 모성애와 관련된 논의는 기소권과 방어권이 균형을 이루는 공정한 재판정에서 이뤄져야 할 것입니다. 하지만 지금까지는 기소자의 목소리만이 울려퍼지고 있습니다. 아무도 이 기소자의 목소리에 반대하는 주장을 내놓지 않고 있습니다.

남들과는 다른 모성애의 감정을 경험한 엄마들이 있다면, 그들은 왜 목소리를 내지 않는 걸까요? 한 가지 이유는 자신의 양가감정을 아는 엄마들은 대개 고통스러운 심정을 이야기하게 되기 때문일 것입니다. 자신은 일반적인 엄마들과 다른 감정을 느낀다고 말하면, 그 엄마는 무정하게 보일 것입니다. 앞서 언급한 엄마는 아이를 향한 사랑을 드러내기 부끄러워했고, 내가 물어보지 않았다면 그 마음을 보여주지 않았을 것입니다. 하지만 이보다 더 큰 이유는 아마도 엄마들이 스스로 확신하지 못하기 때문일 것입니다. 엄마들은 자기가 정말로 아기를 단 한 번도 미워한 적이 없는지 의문을 품을지도 모릅니다. 어쩌면 앞서 말했던 작가들이 엄마들보다 더 잘 알고 있을지도 모릅니다. 그들은 아이를 사랑하는 엄마들의 마음에 의문을 표하면서 엄마가 아이를 미워하는 마음을 억누르고 있어서 인식을 하지 못할 뿐이라고 이야기할 것입니다. 그렇다면 엄마는 자신이 어느 쪽에 속하는지를 어떻게 알 수 있을까요?

앞으로 살펴보겠지만 '양가감정이 섞인' 모성애는 몇몇 책과 신문 칼럼에서 처음으로 등장했습니다. 대개 요즘 엄마들은 아이가 미워지는 순간이 올 수도 있다는 점을 출산 교실에서 배웁니다. 이 사실에 엄마들은 어떤 반응을 보여왔을까요? 새로운 견해를 접해서 해방감을 느꼈을까요? 엄마마다 저마다 다른 반응을 보입니다. 분명한 건 새로운 주장이 오래된 견해를 완전히 대체하지는 못했다는 점입니다. 오래된 견해는 지금도 우리 곁에 있습니다.

엄마들은 흔히 임신 기간 동안 자기가 아기를 사랑하지 못하면 어쩌나 걱정을 합니다. 하지만 아기가 태어나면 많은 엄마가 양가감정을 느끼지 않고, 전통적인 방식의 사랑을 느낍니다. 개인적·문화적 차이를 허용했을 때, 엄마들은 대개 자신의 사랑에 '형태'를 부여하는 몇몇 감정을 언급합니다. 이 감정은 보편적으로 보입니다. 그 말은 엄마들이 이런 감정을 꼭 엄마의 엄마에게 배우지는 않았다는 뜻입니다. 요즘 엄마들은 대체로 아이에 대한 사랑을 직접 체험하고 나서야 그 사랑을 명확하게 알아차립니다.

엄마들의 이야기를 들어보면, 엄마와 아기의 관계는 둘 사이의 근본적인 차이에서 시작됩니다. 엄마는 갓난아기가 아는 유일한 엄마이니 엄마가 어떤 행동을 하든 받아들일 것입니다. 엄마는 아기와 완전히 사랑에 빠져들 것입니다. 아기가 자기도 똑같은 감정을 느낀다고 엄마에게 말할 수 있다면 얼마나 좋을까요. 하지만 아기와 함께 보내는 첫달의 상황은 다릅니다. 아기는 생존에 혈안이 된 모습을 보입니다. 아기는 엄마가 특별한 사람이라는 사실을 알아차리지 못하는 걸까요?

얼마 후 아기가 엄마를 알아보고 엄마에게 의지하기 시작하지만, 엄마의 너그러운 사랑이나 극진한 보살핌을 당연하게 여기는 듯한 모습을 보입니다. 몇 주 뒤 아기는 환한 미소를 짓기도 하는데, 거의 모든 사람을 향해 그런 미소를 짓습니다. 아기가 엄마를 아주 많이 사랑한다는 사실을 내비치는 시기는 그로부터 여러 달이 지나서일 것입니다. 아기가 그런 모습을 보일 때, 그 마음은 무척이나 진정성 있게 다가와서 아마도 그 즉시 엄마는 이제껏 기다려온 보람이 있다고 생각할 것입니다. 그 시기가 오기 전까지 엄마에게는 외롭고 불안한 순간들이 찾아올 것입니다.

엄마의 사랑이 즉각적인 보상으로 연결되지는 않는다는 뜻입니다. 엄마의 사랑은 처음에는 일방적이고 매우 강렬합니다. 초보 엄마들은 자신의 사랑에 깃든 온전한 힘에 깜짝 놀라기도 합니다. 그럴 때 그들은 마음이 아주 활짝 열리는 듯한 감각을 느낀다고 말합니다. 엄마는 이미 자신의 마음을 남편이나 먼저 태어난 아이들이나 반려동물에게 내주었다고 생각할는지 몰라도, 아기에게는 엄마에게 남은 미개척지를 열어젖힐 힘이 있습니다. 그런 경험을 해보지 못한 사람이라면 이런 이야기가 두려울지도 모르겠지만, 엄마들은 자신의 감정을 자부심과 경이로움이 묻어나는 목소리로 이야기합니다.

밤마다 힘겨워요. 하지만 아이를 바라보고 있으면 온전한 사랑을 느껴요. 시간이 정지한 것처럼요. ▸▸ G, 2주

문득 아이를 위해서라면 제 목숨도 기꺼이 내놓을 수 있다는 생각이 들었어요. 그러자 연이어 '내가 정말로 아이를 충분히 사랑해주는 걸까?' 하는 의문이 들더라고요. 그러고선 다짐했죠. '더 노력하자! 목숨을 내놓을 각오로 아이를 충분히 사랑해줘야지.' ▸▸ G, 2주

아이를 낳고 나서 처음 몇 주 동안은 아이에게 무슨 일이 생길까 봐 잔뜩

겁에 질려 있었어요. 울기도 많이 울었고요. 그건 지금도 마찬가지예요. 이제는 아이가 없으면 한순간도 못 살 것 같아요. ▸▸ B, 2개월

아이를 낳기 전에는 그다지 아기들을 좋아하지 않았어요. 아기에게는 눈길조차 준 적이 없어요. 관심이 없었으니까요. 그런 제가 아이를 이렇게 애지중지하게 될 줄은 **전혀** 몰랐어요. 놀라워요. ▸▸ G, 3개월

저는 난산이었어요. 아이를 낳고 나서는 멍한 상태였죠. 그러다가 아이가 생후 7주에 접어들었을 때야 아이와 사랑에 빠지기 시작했어요. 그건 마치 남편과 사랑에 빠졌을 때와 비슷했어요. ▸▸ B, 3개월

저는 아이를 무척 사랑해요. 처음부터 그랬던 건 아니에요. 그렇게 되기까지 오랜 시간이 걸렸죠. ▸▸ G, 7개월

엄마들이 사람들의 기대치에 맞추어 이야기를 마구 주워섬기지는 않는 듯합니다. 그들은 자신의 기대치를 넘어서는 감정을 이야기합니다. 아기에게 푹 빠져서 자기 자신을 완전히 버리는 듯한 모습을 보입니다. 육아 경험이 없는 사람이라면 이런 이야기를 듣고 두려운 마음이 생길 수도 있습니다. 하지만 이런 감정은 모유 수유를 하는 대다수 엄마의 모유가 넘치는 상황과 비슷합니다. 모유 양은 6주가 지나면 저절로 조절되며, 엄마가 자신의 관심사와 아이의 관심사 사이에서 균형을 맞추는 요령을 터득하기까지는 그보다 조금 더 긴 시간이 걸립니다. 하지만 처음부터 아이를 한없이 넓은 마음으로 사랑했기에, 이제

엄마는 아기에게 넘쳐흐르는 사랑을 느낍니다.

엄마는 아기에게 많은 것을 내주지만 아기에게서 받기도 합니다. 갓난아기는 세상이 낯섭니다. 엄마가 아기의 행동을 이해하기 시작하면서부터 엄마는 아기를 인격체로 대하고 아기도 엄마에게 인격체로서 반응하기 시작합니다. 엄마가 아기에게 말을 건넬 때 아기는 흥에 겨워 눈이 동그래집니다. 그럴 때 엄마는 '여느 엄마'가 아닌 아이만의 '특별한 엄마'가 된 듯한 느낌을 받습니다. 사랑은 이렇게 주고받으면서 꽃을 피웁니다.

아이를 있는 모습 그대로 사랑하는 것은 모성애의 보편적인 '모습' 중 하나입니다. 소아과 교수인 T. 베리 브래즐턴T. Berry Brazelton 박사와 아동 심리학과 교수인 버트런드 크레이머Bertrand Cramer 박사는 이와 다른 이론을 내놓았습니다. 그들은 이렇게 말합니다. "부모라면 누구나 아기에게 크게 실망하는 시기를 거치며, 이는 육아 과정 중에 흔히 생기는 일이다."[73] 그들의 주장은 일부 부모에게는 맞는 말이겠습니다만, 두 교수가 얼마나 많은 부모를 만나봤는지는 몰라도 그들이 모든 부모를 대변하지는 못할 것입니다. 그들의 주장은 독단적이어서 오류를 입증하려면 반대 사례를 하나만 들면 됩니다. 우리는 그런 사례를 주변에서 흔히 볼 수 있습니다. 이 세상에는 갓 태어난 아기에게 매우 만족한다는 이야기를 자연스럽게 꺼내는 엄마들이 많습니다. 확신컨대 이 엄마들이 아이에게 어떤 식으로든 '실망감'을 느꼈다면, 그와 관련된 일화를 언급했을 것입니다. 자신의 육아 경험담에 흥미를 더해줬을 테니 말입니다.

저는 딸을 낳고 싶어서 특별한 식단을 따랐어요. 사람들 말에 따르면 그 식단의 성공 확률은 80퍼센트였어요. 저는 아들을 원하지 않았거든요. 그러던 어느 날 초음파 검사를 받았고, 제가 아들을 임신했다는 사실을 알게 되었죠. 그렇지만 초음파 검사는 틀릴 수도 있으니까 속으로 뭔가 착오가 있겠거니 생각했어요. 분만대에 누워 있는 동안 저는 아이가 딸인 것처럼 말을 걸었어요. 간호사가 아들을 낳았다는 말과 함께 아이를 제 품에 안겨줬을 때 충격을 받았어요. 그러고는 아이를 바라봤는데, 그 순간 아이가 아들이건 딸이건 상관없었어요. 얼마나 예쁘던지요! 아이는 제가 고대하던 모습 **그대로**였어요!

▸▸ B, 6주

아기는 정말이지 완벽해요. 마치 광채가 뿜어져 나오는 것 같죠. 뭘 해도 예뻐요. 조그맣게 내쉬는 숨소리마저도요.

▸▸ B, 2개월

아이가 태어나기 전에는 걱정스러웠어요. 너무나 이기적이세도 아이가 완벽한 모습이 아니면 사랑해줄 수 없을 것만 같았거든요. 그러던 어느 날 욕조에 있는 아이를 보니 어깨 모양이 아쉽더라고요. 남편 어깨 모양 같았거든요. 속으로 생각했어요. '이런! 어깨 모양이 완전히 아빠를 빼다 박았잖아!' 그런데 그다음에는 그런 생각이 들더라고요. '그래도 나는 우리 딸을 **사랑해**.' 그 일이 있고 나서 제가 딸아이를 **정말로** 사랑한다는 사실을 깨달을 수 있어서 기뻤어요.

▸▸ G, 8개월

자기가 낳은 아이를 보고 흐뭇해하는 것은 모성애를 이루는 중요한 축인 듯합니다. 엄마들은 흔히 장애아를 낳으면 어쩌나 하고 걱정합니다. 엄마는 몸이 성치 않은 아이도 사랑해줄 수 있을까요? 장애아를 둔 몇몇 엄마들은 자신의 감정을 가슴 뭉클하게 털어놓습니다. 그들은 아이에게서 어떻게 장애라는 딱지를 떼어놓을 수 있었는지 설명합니다. 아이를 하나의 인격체로서 사랑하고 존중하며, 누군가가 아이를 모자란 사람 취급하면 화를 냅니다.[74]

한 몸으로 붙어 지낸 시간이 이런 감정을 더욱 드높입니다. 임신 기간에 엄마는 자신의 몸 안에 있는 아이를 느낄 수 있습니다. 엄마들은 아이가 태어나면 임신했을 때 느꼈던 그 따스한 신체 접촉을 얼른 다시 느끼고 싶다고 말하곤 합니다.

아이를 낳다가 꼬리뼈를 다쳤어요. 그래도 아이를 안고 있는 게 좋아요. 남편도 저도 둘 다 그래요. 정말 기분이 좋거든요. 아기를 안고 있으면 모든 걱정이 눈 녹듯 사라져요.

▸▸ B, 6주

우리 딸은 제 단짝이에요. 어딜 가든 함께하죠.

▸▸ G, 3개월

저는 아이와 함께 지내야 한다는 걸 몸으로 느껴요. 아이와 함께 있을 수 없을 때는 팔이 아프거든요.

▸▸ B, 7개월

모성애는 흔히 엄마가 아이에게 완전히 푹 빠진 모습으로 그려집니다. 하지만 엄마들에게 말을 걸어보면, 그들은 아이를 안고 있으면서도 대화 내용에 관심을 보이며 상대방의 말에 반응합니다. 그럴 때 엄마들은 아기의 존재를 잊고 있을까요? 그럴 리가 없습니다. 앞서 살펴봤듯이 엄마들은 아기들이 전하는 작은 신호를 파악해내는 요령을 터득합니다. 엄마들은 품 안에서 아기의 상태를 **느낄** 수 있기에 느긋하게 상대방에게 주의를 기울일 수 있습니다. 오히려 아이가 다른 곳에 가 있거나 **상대방**이 아이를 대신 안아주고 있을 때, 엄마는 눈에 띄게 걱정스러워 하며 대화에 집중하지 못합니다. 엄마가 아이를 편안하게 안고 있는 모습은 모성애를 대표하는 이미지입니다.

성경에 등장하는 「솔로몬의 재판」 이야기는 엄마들이 몸으로 느끼는 감정이 얼마나 강렬한지 단적으로 보여줍니다. 이야기 속에 등장하는 두 여성은 똑같이 자기가 살아 있는 아이의 엄마이며 죽은 아이는 상대 여성의 아이라고 주장합니다. 솔로몬은 쓸데없는 논쟁으로 시간을 낭비하지 않도록 지혜를 발휘합니다. 그는 살아 있는 아이를 반으로 갈라 반쪽씩 주겠노라고 말합니다. 솔로몬의 지략은 아이가 아니라 엄마들의 태도를 갈라놓습니다. 친엄마는 즉시 자신의 주장을 거둬들이고 아기를 온전한 상태로 '가짜' 엄마에게 주라고 간청합니다. 어떤 이유에선지 자신의 마음을 바꾼 것입니다.

고대 히브리어 성경에는 엄마가 마음을 바꾼 이유가 명확하게 표현되어 있지만, 영어로 번역한 구절에는 문제가 있어 보입니다. 17세기에 흠정역 성서(영국 국왕 제임스 1세의 명령으로 번역 위원 50여 명이 옮긴 성서 - 옮긴이)를 옮긴 번역 위원은 모두 남성이었는데, 그들은 그 구절을 엄마는 "아들을 생각하니 창자가 끊어지는 듯하여"라고 옮겼습니다. 이 번역문은 원문에 담긴 중요한 뉘앙스를 놓치고 있습니다. 히브리어 성경 구절을 문자 그대로 옮기면 엄마는 "자궁이 뜨거워지는 듯하여"가 됩니다. 엄마는 고작 며칠 전에 아기를 낳았습니다. 그녀로서는 자식을 죽인 여성에게 자기 아이를 내어주기가 몹시 싫었을 것입니다. 하지만 자궁이 무척 뜨겁게 달아오르는 듯한 감각이 느껴지자 그녀는 망설이지 않습니다. 이 이야기에서 흥미로운 점은 친엄마가 모성에서 우러나오는 반응을 보이리라고 솔로몬이 확신했다는 것입니다. 지혜롭게도 그는 엄마가 어떤 존재인지 이해하고 있었습니다. 솔로몬은 "이 사람이 친엄마다"라고 선언했고, 온 이스라엘 사람들은 솔로몬의 지혜로운 판결에 탄복했습니다.[75]

엄마들은 아이를 안고 싶은 욕구를 **강하게** 느낍니다. 더불어 잘 모르는 사람이 아이를 안아보고 싶다고 할 때 난처하다고들 말합니다. 아기 좀 안아보아도 되냐고 물어오거나 무턱대고 팔을 내미는 사람들이 있다면서 말입니다. 그럴 때는 예의상 거부 의사를 밝히기가 쉽지 않습니다. 그랬다가는 '소유욕이 강하다'거나 '예민하다'는 말을 들을지 모릅니다. 하지만 아기를 낯선 사람에게 내어줘도 될지 말지는 당연히 엄마가 판단할 일입니다. 그것은 아기에 대한 집착이 아니라 섬세한 배려입니다.

그때를 떠올리면 아직도 화가 나요. 아이가 생후 2주였을 때 시댁에 간 적이 있어요. 시댁에는 남편의 첫 아내의 어머니가 와 있었는데, 저더러 아이를 안아봐도 되냐고 묻더라고요. 저는 그 사람이 누군지도 **몰랐어요**. 그때 시어머니가 이렇게 말씀하시는 거예요. "**그럼**, 안아봐도 되지!" 내키지 않았지만 그렇다고 무례하게 굴 수도 없는 노릇이잖아요? 그 분은 자고 있는 아이를 오래오래 안고 있었어요. 정말이지 불쾌한 경험이었어요. ▸▸ B, 12개월 사람들이 저한테 물어보지도 않고 계속해서 아이를 만져요. 한 번은 화장을 짙게 한 여자가 허리를 숙이더니 아이에게 뽀뽀를 하는 거예요. 소스라치게 놀란 저는 "당장 손 떼세요!" 하고 소리를 질렀어요. ▸▸ G, 5개월

모임에 갔는데 어떤 여자가 아이를 안아보고 싶어 했어요. 저는 차마 거절하지 못했죠. 아이를 건네주자마자 도로 데려오고 싶었어요. 아이를 다시 달라는 말을 어떻게 해야 할지 모르겠더라고요. 바보같이 그 여자를 따라 방 안을 졸졸 따라다니기만 했죠. 쭈뼛쭈뼛하면서 아이를 다시 돌려달라는 말을 어렵사리 꺼내니까 그 여자가 아이를 건네주면서 이렇게 말했어요. "육아는 쉬엄쉬엄 하는 게 좋아요." 완전히 바보가 된 기분이었어요.

▸▸ G, 약 6개월

속 좁은 이야기일지도 모르지만, 시어머니가 아이를 안고 나면 아이에게서 시어머니 향수 냄새가 나요. 그러면 왠지 모르게 기분이 언짢더라고요.

▸▸ B, 약 6개월

하나같이 날이 선 반응들입니다. 하지만 중요한 문제입니다. 테레사 수녀는 캘커타 빈민가의 쓰레기 더미 속에 버려진 갓난아기를 데려오면서 "버림받는 것은 인간이 경험할 수 있는 최악의 질병이다"라는 말을 자주 했다고 합니다.[76] 보육 시설에서 자란 탓에 엄마의 사랑을 알지 못하는 한 고아는 감동 어린 말로 테레사 수녀의 말을 확인시켜줍니다. 그는 자신이 누리지 못한 경험에 대해 이렇게 말합니다. "아이는 엄마의 사랑을 받으면서 존재감을 키웁니다. 반면 나처럼 사랑받지 못하

고 자란 사람은 뿌리 없이 타인의 삶 속에서 이리저리 표류하는 듯한 느낌에 사로잡힙니다."[77] 그래서 엄마가 몸으로 느끼는 강렬한 감정은 모성애에서 중요한 부분을 차지합니다. 어린 시절 자신을 꼭 안아주던 어머니 밑에서 자란 사람이 과연 표류하는 듯한 기분에 휩싸일까요?

요즘에는 이렇게 몸을 가까이 맞대는 모성애가 그리 인기가 높지 않습니다. 엄마들은 친척이나 건강 전문가들에게서 아기와의 관계에서 '적당한' 거리를 둬야 한다는 말을 듣곤 합니다. 직장 고용주의 입장에 딱 들어맞는 주장입니다. 엄마 중에는 아기에게서 벗어나 휴식을 취한 덕분에 기력을 회복했다고 말하는 사람들이 있기는 하지만, 여전히 많은 엄마가 그러고 싶지 않다고 말합니다. 엄마들은 적어도 첫돌 무렵까지는 아이와 신체적으로 가까이 지내고 싶어 합니다. 복직하기로 한 엄마들 역시 마찬가지입니다. 경제적 이유에서 복직 의무를 따를 수밖에 없지만, 그 때문에 마음 아파합니다.

아이가 즐겁게 지내기는 하지만 저는 단 두 시간도 아이와 떨어져 있고 싶지 않아요. 그래서는 안 된다는 생각이 들거든요. 아무래도 전 아이한테 푹 빠졌나 봐요.

▸▸ B, 2개월

아이와 떨어지고 싶지 않아요. 다섯 달 뒤에는 복직을 해야 해서 남편과 함께 어린이집을 둘러보러 간 적이 있어요. 어린이집에서 나와 의자에 앉아 있는데, **눈물이 멈추지를 않더라고요.** 어린이집에서 내일이라도 당장 아이를 데려가고 싶어 하는 것 같았거든요.

▸▸ G, 6개월

아이를 낳기 전에 상상했던 엄마로서 제 모습을 지금 와서 돌이켜보면 우습기만 해요. 저는 아이가 생후 3개월쯤이면 어린이집에 가고, 저는 복직을 해서 주말마다 파티를 즐기리라 생각했죠. ▸▸ G, 11개월

저는 제 학위 논문을 계속 써나가고 싶었어요. 아이를 돌봐줄 좋은 분을 알게 되었거든요. 그런데 제 마음이 도대체 왜 이러는지 모르겠어요. 저는 아이를 다른 사람한테 맡기기 싫고, 아이 역시 저와 함께 있는 걸 좋아해요.

▸▸ B, 13개월

물론 모든 엄마가 이런 심정을 느끼지는 않습니다. 재미있는 점은 요즘 들어 아이와 신체적 접촉이 적은 생활은 '정상'으로 여겨지는 반면, 아이와 친밀감이 높은 엄마들에게는 문제가 있는 것처럼 여긴다는 것입니다. 아이를 다른 사람에게 맡기기를 꺼리는 엄마는 자신에게 '문제'가 있다는 이야기를 듣곤 합니다. 아기는 엄마와 떨어져 있어도 잘만 지낼 거라면서요.

그 말은 사실이 아닐 것입니다. 아이가 즐겁게 지내리라고 굳게 믿으며, 여가 시간을 주저하지 않고 즐기는 엄마는 거의 없을 것입니다. 아이를 떨어뜨려 놓고 싶지 않아 하는 엄마들은 아이를 홀로 떼어놓기에는 시기상조라는 신호를 알아차립니다. 엄마 없이도 아이가 즐겁게 생활하는 것처럼 보일 수도 있지만, 엄마는 그로 인해 치러야 하는 대가가 있다는 사실을 알아차립니다. 엄마와 아이가 다시 함께 지내는 시간이 되었을 때 그동안 쌓인 감정을 풀어내는 일은 두 사람의 몫입니다. 아기는 엄마 곁에서 마음이 누그러지면, 다른 사람과는 공유하

기 어려운 감정을 드러냅니다.

> 아이와 열 시간씩 떨어져 있는 건 너무 길어요. 제 말은 저한테 너무나 긴 시간이라는 뜻인데, 그건 그렇게 큰 문제가 아니에요. 문제는 아이에게도 너무나 긴 시간이라는 거죠. 여섯 시간이 지나면 아이는 저를 간절히 보고 싶어해요. 즐겁게 잘 놀기는 하지만…… 아이는 부족함을 느끼는 듯해요. 아이는 품 안에 머리를 파묻고는 젖을 빨아 먹는데, 아이에게 필요한 건 음식뿐만이 아닌 것 같아요.
>
> ▸▸ G, 12개월

그렇기에 다른 사람을 깎아내리는 말은 엄마들에게는 특히나 더 괴롭게 다가옵니다. 엄마로서 아이를 세심하게 살필 줄 아는 행동은 인정을 받기보다는 '신경과민'으로 여겨질 때가 많습니다.

모성에서 우러나오는 따스하고 자애로운 행동은 요즘 들어 '신경과민'이나 '심리적으로 건강하지 않은' 반응으로 낙인찍히기 일쑤입니다. 더불어 20세기 심리학계는 엄마가 사랑을 남용했을 때 아이에게 얼마나 큰 타격을 입힐 수 있는지를 보여줬습니다. 엄마는 아이를 과도하게 사랑하거나 유혹할 수 있습니다. 사랑을 (불가능한 조건이 붙은) 당근처럼 달랑달랑 흔들어 보이거나, 자기가 '가장 좋아하는 아이'에게만 사랑을 퍼붓기도 합니다. 엄마는 사랑을 숨길 수도 있고, 사랑하는 척 행동할 수도 있습니다. 엄마는 모든 사람 앞에서 자기가 아이를 '아주 많이' 사랑한다고 장담할 수 있지만, 아이를 있는 그대로 존중해 주기보다는 아이를 다른 사람의 기대치에 걸맞은 사람으로 만들어가는 일에 훨씬 더 집중하기도 합니다.

아이는 엇갈리는 메시지 속에서 상처받고 혼란스러울 수 있으며, 이 경험은 사랑을 바라보는 관점에 평생토록 영향을 미칠 수 있습니다. 지난 한 세기 동안 우리는 무엇이 엄마와 아이의 관계를 그르치는지에 관해서 더 많은 사실을 알게 되었습니다. 그러나 불행히도 우리는 훼손된 관계에 대해서만 많이 알게 된 듯합니다. 온갖 관계가 뒤죽박죽 뒤섞인 그 사례들 속에는 엄마와 아이가 더할 나위 없이 완벽한 관계를 이룬 경우가 수두룩합니다.

전통적인 모성애는 정말로 불가능한 이상에 불과할까요? 단순히 이성적인 관점에서 보자면 전통적인 모성애는 쉽지 않은 목표입니다. 몇 시간 동안 일을 하고 온 엄마는 온종일 아이를 안고서 죄책감에 시달려야 할까요? 엄마는 자기가 '적절한' 노력을 '적절한' 시간만큼 기울이고 있다는 사실을 어떻게 알아차릴 수 있을까요? 엄마는 자기가 느끼는 감정을 머리로 이해해보고자 의문을 품곤 합니다. 하지만 사랑은 가슴에 와닿는 것입니다. 가슴에 와닿는 감정은 진솔합니다. 그것은 소박하고 보드라우며 지식에 바탕을 둔 의혹에 짓눌리지 않습니다.

그렇지만 사랑은 쉽지 않습니다. 누군가를 사랑하려면 그 사람의 마음에서 우러나오는 소리를 듣고자 용기를 내야 합니다. 아이를 사랑한다는 이유로 모두가 완벽한 엄마가 되지도 않습니다. 완벽한 엄마는 이 세상에 존재하지 않습니다. 모성애는 아마도 엄마가 자신의 부족함을 더욱 잘 알아보게 해줄 것입니다. 완벽한 사랑이 있다면 그것은 아기에게는 너무나도 독한 칵테일 같은 것일지도 모릅니다. 엄마가 아이에게 진정으로 사랑을 느낄 때 그 사랑은 효력을 발휘합니다. 아이들은 사랑받을 때, 표정이 환하게 밝아지고 편안한 마음으로 자기 안에 깃든 가능성을 펼쳐보입니다. 아이들은 저마다 엄청난 잠재력을 타고 납니다. 하지만 엄마의 진심어린 사랑이 없다면 아이들의 잠재력은 제대로 꽃을 피우지 못합니다.

어떤 사람들은 시간이 지나면서 아이를 향한 사랑이 줄어든다고 말합니다. 엄마들은 아기의 풋풋함이 사라지는 시기가 되면 아이에 관한 관심이 줄어들지 않느냐는 질문을 받기도 합니다. 그런 기분을 느끼는 사람도 분명 있습니다. 그들은 갓난아기에게 다정하기 그지없는 마음을 열지만 시간이 지나면 그 문을 도로 닫아버리는 듯합니다. 아이가 커갈수록 그들의 어조에는 다정함이 줄고 짜증과 통명스러움이 더 많이 묻어납니다. 하지만 다행히 아이에 대한 사랑이 줄어들지 않는다고 대답하는 엄마들도 있습니다. 그들의 사랑은 오히려 깊어만 갑니다. 이것은 모성애에서 나타나는 또 다른 보편적인 특징 같습니다. 가장 좋은 모성애는 몇 주가 아니라 평생토록 강하게 지속됩니다.

아이가 태어났을 때 아주 황홀했어요. 그때 누군가가 들어와 "하하, 이건 그저 농담이었습니다"라고 말하며 아이를 데려가 버리면…… 저는 뭐라고 말해야 할까요? 그건……. 저는 아이를 사랑하지만, 그때는 제가 정말로 아이를 낳았다는 게, 이 아이가 **제 아이**라는 게 믿기지않았어요. 뭐랄까……. 옷 가게에서 두 사람이 스웨터의 팔을 서로 잡아당기는 것 같다고나 할까요. 저에게 지금 같은 감정이 생기리라고는 생각지도 못했어요.

▸▸ G, 약 4개월

저는 날이 갈수록 아이를 더 사랑하게 되었어요. 임신 중에 아이가 발길질

해도 좋았고, 갓 태어나서 연약하고 무기력했을 때도 사랑스러웠어요. 이제 아이는 저에게 친구 같은 존재고, 저는 아이와 많은 것을 함께 나눌 수 있게 되었어요. 아이를 향한 사랑이 무럭무럭 자라더니 이렇게나 커졌어요.

▸▸ B, 7개월

아이를 이보다 더 많이 사랑할 수는 없다고 생각했는데 그렇지 않았어요. 사랑은 점점 더 깊어져 가더라고요. 아이를 사랑하는 마음이 아이와 더불어 커가는 거죠.

▸▸ G, 11개월

정말 행복해요. 사랑하는 마음이 얼마나 큰지 말로 표현하기는 어렵지만, 두 아이가 있으니까 그 어느 때보다 집 안에 사랑이 충만한 것 같아요.

▸▸ G, 23개월 & B, 6주

사랑이 커지면 어떤 일이 일어날까요? 사랑은 커지는 만큼 더 도드라지게 보이지는 않습니다. 엄마는 아이를 더 많이 쓰다듬고 안아주고 뽀뽀를 해줍니다. 그러다가 아이가 커갈수록 엄마의 사랑은 아이에 대한 꾸준한 관심으로 나타납니다. 엄마는 아이에게 끊임없이 주의를 기울입니다.

저는 반응 속도가 엄청 빨라졌어요. 손이 닿지 않으리라고 생각했던 꽃병에 아이가 손을 뻗는다거나 하면 그런 모습이 눈에 더 잘 들어오더라고요.

▸▸ B, 9개월

아이가 오늘 처음으로 여섯 단어로 된 문장을 말했어요. 아이가 하는 말에 귀 기울이고 이해하려고 애를 썼더니 무척 피곤해져서 저녁 8시 반부터 계속해서 꾸벅꾸벅 졸게 되더라고요.

▸▸ B, 20개월

엄마들은 아이를 보는 와중에도 이런저런 집안일을 처리해내는 요령을 터득합니다. 하지만 그러고 나면 아이에게 충분한 자극을 주지 못한 것이 아닐까 걱정하기도 합니다. 엄마들은 남편이 집에 돌아오거나 손님이 집에 놀러 와서 아이와 즐겁고 활기차게 놀아주는 모습을 보면 자기가 잘못하고 있다는 생각이 들거나 질투심이 생길 때가 있다고 말합니다. 이런 모습은 아이와 긴 시간을 보내지 못한 사람에게서 특징적으로 나타납니다. 아기는 온종일 신나고 즐겁게 놀지는 못합니다. 엄마는 아기에게 지속적이고 꾸준히 관심을 기울입니다. 엄마는 자신이 느릿느릿 기울이는, 값을 매길 수 없는 사랑의 가치를 과소평가하기 일쑤입니다.

엄마의 사랑은 주로 아기를 안전하게 지키려는 노력에 쓰입니다. 아기가 연약한 존재라는 사실을 절감한 엄마는 많이 배워나가야 하고, 처음 접하는 낯선 상황을 끊임없이 마주해야 합니다.

아이가 어렸을 때 제가 발을 헛디뎌서 아이를 불에 떨어뜨릴 뻔한 적이 있어요. 그 찰나의 순간에 저는 아이만 무사할 수 있다면 무엇이든, 정말로 그 무엇이든 할 수 있다고 느꼈어요. 평소에 그런 느낌이 들지는 않죠.

▸▸ G, 8개월

엄마가 아이를 지키기 위해 놀라운 능력을 발휘한 사례는 무수히 많습니다.[78] 하지만 엄마는 일상생활도 대처해나가야 합니다. 일상생활은 사소한 일로 가득합니다. 그렇기에 엄마는 특히 더 잘해내야 한다는 생각이 들 때, 화가 나고 좌절감을 느낄 수 있습니다. 한 엄마는 이따금 자기가 해낸 일에 절대로 만족하는 법이 없이 '잔소리하거나 비난하는' 목소리가 들려오는 경험을 한다고 말했습니다. 그 엄마는 그 목소리가 자기 마음속에서 들려온다는 사실을 깨달았습니다. 아기에게는 불만스러운 구석이 없어 보였으니까요.

엄마 중에는 감정을 분명하게 표현할 줄 아는 사람이 있습니다. 그들은 감정에 휩쓸리지 않으며 그 감정을 헤아려볼 줄 압니다. 감정을 헤아려보는 과정은 감정 표현이 적은 엄마들에게는 더 어렵게 다가올 수 있습니다. 하지만 그런 엄마들 역시 감정을 세심하게 느낄 수는 있습니다. 더러 의사들이 "아이를 때리고 싶은 욕구를 한 번도 느껴보지 못했다고 말하는 엄마는 천사 혹은 거짓말쟁이이다"[79]라고 하는 경우가 있는데, 그런 이야기를 들으면 놀라울 따름입니다. 일부 의료계 종사자가 왜 그런 식으로 엄마들을 일반화하는 주장을 펴는지 의아합니다. 엄마 중에는 그런 욕구를 정말로 단 한 번도 느껴보지 못했다고 말하는 사람들이 있습니다. 그들을 거짓말쟁이로 낙인 찍을 이유는 없으며, 더불어 그들은 분명 천사도 아닙니다. 그들은 그저 화가 났을 때 아이에게 비난의 화살을 돌리기보다는 화가 나는 원인을 스스로 살필 줄 아는 평범한 여성일 뿐입니다.

일부 엄마는 문제를 일으키는 감정의 근원을 자신의 유년기에서 찾기도 합니다.

엄마 1 부모님은 제가 어렸을 때 매를 들지 않았어요. 하지만 제가 잘못을 저지르면 아무런 말도 없이 저를 사랑해주지 않았어요. 저는 그럴 때마다 정말 두려웠어요. 이제는 제가 아이에게 그런 모습을 보일까 봐 무서워요.

▸▸ G, 8주

엄마 2 저도 그 마음 알아요. 저도 요 조그만 아이한테 그럴 때가 있거든요. 그런 반응이 순식간에 나오고 말죠.

나 그럴 때는 어떻게 대처하세요?

엄마 2 음, 자신에게 그런 면이 있다는 사실을 알아차린다면 이미 변화가 생긴 거예요. 그렇지만 저는 사과를 해요. "미안해, 우리 아가. 엄마가 또 실수했네. 엄마는 널 무지무지 사랑해. 정말이야." ▸▸ B, 7개월

두 엄마는 모두 유년기 경험이 현재의 감정에 영향을 준다는 사실을 깨달았고, 큰 도움을 받았습니다. 똑같은 행동이 다시 반복적으로 나타났을 때도 그들은 자신의 잘못을 바로잡을 수 있었습니다.

엄마와 아기의 관계는 서서히 발전합니다. 관계 형성은 서로를 알아가고 이해해가는 일에 달려 있습니다. 두 사람은 전혀 다른 존재이지만 서로를 알아가고 이해해가는 과정에서 삶을 공유합니다. 이해는 신뢰를 낳고 신뢰는 두 사람이 서로를 편안하게 느끼게 해줍니다. 우리는 저마다 복잡하고 미묘한 존재입니다. 그렇기에 엄마와 아기 사이에서 이렇게 아름다운 관계가 발전해나간다는 것은 무척 경이로운 일입니다.

모성애에는 한 가지 역설이 뒤따르기도 합니다. 엄마는 자신이 하는 모든 일을 '아기를 위한' 것으로 여길 수 있습니다. 하지만 엄마가

맞이한 새로운 삶은 엄마에게도 도움이 됩니다. 엄마들은 아이를 사랑하면서 세상 물정에 더 밝아지고 영혼이 더욱 충만해지는 경험을 한다고 입을 모읍니다. 강렬한 모성애는 종교적 경외심과 유사합니다. 엄마는 아이를 바라보면서 경이로움에 빠져들기도 합니다. 삶의 새로운 면에 눈을 뜨기도 합니다. 엄마들은 자신을 넘어서는 것, 선하고 영원한 것, 완전하고 본질적인 것에 감동 받는다고 말합니다. 모성애에는 한없이 내어주는 행위와 한없이 받는 행위가 뒤섞여 있는 듯합니다.

하지만 모든 엄마가 같은 경험을 하는 것은 아닙니다. 아기를 위해 앞으로 많은 일을 해내야 한다는 생각에 두려움을 느끼는 엄마들도 있습니다. 느끼는 심정은 앞서 5장에서 다루었습니다. 아기가 울 때, 그들은 아기의 요구사항에 집어삼켜지는 듯한 느낌을 받습니다. 이 감정은 그들이 아이를 사랑하는 방식에 커다란 영향을 미칩니다.

엄마들은 자신이 처한 상황이 "아이를 사랑하기는 하지만……"이라는 세 마디로 표현된다고 말합니다. 아이를 향한 사랑이 단절되는 순간이 있는 것입니다. 그 순간이 찾아오면 엄마는 더는 아기와 신뢰 속에서 안온함을 주고받기 불가능하다고 여깁니다. 자신이 온전히 베풀기만 한다는 생각이 드는 것입니다. 엄마가 뒤로 물러나면 엄마와 아기는 반대편으로 갈라져 각자가 원하는 것을 얻기 위해 다툼을 벌여야 할 듯한 기분을 느낍니다.

이런 딜레마는 '양가감정'이라는 정신분석학 용어를 바탕으로 전통적인 개념의 모성애에 이의를 제기한 작가들이 언급해온 것입니다. 그들이 제시하는 몇몇 주장은 서로 맞물려서 하나의 커다란 견해를 이룹니다. 그들의 주장은 사회로 퍼져나가 '여론'을 형성했고, 적어도 한 세대 동안은 엄마들에게 영향을 미쳤습니다. 나 역시도 영향을 받았던 적이 있습니다. 아이가 태어난 지 며칠밖에 되지 않았을 때, 나는 남편에게 아이에게 화가 난다고 말했습니다. 남편은 "왜 그러냐?"고 물었고 나는 이유를 들려줬습니다. 하지만 그건 다소 조잡한 대답이었습니다. 진짜 이유는 당시 내가 엄마라면 화를 내도 된다고 믿었기 때문이었습니다. 나는 내가 당시에 유행하던 '솔직한' 엄마라는 사실을 입증하고자 아이에게 화를 내야 한다고 여겼습니다. 지금 와서 돌아보면 참 이상한 생각을 했구나 싶습니다.

육아서를 읽으면서 그런 견해가 어디에서 비롯되었는지를 알게 되었습니다. 몇몇 영향력 있는 책과 기사가 양가감정이 깃든 모성애를 다루고 있습니다. 그와 관련된 책이나 기사는 계속해서 등장하며, 그래서 나는 이번 장을 몇 번씩 고치며 인용문을 추가했습니다. 나는 충분한 사례를 확보하고 독자들이 그런 사례를 보며 자기 자신을 되돌아볼 수 있도록 엄마들이 나눈 대화 내용보다는 출간물에서 관련 내용을 찾아 인용했습니다. 관련 자료는 이 책에 다 싣지 못할 정도로 많지만, 그들을 하나로 묶어주는 몇몇 공통 주제가 있습니다.

만약 모성애와 관련해서 새롭게 제기된 견해가 타당하다면, 모성애와 관련된 오래된 의견은 수정되어야 합니다. 반면 양가감정이 모성애의 보편적인 특성이라는 주장에 오류가 있다면 누군가가 나서서 그 오류가 무엇인지 설명해줘야 합니다. 나는 이와 관련된 연구 문헌은 읽지 않았기에 이번 장의 주제를 활용해 이 문제에 접근해보고자 합니다.

엄마들이 "아이를 사랑하기는 하지만……"이라는 말을 꺼내면, 대체로 다음과 같은 말이 이어집니다. "제 생각도 좀 해야죠", "경계선을 그어놓아야 해요", "적당한 한계가 있어야죠" 한계선은 엄마가 뒤로 물러날 여지를 줍니다. 그러면서 엄마의 관심사는 아기에서 자기 자신에게로 돌아옵니다. 이 같은 일시적 변화는 육아에 도움이 될 수 있습니다. 어쩌면 오래전부터 아기가 뭘 원하는지 도무지 알 수 없는 교착 상태에 빠졌을 때 사용해오던 방법일지 모릅니다. 엄마의 눈에 아이가 화를 돋우는 존재가 되어버리면, 엄마는 먼 하늘을 바라보면서 인고의 세월을 보내는 모든 엄마들게 연민을 느끼며 한숨을 내쉽니다.

10분 동안 스스로 마음을 추스른 엄마는 다시 힘을 내면서 '애가 저렇게 보챈 건 아침 내내 내가 바빴기 때문일지도 몰라'라고 생각합니다. 엄마는 다시 아이의 마음이 이해하기 시작합니다. 다른 사람을 이해하는 행위는 다른 사람을 사랑하는 마음의 밑바탕이 됩니다. 하지만 아무리 노력해도 아이의 마음을 이해하지 못한다면 엄마는 어떻게 될까요? 좌절감에 휩싸입니다. 엄마는 계속해서 의미 있는 이유를 찾아 나서거나 아니면 포기하는 단계에 이를지도 모릅니다. 아이가 아무런 이유 없이 운다고 결론 내립니다. 이유를 찾으려고 더 애쓸 필요가 없다고 생각합니다. 그때부터 엄마의 목표는 아이의 마음을 이해하는 것이 아니라 아이를 통제하는 것으로 바뀝니다.

호주 작가 수전 존슨Susan Johnson은 이와 같은 절망감을 굵은 글씨에 구두점을 거의 찍지 않고 표현했습니다.

> **그만 좀 해라. 그만 그만 그만 그만 내가 할 수 있는 만큼 했고 아는 만큼 애썼어 할 수 있는 모든 걸 다 동원해봤다고 그런데도 넌 여전히 말을 듣지 않고 가만히 누워서 눈을 감으려 하지 않지. 도대체 원하는 게 뭐니? 넌 어디서 온 거니? 시간이니 공간이니 에너지니 하는 게 아무런 의미도 없는 곳에서 온 거니?**[80]

이 글을 읽어 보면 아이가 계속해서 우는 이유를 이해하지 못하는 엄마의 고충이 느껴집니다. 나 역시 엄마인 탓에, 완전히 지친 상태로 아이 앞에서 어쩔 줄 몰라 하는 엄마들이 안쓰럽습니다. 하지만 아이가 울음을 그치지 않는다면 거기에는 그만한 이유가 있지 않을까요? 존슨의 책에는 그와 관련된 몇몇 단서가 담겨 있습니다.

존슨은 앞에 사소하지만 중요한 단서를 적어놓았습니다. 그녀는 아이가 '아직도 젖을 먹을 때 보챈다'고 말합니다. 그 말은 모유 수유를 할 때 아이가 적절한 자세로 안겨 있지 않음을 의미하는지도 모릅니다. 불편한 각도로 안긴 아이는 더 편한 자세를 취하려고 '몸부림'치는데 안타깝게도 이것을 보채는 행위로 오해한 것입니다. 잘못된 자세로 안긴 아이는 젖을 강하게 빨지 못하는데, 그러면 엄마의 가슴은 충분히 자극받지 못하게 되며, 모유량이 줄어듭니다.

책장을 넘기다 보면 당연하게도 모유량이 부족하다며 걱정하는 대목이 나옵니다. 나는 모유 수유 상담가로 일해봤기에 수유 자세를 올바로 취하기가 무척 어려울 수 있다는 점을 잘 알고 있습니다. 원인을 파악하면 문제 해결에 큰 도움이 됩니다. 수유할 때 아이가 올바른 위치에 오도록 안아주지 못하면 아이는 당연히 불편해합니다. 원인을 파악하면 아이는 불가해한 존재가 아닙니다. 엄마는 여전히 수유 자세를 올바르게 취하기가 어려워서 심란할지도 모르지만, 이제는 아이의 마음이 이해됩니다. 아이를 계속해서 사랑해주기가 더 수월해집니다.

존슨은 아이가 특정한 이유에서 울고 있다는 생각에 점점 더 확신을 잃어갑니다. 그러다가 결국 스스로 명확하다고 생각하는 결론에 이릅니다. "경험상 갓난아이는 종이에 떨어진 잉크 자국과 같아서 엄마의 인생 가장자리에 스며들고는 하얀 공간을 모조리 잠식해간다."[81]

이렇게 걱정스러운 마음을 정확하게 표출하는 사람은 그녀가 등장하기 전에도 있었습니다. 『더이상 어머니는 없다』를 쓴 에이드리언 리치Adrienne Rich는 엄마로 사는 동안 "자신의 욕구는 아이의 욕구 앞에서 늘 뒷전이었다"[82]고 회상합니다. 『출산 이후의 삶Life After Birth』을 쓴 케이트 파이지스Kate Figes는 "아이는 선천적으로 이기적이어서 요구사항에 끝이 없으며, 모든 요구를 다 들어주기는 불가능하다. 그렇게 해줘서도 안 되니 결국 엄마는 수락과 거절 사이를 오가게 된다"[83]고 주장합니다. 이와 더불어 그녀는 "아이의 요구사항에는 끝이 없으며, 엄마와 아이는 서로 엇갈리는 욕구를 안고 함께 살아간다. 아이는 가만히 놓아두면 엄마에게서 단물을 죄다 빨아먹을 것이다"[84]는 말도 덧붙입니다. 커스크의 책 『엄마가 된다는 것에 대해A Life's Work, On Becoming a Mother』에는 선명한 묘사가 등장합니다. "5분 뒤 아기는 다시 울고 나는 아이의 만족할 줄 모르는 그 새빨간 구멍을 물끄러미 바라본다."[85]

이와 같은 현상은 아기를 바라보는 다양한 접근 방식의 출발점입니다. 이러한 딜레마 자체는 새롭지 않습니다. 과거에 아기의 욕구를 제대로 이해하지 못해서 엄마들이 아이를 '만족할 줄 모르는' 아이로 여기던 시절에는 아이의 '만족할 줄 모르는' 면을 버릇이 없거나 올바르지 못한 행동으로 여기는 풍조가 있었습니다. 당시 부모들은 아이가 어느 정도 나이를 먹으면 근엄한 자세로 아이에게 인내하고 순종하는 법을 가르쳐야 했습니다. '신중한' 체벌은 특히나 도덕적인 판단에 따라 엄마의 실망감을 표현하는 수단으로 사용되었을 것입니다.

요즘은 양상이 더욱더 복잡해졌습니다. 프로이트는 엄마와 아기를 바라보는 새로운 관점을 선보였습니다. 프로이트는 자신이 어린아이의 본능적 욕구라고 여기는 것들에 대한 이론을 제시했습니다. 그러면서 엄마에게는 새로운 역할이 주어졌습니다. 이제 엄마는 아이를 도덕적인 어른으로 이끌어주는 지혜로운 여성의 자리에서 밀려났습니다. 프로이트의 관점에서 보면, 엄마는 아기의 욕구 발달에 대응하는 요령을 정신분석학자들에게 배워야 합니다. 엄마들의 지위가 변하기 시작한 것입니다.

엄마들의 지위는 영국의 정신분석학자인 위니콧에 의해 한 번 더 변화를 겪습니다. 위니콧은 정신분석학에 관심이 많은 근면한 소아과 의사였습니다. 안타깝게도 위니콧은 멜라니 클라인Melanie Klein에게 영향을 받았습니다. 클라인은 아기의 행동에 대한 자신의 견해를 입증된 사실인 것처럼 얘기했고, 아이가 없던 위니콧은 클라인의 의견에 지나치게 감명을 받은 듯합니다.

위니콧은 클라인의 견해를 전적으로 수용했고, 이를 바탕으로 엄마들이 느끼는 감정에 관한 자신의 견해를 형성해 나갔습니다. 한 논문에서 그는 정신분석가들이 왜 내담자를 증오할 때가 있는지를 설명하면서 엄마들이 느끼는 감정을 부수적인 주제로 다루다시피 했습니다. 그가 쓴 논문은 널리 알려졌습니다. 그 논문은 다음과 같이 위니콧 특유의 경박한 어조로 쓰였습니다. "아기는 무자비하며, 엄마를 하찮은 존재나 무급으로 일하는 하인 혹은 노예처럼 대한다."[86] 이 같은 주장은 전통 사회에서 엄마와 아기를 바라보는 관점을 뒤집어 놓습니다. 전통적인 가정에서는 엄마에게 권한이 주어졌으며, 아이들은 때로 돈을 받지 않고 일하는 하인 대접을 받았습니다.

다른 정신분석가들 역시 이처럼 아기를 다르게 바라보는 관점에 관심을 가졌습니다. 그중 한 사람이 바로 로지카 파커Rozsika Parker였습니다. 페미니스트인 그녀는 자수에 관한 매우 독창적인 논문을 출간한 인물이었으며, 훗날 정신분석학의 가르침을 받아들였습니다. 그녀는 이렇게 말합니다. "역설적이게도 엄마들에게 의존해서 살아가는 아이가 엄마들에게 강력한 독재자처럼 군다."[87] 재미있게도 그녀는 엄마는 복수형으로 표현하되 독재자는 단수형으로 표현했습니다. 아이 하나가 수많은 엄마보다 우위에 있는 듯한 인상을 자아냅니다.

군림하는 아기라는 발상은 페미니스트들에게 매력적인 소재로 다가온 듯합니다. 『엄마라는 덫The Mother Knot』을 쓴 제인 라자르Jane Lazarre는 "마구 소리를 지르고 내 젖을 빨아대며 한 번도 경험해보지 못한 피로 속으로 나를 몰아가는 이 어마어마한 존재는 도대체 누구인가?"[88]라고 자문합니다. 파이지스는 "아기는 여전히 먹이고 입혀야 하는 상태여서, 이제 엄마는 자기가 세운 목표에 다가가려면 레슬링 선수의 힘과 테레사 수녀의 영성과 UN 직원들보다 훨씬 뛰어난 협상 기술이 필요하다"[89]고 하소연합니다. 『엄마의 가면』을 쓴 모셔트는 "우리 대다수는 맡은 역할에 최선을 다하려는 용감무쌍한 노력이 어린아이의 막무가내식 요구사항에 한참이나 미치지 못한다는 사실을 깨닫게 된다"[90]고 말합니다. 커스크는 "딸은 지금 만신창이가 된 우리 사이에 앉아 개선장군처럼 의기양양하게 딸랑이를 흔들고 있다"[91]며 자신의 생생한 경험담을 들려줍니다. 이런 견해는 전통적인 견해에 완전히 반합니다. 오늘날 아기는 명령을 내리고 채찍을 휘두르는 존재로 묘사됩니다.

그 결과 당연하게도 이들은 성인인 자신에게 권한이 있다는 점을 알아차리지 못합니다. 아이가 자신을 지배한다고 생각합니다. 앞서 언급한 글에서 엄마들은 자신이 희생자 역할을 맡고 있다고 여깁니다. 그러나 그들은 자신을 열린 페미니스트로 부릅니다. 그들은 교육을 받았고 자기 생각을 분명하게 표현합니다. 리치는 『더이상 어머니는 없다』에서 엄마들이 가부장적인 문화 속에서 노예화되었다고 주장합니다. 그녀의 주장을 들어보면, 그들은 한 가지 형태의 노예제도가 다른 형태의 노예제대로 바뀌었다고 보는 듯합니다.

파커는 『두 갈래로 분열되다Torn in Two』에서 "엄마들은 몸집이 크고 힘이 센 어른이지만 사회적으로나 정치적으로나 여전히 종속된 집단이다"는 말로 엄마들이 처한 역설적인 상황을 설명해보고자 합니다.[92] 그녀의 책 제목 『두 갈래로 분열되다』는 정말이지 흥미롭습니다. 제목이 수동형이며 주어가 없습니다. 누가 누구를 분열시키는 걸까요? 책 속에 뚜렷이 나타나듯이 제목은 한 엄마가 자신의 감정을 토로한 내용에서 따온 것입니다.[93] 하지만 누가 혹은 무엇이 엄마의 감정을 둘로 분열시키는 것일까요? 분열의 주체가 엄마의 감정이라면, 엄마는 자신의 내적 갈등을 표출했을 것입니다. 하지만 엄마의 말에 숨어 있는 속뜻을 헤아려보면 엄마의 감정을 난폭하게 갈라놓는 주체는 아이임이 틀림없습니다.

아이가 탐욕스럽기 그지없는 존재로 보이기 시작하면 엄마와 아이 사이의 관계는 가시밭길이 됩니다. 리치는 "아이들이 내 평생 가장 혹독한 시련을 주었다"고 고백합니다.[94] 여기서 주목할 점은 그녀가 아이들은 능동적인 가해자로, 자신은 수동적인 피해자로 여긴다는 사실입니다. 파이지스 역시 "나는 아이들 앞에서 그저 성난 모습을 보이는 정도가 아니라 헤아릴 수 없이 두려운 분노를 품게 되었다"[95]고 말하며 그와 비슷한 속내를 드러냅니다. 리치와 마찬가지로 파이지스는 아이는 분노를 일으키는 주체로 여기고, 자기 자신은 희생자로 여겼습니다. 모셔트는 "놀라울 일도 없이 아기는 엄마가 점점 더 자신에게 몰두하게끔 변덕을 부린다. 우리는 죄책감 앞에서 굴복할 수밖에 없다"[96]고 생각합니다. 존슨은 더욱 강한 어조로 "갓난아기는 그야말로 엄마의 팔, 몸, 모유, 잠과 같이 엄마의 모든 것을 갈망한다. 갓난아기는 엄마의 눈에서는 잠을, 폐에서는 공기를 앗아가며, 엄마가 자신이 디디고 다닐 디딤판이 되어주기를 바란다"[97]고 역설합니다. 아기가 자기 위에 군림한다고 여기는 엄마들은 아기를 진심 어린 마음으로 사랑하지 못할 것이라고 생각합니다.

앞서 인용한 엄마들의 말속에는 미워하는 마음이 거듭해서 등장합니다. 그 마음은 뭐라고 콕 짚어서 정의되지는 않으며 작가들마다 다른 뉘앙스로 표현됩니다. 하지만 그들이 드러낸 마음은 아이가 미워서 언성을 높였다가 시간이 지나면 후회하는 식의 분노보다 더 강렬합니다. 작가들은 그보다 더 강하고 오래도록 지속되는 감정을 이야기하며, 그 감정의 밑바탕에는 무력감과 부당한 심정이 깃든 좌절감이 자리합니다.

이런 풍조는 앞서 언급한 위니콧의 정신분석학 논문이 출간되면서 포문이 열린 듯합니다. 위니콧은 "엄마는 아기가 엄마를 미워하기 전에, 아기 스스로 엄마에게 미움받고 있다는 사실을 깨닫기 전에 아기를 미워한다. 엄마는 처음부터 아기를 미워한다"고 주장합니다. 뒤이어 위니콧은 "엄마가 아이를 미워하는 이유는 다음과 같다"[98]는 말도 덧붙입니다. 그는 반농담조로 18가지 이유를 제시합니다. 그가 제시한 첫 번째 이유는 "아기는 엄마가 원해서 낳은 것이 아니다"이고 마지막 이유는 "엄마는 아기를 먹을 수가 없고 아기와 성생활을 나눌 수 없다"입니다. 그가 제시한 목록은 화를 돋우는 내용이며, 순전히 재미를 위할 뿐입니다. 이 목록을 제쳐놓고 보면, 위니콧은 엄마들이 보통 아이를 사랑하는 동시에 미워한다고 말합니다. 뒤로 가면서 위니콧은 아이를 미워하는 마음이 너무나 염려스러울 때 엄마는 감상적인 상태가 되거나 마조히즘(남에게 학대를 받을 때 쾌락을 느끼는 성향 - 옮긴이)에 빠진다는 주장을 덧붙입니다. 무슨 근거로 이런 주장을 펴는 걸까요? 아마도 그는 경박한 어조가 효과적이기에 이런 이야기를 늘어놓은 듯합니다. 그에게 증거는 무척이나 거창하고 번거로운 요구인지도 모릅니다. 위니콧은 증거 따위는 제시하지 않습니다. 그는 논문에서 그저 '몇 가지 이유'를 제시할 뿐입니다. 많은 사람이 그의 논문이 상당히 설득력이 있다고 생각했고, 그의 논문을 자주 인용했습니다. 증거라고는 전무한 논문이었지만 위니콧을 추종하는 사람들은 이 논문이 엄마가 아이를 미워하는 마음이 일반적이며, 그런 마음이 엄마와 아이 모두에게 이롭다는 주장을 명확하게 뒷받침해준다고 여겼습니다.

엄마들이 자신에게 아이를 사랑하는 마음과 미워하는 마음이 모두 있다고 토로할 때, 그들의 어조는 경박하지 않습니다. 그들의 어조에서는 비통함이 느껴집니다. 리치는 자신의 감정을 다음과 같이 일기장에 기록해두었습니다. "사랑하고 미워하는 마음에 휩쓸렸으며, 아이들의 유년기가 부럽기까지 했다."[99], "엄마라면 다들 알겠지만, 아이에게 걷잡을 수 없이, 용납할 수 없을 정도로 화가 날 때가 있다."[100] 그녀는 '엄마라면 다들 알고 있는 것'을 자신이 어떻게 알고 있는지 설명하지는 않습니다. 라자르는 계속해서 우는 아이를 보고 "아이가 나를 완전히 거부할 때면 아이가 밉다"[101]고 고백하는데, 그녀 역시 이때 '밉다'라는 부정적인 표현을 사용합니다.

리치와 라자르 모두 자신이 아이에게 격하게 화를 낸 적이 있다고 말합니다. 존슨 역시 이와 비슷한 감정을 느낀 적이 있다고 고백합니다. "우리 아이는 징징거리기 선수여서 몇 시간이고 쉬지 않고 징징거릴 수 있다. 그럴 때면 나는 아이가 내 삶을 망치지 않도록 마구 흔들어 입을 다물게 하고 싶다."[102] 소설가 조애나 브리스코Joanna Briscoe는 아기에 대한 자신의 감정을 다음과 같이 묘사합니다. "동이 트기 전이면, 몇 시간 전처럼 아이가 미워서 구역질이 날 지경이며, 혹시나 내가 아이를 너무나도 사랑하는 나머지 그 마음을 카니발리즘으로 표출할까 봐 두렵다."[103]

이들은 아이가 미워지는 순간에 마음이 불편해지는 모습을 내비칩니다. 그들은 모두 교육받은 여성이고 전도유망한 사람들입니다. 위니콧은 그들이 겪는 딜레마를 한 줄로 요약합니다. "아기는 엄마의 일과 사생활에 훼방을 놓는 방해물이다."[104] 앞서 내가 인용한 여성들은 모두 책을 출간한 작가이며, 그들은 모두 일에 더 집중하고 싶은 마음과 아기를 돌봐줘야 한다는 책임감 사이에서 날마다 갈등합니다. 여기서 중요한 것은 그들이 처한 상황 자체가 갈등의 원인은 아니라는 점입니다. 작가 줄리아 달링Julia Darling은 "요즘 내 집필 작업의 원동력은 딸아이에게서 느끼는 크나큰 사랑이다"[105]라고 말합니다. 그녀 역시 엄마로서 살아가는 삶이 벅찼지만, 아기를 미워하는 마음이나 아기가 끊임없이 자신에게 요구해온다는 식의 감정은 언급하지 않습니다. 반면 모셔트는 차가운 반응을 보입니다. "육아는 분명 대단히 가치 있는 일이다. 다만 우리는 솔직한 심정으로 이왕이면 육아 말고 다른 일을 하고 싶을 뿐이다."[106]

사람들은 양가감정이 깃든 사랑이라는 개념을 예전부터 알고 있었고, 그에 대한 시선은 늘 부정적이었습니다. 그 누구도 양가감정이 깃든 사랑을, 추구할 만한 바람직한 목표로 격상시키지는 못했습니다. 고대 로마 시인 카툴루스Catullus는 양가감정이 깃든 사랑의 모습을 두

줄로 짤막하게 요약했습니다.

> 나는 미워하면서 사랑한다. 사람들은 어떻게 그럴 수 있냐고 묻는다. 모르겠다. 그저 그런 일이 일어나고, 나는 고통 속으로 빠져들 뿐.[107]

'고통'은 사랑하는 사람을 미워하게 될 때 자연스럽게 나타나는 반응입니다. 정신분석학자들은 더욱 진실하게 사랑하려면 사랑하는 마음과 미워하는 마음을 동시에 품어야 한다고 주장해왔습니다. 이러한 견해는 위니콧의 사례에서 보았듯이 모성애로까지 퍼져나간 게 틀림없습니다.

처음으로 엄마들은 자신의 양가감정을 불가피하게 여겨도 괜찮다고 독려받았습니다. 양가감정을 다룬 저자들은 많은 엄마가 자신의 부정적인 감정을 두려워하고, 자신이 그런 감정을 품었다는 사실에 죄책감을 느낀다고 말합니다. 엄마들에게는 미워하는 마음을 품어도 된다고 인정해주는 사람이 필요했습니다. 위니콧은 "아이를 미워하는 마음은 엄마가 그 마음을 행동으로 옮기지 않는 한 용인되어야 한다"[108]고 주장했고, 라자르는 "양가감정은 육아를 하는 동안 영원토록 자연스럽게 품는 유일한 감정"[109]이라고 주장했습니다. 위니콧은 앞서 살펴봤듯이 엄마가 아이를 미워하는 18가지 이유를 제시했습니다. 파커는 위니콧이 굳이 이유를 제시할 필요가 없었다며 이의를 제기합니다. "그러면 다시 엄마들을 감정 조절을 잘하고 흠잡을 데가 없는 부류와 설명이 필요한 부류로 나누게 된다. 어렵겠지만 엄마들이 아이에게 양가감정을 느끼는 것은 불가피하다는 생각을 고수해야 한다."[110]

파커와 모셔트는 전도사처럼 엄마들이 자신의 양가감정을 인정할 필요가 있다고 주장합니다. 파커의 책 『두 갈래로 분열되다』는 바로 이를 위해 쓰였습니다. 그녀는 "엄마가 몽상으로 자신의 양가감정을 인식하는 것은 자기 자신을 이해하는 밑거름이 된다"[111]고 주장합니다. 그녀는 설명을 이어갑니다. "아이를 향한 미움과 분노로 인해 아이를 내팽개치는 환상은 오히려 긍정적인 결과를 불러올 수 있다. 아이를 거부하고 거절하는 환상을 품었다는 죄책감은 엄마가 그 환상을 의식적으로 생각할 기회가 된다면 쓸모 있는 걱정으로 이어질 수 있기 때문이다."[112]

모셔트는 엄마의 양가감정을 사람들에게 더 널리 알리는 일에 더 많은 관심을 기울였습니다. 그녀는 말합니다. "엄마가 육아 중에 양가감정을 느끼는 건 문제의 일면일 뿐이다. 양가감정을 표출하는 것, 더 나아가 그 감정을 인정받는 것은 또 다른 문제이다. 양가감정을 아무리 강렬하게 느낀다고 해도 가면을 쓴다면 양가감정은 마음속에서 비밀스러운 죄책감으로 머물고 만다. …… 관련 증거에 따르면 양가감정과 혼란스러운 마음을 기꺼이 인정하는 자세는, 다시 말해서 가면을 아래로 내리는 용기는…… 나약한 모습이 아니라 보기 드문 성숙함과 회복탄력성을 의미한다."[113]

모셔트의 주장은 엄마의 양가감정을 감추거나 부인하는 수준에서 한 단계 더 나아갔습니다. 이러한 주장이 담긴 책들은 양가감정에 솔직해지기를 요구합니다. 하지만 엄마가 느끼는 양가감정은 매우 불편한 감정입니다. 파커와 모셔트는 자신이 그 이유를 알고 있다고 말합니다. 사회가 양가감정을 인정하지 않기에 두려운 마음이 든다고 주장합니다.

그들의 주장에는 미심쩍은 면이 있습니다. 엄마는 아이에게 이롭다면 온갖 걱정거리 앞에서도 용기를 발휘하고, 때로는 사회의 견고한 기준에 반기를 들기도 합니다. 그렇다면 그들은 무슨 근거로 엄마들이 양가감정을 두려워한다고 주장했을까요? 자신의 양가감정을 고백하는 엄마들의 이야기를 들어보면 그들에게서는 두려워하는 기색이 그리 많이 보이지 않습니다. 우리도 모두 한때는 아기였습니다. 어떤 면에서 보면, 우는 아기를 미워하는 것은 이해가 되지 않습니다. 엄마가 자신의 감정을 솔직하게 인정하는 자세는 당연히 중요합니다. 그러나 그것만으로는 부족합니다. 엄마가 자신의 감정을 솔직하게 인정한다고 해서 엄마가 직면한 딜레마가 이해되고 문제가 해결되지는 않습니다.

그렇다면 엄마들의 딜레마는 정확하게 무엇일까요? 그들은 아기가 자신을 불편하게 만들 때 아이를 미워한다고 말합니다. 계속해서 글을 쓰고 싶은 마음이 간절한데, 아이가 잠을 자지 않을 때면 대체로 아이가 미워지는 순간이 찾아온다면서 말입니다. 이 여성들은 자신의 자기중심적인 면모를 양가감정이라는 세련된 정신분석학 용어로 포장하고 있는 것일까요? 그들은 너무나 이기적이어서 사랑이 충만한 엄마가 될 수 없는 것일까요?

그들의 책을 읽다보면 처음에는 그런 인상을 받게 됩니다. 그들은 책 속에서 아기가 자신의 삶을 비참하게 만든다고 불평합니다. 정말로 이기적이라면 아이를 돌봐줄 사람을 고용하고는 아무렇지도 않게 책상으로 향할 것입니다. 그러나 앞서 언급한 작가들은 고통받고 있습니다. 그들은 차가운 사람이 아닙니다. 아이에게 뜨거운 감정을 느낍니다. 그렇다면 앞으로 우리는 모두 아이를 뜨겁게 사랑하는 마음과 미워하는 마음이 섞인 상태로 살아가야 하는 걸까요? 그렇지 않다면 혹시 이 엄마들은 자기 앞의 갈림길에서 '잘못된 길'을 선택한 것일까요?

그들은 자신이 느끼는 고통을 아주 구체적으로 언급합니다. 제각기 다른 여성이지만 그들이 엄마로서 사는 모습은 상당히 비슷합니다. 예를 들어 앞서 5장에서 봤듯이 한 엄마는 우는 아기를 달랠 때면 아기가 어느 정도의 강도로 우는지를 살펴봅니다. 그러기 위해서 엄마는 어느 정도 차분한 상태를 유지하며 아이와 거리를 둡니다. 하지만 아이와 거리를 두지 못하는 엄마들도 있습니다. 그들은 아기의 울음소리를 제대로 평가하지 못합니다. 그들의 눈에는 아기가 **항상** 심각하게 울어젖히는 것처럼 보입니다. 마치 아기와 완전히 같은 선상에서 아기의 울음소리를 듣는 것 같이 말입니다.

이 엄마들은 모두 아기에게 매우 친밀한 감정을 느끼고 있음을 드러냅니다. 리치는 "아이는 내 일부여서 어디를 가든 항상 몸과 마음이 함께 있는 듯한 느낌이 든다"[114]고 말하며, 라자르는 "아이를 품속에 안고 어루만지면서 여전히 아이와 한 몸으로 지내는 상상을 했다"[115]고 말합니다. 책 서문에서는 "아이와 떨어져 있어도 떨어져 있는 것 같지 않다"[116]는 심경도 표출합니다. 파이지스의 책에는 "아이와 몸과 마음이 하나가 된 듯하다"[117]는 대목이 등장하며, 존슨은 그보다 더 강한 어조로 "내 몸속에서 함께 살아가던 두 몸이 이제 바깥세상으로 나왔지만, 내가 숨 쉬고 의식이 있는 한 아이들은 내가 잃어버린 나의 일부분으로서 존재할 것이다"[118]라고 말합니다. 커스크는 "강보에 싸인 딸아이의 조그만 몸을 건네받았을 때, 나는 아주 완전하고 선명한 환영 같은 것을 체험했다. 그때 나는 나라는 존재가 내 몸에 국한되지 않음을 깨달았다"[119]고 회상합니다.

그들은 모두 비슷한 방식으로 아이를 대합니다. 228-232쪽에서 살펴본 엄마들의 모습과는 전혀 다릅니다. 앞서 살펴본 엄마들은 마음을 활짝 열고 아이들을 위한 감정의 공간을 만들었습니다. 반면 이들은 아이의 존재를 너무나 가깝게 느끼는 나머지 아이에게 알맞은 공간을 따로 내어주지 못하는 모습을 보입니다. 그렇기에 우리는 아기가 바로 그 점을 알아차리고서는 계속해서 우는 것이 아닌가 하는 의문을 품게 됩니다. 아기는 생존과 관련된 자기 나름의 관심사가 있는 개별적인 존재입니다. 자신에게 필요한 것을 제대로 얻지 못하면 고집스러운 태도를 보입니다. 하지만 아기의 고집스러운 태도는 엄마가 아이를 대하는 방식에서 비롯된 결과이지 원인이 아닙니다.

우리가 살펴본 작가들은 모두 아이와 밀접하게 붙어 있는 생활을 견디기 어려워합니다. 하지만 그들은 자신이 아이를 대하는 방식에는 의문을 품지 않습니다. 그 대신 그들은 모두 몇 달 후에 아이로부터 자기 자신을 떼어놓을 궁리를 합니다. 라자르는 다시 "뉴욕에 있는 대학교에서 일주일에 두 번씩 수업을 받기 시작"[120]했으며, 이를 위해 그녀는 뉴헤이븐에 있는 집에 육아 도우미를 불러 아이를 맡겼습니다. 파이지스는 "제대로 된 세상에 소속된 느낌을 다시 맛보고자"[121] 복직했습니다. 복직하자 딸을 밤에 돌보기가 무척 어려워졌습니다. 결국 그녀는 수면 클리닉에서 상담을 받고 딸아이의 울음소리를 무시하는 훈련을 받았습니다.[122] 존슨은 생후 4개월 된 아기 캐스파를 육아 센터에 데려간 일을 언급합니다. "캐스파는 복도 건너편에 있는 작은 방 속의 아기 침대에 눕혀졌고, 나는 아이가 울어도 그 자리에 가만히 앉아 있어야 한다는 얘기를 들었다."[123] 커스크는 남편에게 생후 3개월 된 딸의 분유 수유를 맡겼으나, "어딜 가나 딸아이의 존재가 달콤하기는 하되 끈적끈적하게, 풀이나 당밀처럼 자기 인생에 들러붙은 기분을 느꼈다. …… 딸아이에게 다른 것을 가르쳐주고 싶었다."[124] 결국 "그녀가 육아

서를 쓰는 동안 남편은 아이를 돌보려고" 직장을 그만두었습니다.[125]

요즘 들어 여러 의료인이 엄마들에게 아기에게서 떨어져 있는 시간을 가지라고 권장합니다. 엄마가 아이에게서 떨어져 있을 필요가 있다는 견해는 정신분석학 논문이 뒷받침합니다. 예를 들어 위니콧은 아기가 생후 9개월쯤이 되면 젖을 떼도 되는 신호를 보이니 그래야 한다고 주장합니다. 더불어 그는 젖을 뗄 때 아이가 화를 내도 그에 굴하지 않도록 마음을 굳게 먹어야 한다고 말합니다.[126] 여기서 우리는 아기가 정말로 젖을 뗄 준비가 되었다면 왜 화를 내는 것인지 의문을 품게 됩니다. 미국의 정신분석학자 루이즈 캐플런Louise Kaplan은 엄마에게서 아기를 떼어놓는 과정을 여러 단계에 걸쳐 상세하게 기술합니다.[127]

하지만 엄마에게서 아기를 떼어놓는 요령은 애초부터 잘못된 지점에서 논의가 시작되었습니다. 엄마와 아기는 원래 서로 떨어져 있습니다. 엄마는 가끔 아기와 한 몸이 된 듯한 기분을 느끼기도 하지만 그건 어디까지나 환상입니다. 엄마는 아이와 한 몸이 아닙니다. 개별적인 존재입니다. 엄마와 아기는 함께 살아가는 법을 배우면서 서로에 대해 알아갑니다. 두 사람은 계속해서 서로에게 놀라움을 느낍니다. 아기는 엄마와 분리된 상태로 머무릅니다. 아기와의 신체적 친밀감을 즐기는 엄마들은 대개 그 점을 확실히 압니다. 그런 엄마들은 아기를 아기띠나 포대기에 메고 다닐 때, 아기와 몸을 맞대고 있어서 아기가 전달하는 메시지에 섬세하게 반응할 수 있습니다. 그들은 몇몇 작가들이 주장하는 것처럼 아이와 한 몸을 이루는 상태가 아닙니다. 엄마와 아이는 서로 독립된 존재로 머물러 있으며, 계속해서 귀를 기울이면서 서로를 알아갑니다.

양가감정이 깃든 모성애를 주제로 글을 쓰는 엄마들은 이 점을 오해할 때가 많습니다. 그들은 심란해합니다. 육아를 전쟁 치르듯이 하는 엄마를 찾으려 주변을 두리번거리다가 자기와 똑같은 처지에 있는 사람을 발견하면 안도합니다. 그러다가 헌신적인 엄마가 눈에 들어오면 당황합니다. 지금 상태에 만족해하는 듯한 엄마들을 질투하기도 하고 깔보기도 합니다. 그들은 성공한 작가이므로 자신의 언어 능력으로 그런 엄마들을 희화화하기도 합니다. 무대 위 스포트라이트 속에서 다른 엄마 관객들에게 비난의 눈길을 받는 듯한 기분에 사로잡힐 때도 있습니다. 이들에게 비난의 눈길을 보내는 엄마들을 상상하며 마음속에 분노가 일기도 합니다.

라자르는 자기가 아는 한 엄마를 향해 불편한 심기를 드러냅니다. "그녀는 늘…… 차분하고 온유해 보였다. 한 번은 밤에 그녀의 집 아기방 쪽에서 고함이 나지 않나 하고 귀를 기울여 본 적이 있다. 그곳에서는 아무 소리도 나지 않았다. 나는 그녀와 그녀의 아기가 미워지기 시작했다."[128] 파커는 한 엄마의 말을 인용합니다. "내가 아는 한 엄마가 생각난다. …… 그녀는 표정이 늘 아주 침착하고 차분했다. 주말이면 늘 아이들과 쿠키를 구웠고, 아이들이 재촉해도 동요하는 법이 없었다. …… 생각만 해도 짜증이 난다!"[129] 앨리슨 피어슨Allison Pearson은 케이트 레디라는 가상의 인물을 내세우고는 케이트와 같은 '잘난 엄마'를 자기처럼 '못난 엄마'와 대비해 비꼽니다.[130] 이 이야기 속에서 케이트는 유능한 엄마처럼 보이려고 애쓰다가 죄책감에 사로잡히는 인물로 그려집니다.[131]

누군가에게 못난 엄마라고 비난받고 죄책감을 느끼는 모습은 이런 책이 가장 집중하는 내용입니다. 그럴 때 죄책감은 늘 엄마가 자기 자신에게 주의를 기울일 때 느끼는 감정으로 묘사됩니다. 하지만 진정한 죄책감은 자신이 저지른 잘못을 뼈저리게 인식하는 감정입니다. 따라서 우리가 죄책감을 느낄 때 주의를 기울이는 대상은 우리가 피해를 준 사람입니다. 그 과정에서 우리는 우리의 잘못과 짊어져야 할 책임을 가늠하고 후회하면서 잘못을 바로잡기도 합니다. 진정으로 죄책감에 사로잡혀 있다면 본인이 그 마음을 인식합니다. 죄책감을 받아들이면 행동이 뒤따릅니다. 죄책감을 느끼는 것만으로는 문제가 해결되지 않습니다.

리치는 자신의 양가감정을 되짚어봅니다. 그녀는 자신의 책 서문에서 "아이들을 뜨겁게, 확실하게 사랑할 수 있게 되고 나서야 육아서를 써야겠다는 생각을 품을 수 있었다"[132]고 말합니다. 그녀는 자신을 난처한 상황에 빠뜨렸던 근본적인 원인은 아이들이 아니라 '가부장제'였다고 결론 내립니다. 리치는 아이들에게 마구 화를 냈던 일을 후회합니다. 남편과 헤어지고 훗날 남편은 자살하고 맙니다. 이후 드디어 그녀는 아이들이 독립적이고 흥미로운 존재라는 사실을 깨닫습니다. 그녀는 『더이상 어머니는 없다』에서 자신의 삶을 회고합니다. 엄마가 경험하는 양가감정을 강렬한 어조로 담았습니다. 그녀의 책은 서문의 내용에도 불구하고 여러 엄마에게 기폭제로 작용한 것이 틀림없습니다.

모셔트는 자기 자신의 양가감정을 솔직하게 드러내는 엄마가 '보기 드문 성숙함과 회복탄력성'을 보일 것이라고 생각했습니다.[133] 하지만 현실은 그와 반대인 듯합니다. 자신의 양가감정에 솔직한 엄마는 미성숙하고 완고한 모습을 보입니다. 엄마가 마음을 열고 아기를 반가이 맞아주려면 성숙함과 유연함을 갖춰야 합니다. 양가감정을 느끼는 엄마들은 그들이 말하듯 자기중심적인 사람이 아닐지도 모릅니다. 그들이 내비치는 불안감은 그들이 자존감이 넘쳐흐르는 사람이 아니라 자존감이 무척 부족한 사람이라는 점을 보여줄지도 모릅니다.

파커는 엄마가 자신의 양가감정에 대해 생각하는 행위가 '자기 이해의 밑거름'이라고 생각했습니다.[134] 몇몇 엄마들은 끊임없이 자신의 감정에 대해서 생각해보지만, 여전히 미궁 속에서 헤어 나오지 못하는 모습을 보입니다. 생각이라는 행위가 그들을 더욱 현명한 사람으로 만들어주지는 못한 듯합니다. '공상'으로 '자기 이해'에 도달하기란 지극히 어렵습니다.[135] 다른 사람에 대한 비난이 우리에게 자극이 되고 도움이 될 때도 있기는 합니다. 하지만 우리가 이 장에서 살펴본 작가들은 아이에게 진심 어린 사랑을 베푸는 엄마들에게서 배울 점을 찾지 못하고 그들을 웃음거리로 만들었습니다.

엄마들마다 양가감정에 대한 반응은 다른 듯합니다. 양가감정 때문에 고통스러운 사람도 있고 그렇지 않은 사람도 있습니다. 이런 차이를 유전이나 사회적 지위 등으로 설명할 수 있을까요? 다행히도 양가감정을 고백한 한 엄마가 자신의 경험을 자세히 전해준 덕분에 우리는 그녀의 이야기를 하나로 짜 맞춰볼 수 있습니다. 이런 이야기를 누군가에게서 캐내려는 행동은 무례할 수 있습니다. 그러나 라자르는 자신의 내밀한 이야기를 자발적으로 들려줍니다. 라자르의 책 『엄마라는 덫』으로 아기의 울음 앞에서 그녀가 양가감정을 느끼는 이유를 이해할 수 있습니다.

라자르는 아들 벤저민을 낳는 동안 계속해서 비명을 질렀다고 합니다. "내가 그런 비명을 들은 건, 암으로 돌아가신 엄마가 어릴 적 제 정신이 아닌 내 머릿속에서 소리를 고래고래 지르며 내 고막을 안에서부터 파열시켰던 일 이후로 처음이었다."[136] 출산이라는 경험은 그녀에게서 유년 시절에 겪은 아주 고통스러운 기억을 되살려낸 듯합니다.

출산 후 아이가 자주 울자 그녀는 괴로웠습니다. 아이에게 조용히 하라며 소리를 지를 때가 많았습니다. 그런데 그녀는 그렇게 소리를 지를 때 자기가 아들의 이름이 아니라 여동생의 이름을 부른다는 사실을 알게 되었습니다.[137]

책이 거의 끝나갈 때쯤에야 라자르는 자신의 기억이 어떤 식으로 연결되는지를 넌지시 드러냅니다. 그녀는 어릴 적 동생이 엄마 얼굴이 기억나지 않는다며 울었던 일을 회상합니다. "동생은 내게 엄마가 되어 달라고 부탁했다. 그때 나는 고작 아홉 살인 내가 그런 기대를 짊어져야 한다는 사실 앞에서 씁쓸하게 웃었다. 하지만 나는 동생에게 그렇게 하겠다고 대답했다."[138] 여기서 우리는 그녀가 고통스러워한 이유를 눈치챌 수 있습니다. 그녀는 두 자매 중에서 언니였습니다. 일곱 살이던 해에 엄마가 돌아가셨고, 아홉 살이던 해에 여동생이 자주 울었다면, 분명 두 자매는 2년 동안 이해심 많은 어른으로부터 충분히 위로받지 못한 상태로 슬픔에 잠겨 지냈을 것입니다. 동생은 그녀에게 위로받고자 했으며, 그녀는 아홉 살이라는 어린 나이에 자기가 받아보지 못한 위로를 여동생에게 전하고자 애썼을 것입니다.

누구에게도 위로받지 못한 채로 슬픔에 잠겨 지냈던 기억은 아들 벤저민이 울 때 되살아난 듯합니다. 라자르가 자기도 모르게 동생의 이름을 부른 일은 놀랍지 않습니다. 아기인 벤저민은 설령 엄마가 죽었다고 해도 그런 이유로는 울지 않을 것입니다. 갓난아기는 대개 엄마가 원인을 알아내서 해결해줄 수 있을 정도의 단순한 이유 때문에 웁니다. 라자르는 아기에게 그렇게 해주지 못했는데, 아마도 아기의 다급한 울음소리가 엄마 없이 보냈던 유년기 기억과 연결되어 있었기 때문일 것입니다. 이 이야기로 우리는 그녀가 엄마로서 어떤 감정을 느꼈을지 설명할 수 있습니다. 어쩌면 그녀는 아들을 향한 양가감정에 사로잡혀 있었던 것이 아닐지도 모릅니다. 다른 이유로 고통받고 있었을지도 모릅니다. 그녀는 많은 엄마가 아기에게 양가감정을 느낀다고 믿었습니다. 하지만 다른 엄마들은 그녀처럼 어린 나이에 엄마를 잃거나 위로받지 못하고 자라거나 여동생에게 위안을 줘야 했던 경험이 없습니다.

라자르가 두 경험을 스스로 연결했는지는 확실하지 않습니다. 하지만 그랬을 가능성이 커 보입니다. 물론, 그녀의 이야기는 한 여성의 경험담일 뿐입니다. 한 여성의 고통이 비교적 이해하기 쉬웠다면, 다른 여성의 고통 역시 그녀가 처한 상황을 제대로 알 수 있다면 이해할 수 있지 않을까요? 특정한 상황에서만 양가감정이 나타난다면, 양가감정은 보편적인 감정처럼 보이지 않을 것입니다. 모든 엄마가 양가감정을 느낀다는 말은 '사실'이 아닐 것입니다. 그렇다면 라자르와 비슷한 처지에 있는 엄마들에게는 그럴 만한 속사정이 있다고 말해도 무방할 것입니다. 그리고 다른 사람에게 도움을 청하는 방법을 고려해보거나 친구나 상담가에게 자신의 고충을 털어놓아 볼 수도 있을 것입니다.

엄마가 느끼는 양가감정은 과연 얼마나 유효한 개념일까요? 양가감정이라는 개념은 점점 더 널리 퍼져나가고 있고, 일부 여성의 육아 경험에 뚜렷하게 영향을 미칩니다. 하지만 회고록에서 살펴봤듯이 양가감정은 엄마가 아기를 자신의 일부로 여길 때 나타납니다. 이 세상에는 아기를 그런 방식으로 대하지 않는 엄마도 많습니다. 그들에게는 분명 양가감정이라는 개념을 적용하기 어렵습니다. 무엇보다 그들은 아기와 하나가 되는 듯한 감정을 전혀 느끼지 못해서 양가감정이 그들에게 해방감을 주지 못합니다. 양가감정은 엄마들이 자신의 감정을 알아차리는 과정에서는 도움이 되기도 했습니다. 그러나 그렇다고 해서 모든 엄마에게 양가감정이 있다고 말하는 것은 불가능합니다.

그사이 수많은 아기가 양가감정을 표출하는 엄마들과 함께 삶을 시작했습니다. 아기는 엄마로부터 양가감정이 깃든 사랑을 받을 때 어떤 기분을 느낄까요? 양가감정은 버럭 화를 냈다가 뒤이어 사과하는 행동과는 다릅니다. 그런 행동은 엄마가 자신의 분노 표출을 사랑하는 마음에서 비롯된 **실수**로 여긴다고 말해줍니다. 반면 양가감정이 깃든 사랑을 받으며 자라는 아기는 복잡한 메시지를 전달받습니다. 엄마는 때로는 아기를 사랑하지만 때로는 자신을 힘들게 하는 존재로 여기며 미워합니다. 아기는 민감하지만 아직은 너무 어려서 자신이 받은 인상을 언어로 전하지 못합니다. 우리는 그저 아이의 반응을 추측할 따름입니다. 엄마는 가끔 아이를 사랑하는 것처럼 보이다가 분위기가 싹 바뀌어서는 아이에세 대놓고 화를 내거나 아이에게서 멀찍이 물러납니다. 이때 엄마는 아이에게 이런 변화는 실수가 아니라 엄마가 전하는 사랑의 일부라는 메시지를 전합니다.

분명 예민한 아기에게 혼란스럽거나 아주 두려운 상황일 것입니다. 아기는 엄마와 처음으로 친밀한 관계를 경험하며, 타인에게서 무엇을 기대할 수 있는지 배웁니다. 양가감정이 깃든 관계 속에서 살다 보면, 사랑하는 사람이 알 수 없는 이유로 기분이 바뀌었을 때 그 상황에 적응하는 일도 사랑의 일부라고 생각하게 될지도 모릅니다. 그럴 때 아기는 엄마에게 자기 모습 그대로 받아들여지고 안전하게 보호받고 있다는 느낌을 받기보다는 엄마와 끊임없이 부대끼고 있다고 여기게 됩니다. 이런 생각이 점점 더 깊어지면, 아기는 사랑을 갈망하면서도 사랑 앞에서 혼란스럽고 두려운 어른으로 자랄 것입니다.

진심 어린 사랑은 그렇게 복잡하지 않습니다. 아기에게는 이른 시기부터 진심 어린 사랑이 아주 많이 필요합니다. 만족할 줄 알아야 한다고 배워온 사람의 눈에는 아기가 욕심 많고 만족할 줄 모르는 존재로 비칠 겁니다. 하지만 엄마가 (거의) 아기가 원하는 수준만큼 사랑해주다 보면, 아기가 고마운 마음을 되돌려준다는 사실을 알게 됩니다. 그럴 때 두 사람 사이에서는 중대한 감정이 꽃피어납니다. 그리고 그 감정은 평생토록 지속됩니다. 나이가 들어도 엄마를 떠올리면 눈물을 짓게 되는 이유이기도 합니다. 엄마들은 그와 관련된 일화를 소개할 때 감격스러워합니다.

아이는 침대에 누워서 눈부신 미소를 지으며 우리의 마음을 깨끗이 씻어내주어요.

▸▸ B, 2개월

얘는 뽀뽀를 무척 좋아해서 뽀뽀해주면 기분이 좋아서 눈을 감아요.

▸▸ B, 6개월

아이는 이제 제법 잘 걸어서 우리는 손을 잡고 걸으며 다리 너머 풍경을 바라봤어요. 그때 그런 생각이 들더라고요. '천국이 따로 없어. 이보다 더 좋을 수가 없어. 완벽한 순간이야.'

▸▸ B, 15개월

대개 진심 어린 사랑은 겉으로 드러납니다. 진실된 사랑을 받는 아이는 보통 사람 만나기를 좋아합니다. 다른 사람의 친절을 기대해도 된다는 사실을 경험으로 배웠기 때문입니다. 그래서 어린 나이에도 사교적인 모습을 보일 때가 많습니다. 아기가 눈을 동그랗게 뜨고 관심을 보이면 길을 가던 사람도 반응을 보이기 마련입니다. 종종 처음 보는 사람이 활기찬 목소리로 엄마가 아니라 아이에게 말을 건넬 때가 있습니다. 물론 수줍어하면서 엄마 품속으로 얼굴을 파묻으며 낯선 사람을 쳐다보지 않으려고 하는 아이들도 있습니다. 일반화하기는 어렵지만 진심 어린 사랑을 많이 받고 자란 아이는 단단하고 기품 있는 태도를 보입니다. 아직 어린데도 아이는 사람들 속에서 존재감을 드러내며, 사람들은 아이에게 정중하게 이야기하려 합니다. 우리는 그런 아이를 대할 때 엄마가 아이를 아주 많이 사랑해줬으리라고 짐작합니다. 많은 엄마가 아이를 아주 많이 사랑해주려고 온갖 어려움 속에서 애쓰고 있습니다.

출산 후 처음 몇 달 동안 좌절감에 빠져 있던 엄마들도 아이가 말을 배우면서부터는 육아가 한결 편해진다는 사실을 알게 됩니다. 그 시기에 엄마와 아이가 서로 다른 존재라는 사실이 더욱 뚜렷해집니다. 이 단계에서 두 사람의 관계는 완전히 새로운 국면으로 접어듭니다. 두 사람 사이에 대체로 신체적 접촉이 줄어드는데, 일부 엄마들에게는 이런 관계가 더욱 적합합니다. 외부인의 눈에는 두 사람의 관계가 평범해 보일 수 있습니다. 하지만 두 사람을 친밀하게 엮어주는 토대는 여전히 존재합니다. 엄마들은 보통 아이가 학교에서 어떻게 생활하는지 알고 싶어 합니다. 계속해서 아이의 생활상을 파악해가지만, 예전만큼 세세하게 알 수는 없습니다. 시간이 많이 흘러 아이가 집을 떠나면 엄마는 아이가 어떻게 지내는지 한참 동안 소식을 듣지 못할 수도 있습니다. 그러면 예전처럼 아이에 관한 관심이 커집니다. 성인이 된 아이의 일상생활을 알고 싶어 하는 마음과 아이의 삶에 간섭을 하는 것 사이에는 적절한 기준선이 있습니다. 엄마가 아이에게 관심을 가지는 모습은, 좋게 보면 나이 든 엄마가 사랑을 표현하는 한 가지 방식입니다.

이 단계에 이르면 엄마와 아이의 관계는 수고스러워 보이지 않습니다. 하지만 엄마의 사랑은 완제품으로 하늘에서 뚝 떨어지지 않습니다. 아이와 관계를 맺는 과정은, 처음에는 아이가 대답할 수 없는 탓에 혼자서만 떠들어야 할 때처럼 무척 힘겨울 수 있습니다. 하지만 엄마의 사랑에는 의심의 여지가 없습니다. 엄마는 말로 다할 수 없을 만큼 피곤할 때든 둘 중 하나가 아플 때든 온갖 사회적 압력 속에 놓였을 때든, 아이를 늘 사랑합니다. 엄마의 사랑은 엄마의 마음이 아기를 뜨겁게 사랑할 수 있을 만큼 견고하고 단단한지를 시험해보고자 이리 잡아당겨지고 저리 잡아당겨지면서 검증을 거치는 듯합니다. 어쩌면 엄마의 사랑은 육아 초기 몇 달에 걸쳐 검증을 거치는 덕에 평생토록 힘을 발휘하는지도 모릅니다.

10

예전의 나는 어디 갔을까?

출산을 앞둔 엄마가 도서관에 가서 "우리 아기는 어떻게 성장할까요?"라고 물어보면, 사서는 유아의 발달과 관련된 책들을 안내해줄 것입니다. 하지만 만일 엄마가 "그렇다면 저는요? 저는 어떤 엄마로 성장할까요?"라고 물어보면 사서는 난감해할 것입니다. 엄마의 성장은 책에서 흔히 접할 수 있는 주제가 아닙니다.[139] 거의 찾아볼 수 없습니다. 사람들은 흔히 엄마들이 정체 상태에 빠질 우려가 있다고 생각합니다. 특히나 전업주부는 지겹고 반복적인 가사노동에 매여 집 안에 '틀어박혀' 있다고 여깁니다.

그렇게 산다고 말하는 엄마들도 있습니다. 하지만 모든 엄마가 다 그럴까요? 누군가는 책에 없는, 다른 이야기를 들려주지 않을까요?

수표에 서명하는데, 제 이름이 예전과 똑같다는 사실이 참 이상하더라고요. '그 모든 일을 겪는 동안 내 이름이 정말로 그대로였다고?' 하는 생각이 들었어요. 생각이 이렇게 문장형으로 정확하게 떠오르지는 않았지만, 어쨌든 그렇게 느꼈어요.

▸▸ B, 4주

사람들로부터 '평범한 생활로 다시 돌아왔냐'는 질문을 받을 때가 있어요. 저는 그러지 못했어요. 그렇게 되리라고 기대하지도 않고요. 아이가 태어나고 나서 모든 게 바뀌었거든요. **평범한 생활**이라는 것 자체가 바뀐 거죠.

▸▸ B, 6주

육아를 하는 동안 저도 성장했어요. 육아는 엄마를 새로운 삶의 영역으로 몰아가거든요.

▸▸ G, 7개월

다른 궤도에 들어온 기분이에요. 이전 궤도에 있을 때는 그 안에 있는 것들만 알아볼 수 있었어요. 지금은 완전히 다른 궤도를 따라 돌고 있죠.

▸▸ B, 9개월

연못에 돌멩이를 던졌을 때 물결이 구불구불 퍼져나가는 것과 같아요. 아기는 돌멩이와 같아서, 아기가 태어나면 모든 게 달라지죠. **엄청나요.**

▸▸ B, 12개월

이 엄마들은 정체되어 보이지 않습니다. 그보다 그들에게는 아주 커다란 변화가 나타난 듯합니다. 어떤 변화가 일어났으며, 왜 그리도 커다란 차이를 낳을까요?

엄마들은 이 변화를 쉽사리 설명하지 못합니다. 그들은 자신에게 찾아온 변화를 의식적으로 인식한다기보다는 감지해냅니다. 앞서 살펴본 여러 사례에서처럼 우리에게는 마땅한 표현이 부족합니다. '마음을 연다'거나 '여유 공간을 마련한다'는 표현처럼 일상적인 표현을 사용해볼 수는 있습니다. 그러면 자라나는 아기를 초보 엄마가 넉넉한 마음으로 받아들이는 과정을 간추려낼 수 있습니다.

우리는 이 과정이 임신 기간 동안 어떻게 시작되는지 살펴볼 수 있습니다. 엄마는 자궁 속에서 아기가 살아갈 자리를 마련합니다. 이 단계는 엄마가 큰 수고를 들이지 않아도 저절로 일어납니다. 엄마의 자궁은 아기의 성장에 맞춰 적절한 크기로 커집니다. 출산할 때 자궁 경부는 상당히 많이 열려야 합니다. 이때 엄마의 자발적인 노력이 큰 도움이 됩니다. 출산 시 엄마가 적절한 시점에 힘을 잘 줘야 아기가 세상 밖으로 안전하게 나올 수 있어서 엄마의 노력이 상당히 중요합니다. 출산 후에는 자궁 경부가 다시 닫히고 자궁도 수축합니다. 이때부터 엄마는 아이를 의식적으로 보살펴야 합니다. 엄마는 이제 다른 방식으로 자기 자신을 열어야 합니다. 출산을 위해 자궁을 열었던 것과 비슷하게 이제는 아기를 받아들이기 위해 자신의 의식을 활짝 열어야 합니다.

아이가 자라면서 엄마가 아이에게 주의를 기울이는 강도는 점차 약해집니다. 사람들은 엄마의 삶은 '내려놓는' 과정이라고 말하기도 합니다. 하지만 엄마는 자신의 역할을 완전히 내려놓을 수도 없거니와 예전 생활로 되돌아갈 수도 없습니다. 엄마가 아이에게 마음을 여는 순간, 그 마음은 닫힐 수 없습니다. 엄마는 완전히 다른 사람이 되며, 그 상태로 평생을 살아갑니다.

엄마들은 삶에 찾아온 변화를 특별한 방식으로 묘사하곤 합니다.

머리를 빗고 청바지를 입는 것같이 일상적인 일을 생각하다 보면 **이상해요**. 그건 제 모습이 아닌 것 같거든요. 무섭다는 생각이 들었어요. 고립감 때문은 아니예요. 제가 저 자신에게 낯선 사람이 되어가고 있다는 생각 때문이죠.

▸▸ B, 8주

계속해서 저 자신에게서 새로운 모습을 발견해요. 이제는 제가 어떤 사람인지 가늠이 안 될 지경이에요.

▸▸ B, 4개월

제 안에 육아를 담당하는 새로운 자아가 들어온 것 같아요. 그렇다면 예전에 회사에서 일하던 자아나 다른 자아들은 어디로 가 버린 걸까요? 어떻게 해야 예전 자아를 되찾을 수 있을까요? 그게 과연 가능하기나 할까요?

▸▸ G, 7개월

어느 날 밤, 예전에 저였던 그 사람이 생각나서 눈물을 흘렸어요. 이제 그 사람은 사라졌어요. 이제는 인정해야 할 것 같아요. 이제는 저를 엄마라는 존재로 재정립해가고 있어요. 저는 누구일까요? 사실 잘 모르겠어요. 예전에 저였던 그 사람은 도대체 어디에 있을까요?

▸▸ B, 16개월

이 같은 변화는 초보 엄마들만 겪는 것이 아닙니다.

저라는 사람이 끊임없이 변해가는 것 같아요. 그런 변화가 좋기는 해요. 하지만 정말이지 끊임없이 변하는 것만 같아요. 그러니까 '예전의 나는 어디로 간 거지?' 하는 생각이 들어요. 어딘가에 분명 있을 텐데, 도저히 찾을 수가 없어요. 남편에게 이렇게 말한 적도 있어요. "그 여자 기억나? 자기가 사랑에 빠져서 결혼했던 그 여자 말이야."

▸▸ G, 3살 & B, 6개월

엄마들이 자신이 겪는 변화를 언급하면서 사용하는 표현은 의미심장합니다. 사람들은 어떤 사건이 한 사람의 **인생**을 바꾸어 놓았다는 말을 자주 사용합니다. 엄마들은 아기를 낳고 자신의 **자아**가 바뀌었다는 말을 자연스레 서로 나눕니다. 무슨 뜻일까요?

적어도 그 말 안에는 엄마의 인생에 아기가 추가되면 이제껏 살아오던 삶을 그대로 이어서 살지는 못한다는 뜻이 담겨 있을 것입니다. 아기는 태어나자마자 엄마의 인생을 바꿔놓습니다.[140] 자신의 삶 속에서 아기를 위한 자리를 충분히 마련하고자 엄마는 마음속에서 커다란 변화를 겪는 듯합니다. 이제 의식 속에서 엄마 자신은 뒷전으로 밀려납니다. 그 특별한 공간을 아기와 함께 나누어야 합니다. 함께 나누는 생활에는 어려움이 따릅니다. 특히 처음에 갓난아기를 우선시해야 할 때는 더욱더 그렇습니다.

엄마로서 처하는 변화에 분통을 터뜨리는 사람도 있습니다. 변화를 거부하고 회피하는 사람도 있습니다. 그렇지만 많은 엄마는 이제껏 자신이 누려오던 마음속 공간에 아기를 받아들입니다. 그곳에 아기와 관련된 좋은 소식이 들어오면 환희와 자부심이 강하게 밀려옵니다. 반면 걱정스러운 신호가 들어오면 큰 소리로 경고음이 울립니다. 아기가 잠을 자고 있건 다른 사람의 손에 맡겨져 있건, 엄마는 아기의 존재를 강하게 인식합니다. 아이를 여럿 키우거나 손위 형제 혹은 의붓자식이 있는 경우에는 우선순위를 정하기까지 시간이 걸립니다.

처음에 엄마는 안전을 위해서 아이와 관련된 모든 일을 생사가 달린 문제처럼 대합니다. 그럴 때 두 사람의 관계는 불편하리만큼 아기 쪽으로 치우친 듯 보입니다. 엄마는 친구들에게 자기 자신도 좀 돌보라는 말을 듣기 일쑤입니다. 엄마와 아기가 서로에게 적응해가면서 두 사람 사이의 무게 중심에 서서히 변화가 생깁니다. 엄마에게 약간이나마 자기만의 생활을 누리는 순간이 다시 찾아옵니다. 하지만 긴급 상황이 발생하면 엄마는 아이에게 필요한 일을 가장 먼저 생각하는 상태로 되돌아갑니다. 제법 자랐거나 사춘기에 접어든 자녀, 혹은 어엿한 성인이 된 자녀에게 갑작스럽게 엄마의 도움이 필요할 때, 엄마는 예전에 사용하던 마음속 공간을 비워낼 수 있는 듯합니다. 아이의 익숙한 음성, 무엇보다 아이의 두 눈에서 흘러내리는 눈물은 예전처럼 엄마의 강력한 보호 본능을 다시금 불러일으킵니다.

이런 상황을 이해하면 우리는 엄마들이 왜 자신의 존재가 모조리 바뀌었다고 말하는지 알 수 있습니다. 이토록 친밀한 자리를 마련하기 위해서는 복잡한 과정을 겪습니다. 하지만 엄마를 무엇보다도 당황하게 하는 것은 그런 노고를 인정해주는 긍정적인 말이 존재하지 않는다는 점입니다. 그래서 엄마는 그런 단계에 도달하는 순간을 완전히 간과하기도 합니다. 또 엄마가 되어가는 과정에서 가장 어려운 일 중 하나를 묵묵히 달성하고 있으면서도, 자신이 '더 많은 것을 해내지' 못했다며 자책하기도 합니다.

> 저는 시야가 무척 넓은 사람이고 제가 하는 일도 그 능력을 잘 발휘해야 하는 분야에요. 하지만 요즘에는 시야가 완전히 좁아졌어요. 온종일 20센티미터 앞에 있는 아이의 얼굴을 보며 아이를 돌봐야 하니까요. 한 친구에게서 우리가 만난 장소가 근사하다는 얘기를 들은 적이 있는데, 저는 미처 그 사실을 알아보지도 못했어요. ▸▸ G, 2개월

이 엄마는 자신이 겪은 변화를 인식하기는 했지만, 그 변화를 대체로 부정적인 시선으로 바라봤습니다. 일부 정신분석가는 이를 엄마들의 마조히즘으로 규정합니다.[141] 하지만 엄마가 아이를 위해 자신을 철저히 희생한다고 보는 견해는 돈독한 관계 속에서 엄마가 서로의 관심사를 힘겹게 조정해가는 과정을 제대로 설명하지 못합니다. 정신분석가들은 엄마들 육아 방식 일부를 밝혀냈을 뿐일 것입니다.

엄격한 환경 속에서 성장한 엄마라면 애초에 자기 자신에게 별 관심을 두지 않도록 배웠을 수도 있습니다. 그런 엄마라면 아기를 가장 먼저 생각하는 생활로 쉽게 넘어갈 수 있습니다. 이미 비어있는 자리를 아이에게 내어주면 되니까요. 언뜻 보면 이런 엄마들은 갓난아기에게 극도로 관대한 모습을 보입니다. 하지만 어쩌면 그들은 아이를 이용해서 자신의 '빈공간'을 채우고 있는지도 모릅니다. 자신의 인생에서 너무 많은 '공간'을 내어주면서 말입니다. 아이는 엄마가 자신을 통해 만족감을 채우려 한다는 사실을 눈치챌지도 모릅니다. 이런 식의 태도는 아이와 올바른 관계를 맺는 방법과는 거리가 멀어 보입니다. 아기를 키우는 경험은 이런 문제에 대해 생각해볼 기회를 주기에 엄마는 아이와의 관계를 지금과 다른 방식으로 맺을 수는 없을지 자문해볼

수 있습니다.

이때 엄마가 내어주는 '공간'이 전혀 빈 상태가 아니라면 어떤 일이 벌어질까요? 그런 상태로 아이에게 마음속 공간을 크게 내어주는 것이 긍정적인 효과를 거둘 수 있을까요? 엄마의 삶이 극도로 피폐해지지는 않을까요?

저는 자기중심적인 세대에 속해요. '원하는 게 있으면 가져야 한다'는 사고방식 속에서 자라났죠. 하지만 아이를 기르다 보니 생각이 달라졌어요. 육아는 제 생각을 새롭게 살펴보는 기회가 되었어요. ▸▸ B, 8개월

이 엄마는 자기 자신을 희생한다기보다 한 단계 더 성숙해지는 모습을 보여줍니다. 엄마는 자기 자신을 더는 자족하는 사람으로 여기지 않습니다. 그녀는 자기 자신에게 질문을 던지면서 아기와의 관계를 형성해나가고 있습니다. 엄마가 되기의 핵심은 잡다한 집안일을 잇달아 해치우는 일이 아닙니다. 아이와의 관계가 중요합니다. 자신의 삶을 누군가와 상당 부분 공유하는 생활에 적응하기는 쉽지 않으며, 그런 변화 속에서 기진맥진할 수 있습니다.

더는 못 하겠다 싶은 생각이 들 때가 있어요. 너무 힘겨워서요. 그런데 어느 순간 보면 어떻게든 해내고 있더라고요. ▸▸ B, 7개월

이 경험담은 엄마들이 예전부터 발견해온 현상을 아주 간단한 언어로 전합니다. 많은 엄마가 뭔가를 포기하고 내려놓는 순간 힘겨운 생활이 끝난다고 말합니다. 그 뒤 엄마들은 훨씬 수월하게 내려놓고 앞으로 나아갈 수 있습니다.

여기서 말하는 내려놓기란 무엇일까요? 대개 아이를 돌본다는 말은 삶의 속도를 늦춘다는 뜻입니다. 아이를 위해 충분한 공간을 마련해야 했던 때처럼, 삶의 속도를 늦추는 과정은 보통 임신 중에 시작됩니다. 배 속에 양수와 발길질하는 아이가 들어 있는 상태에서는 몸을 활발하게 움직이기가 어렵습니다. 출산 이후에 엄마는 예전과 같은 속도로 살고 싶은 욕구를 느낄 수 있습니다. 그러나 곧 엄마는 바삐 돌아다니는 생활을 아기가 별로 좋아하지 않는다는 사실을 깨닫습니다. 아기는 주변을 살피면서 세상을 배워가는 시간을 좋아합니다. 그렇기에 아기는 엄마가 삶의 속도를 늦추는 쪽을 더 좋아합니다. 하지만 현대 사회는 매우 빠른 속도로 돌아갑니다. 엄마는 빠르고 활동적인 자세를 취해야 주류 사회와 발을 맞춰갈 수 있고, 활기찬 기분을 느낄 수 있습니다. 삶의 속도를 늦추었을 때는 낙오자가 된 기분에 휩싸이면서 침울해지고 의기소침해질 수 있습니다. 아기를 위해 삶의 속도를 늦추기는 어려운 일입니다.

직장에 다니는 엄마에게 삶의 속도를 늦추는 생활은 딴 세상 이야기처럼 들릴 수 있습니다. 그런 생활은 이룰 수 없는 사치지만, 누군가는 아기를 돌보아야 합니다. 일터에 아기를 데려가도 되는 회사는 거의 없으니 아기를 다른 사람에게 맡겨야 합니다. 아기를 맡아주는 사람은 제삼자거나 친인척 관계에 있는 몇몇 사람입니다. 삶의 속도를 늦추는 쪽은 아마도 그들일 것입니다. 한 엄마의 말마따나 직장에 다니는 엄마들은 자기보다 나이가 많은 보호자도 마치 '큰딸'처럼 챙겨야 할 때가 있다고 말합니다. 하지만 그들은 답답할 정도로 게으른 것이 아니라 그저 삶의 속도를 늦추고자 하는 것일지도 모르기에, 그런 속사정을 이해하는 일이 엄마에게는 도움이 될 것입니다. '직장에 다니는 엄마들'은 융통성이 없거나 변화를 거부하는 부류가 아닙니다. 그들은 보통 자신의 근로 방식에 대한 결단을 내립니다. 사직서를 내거나 복직을 하거나 시간제로 근무합니다. 그러나 전일제로 근무하는 엄마들은 엄마들의 모임에 나와서 대화를 나눌 시간이 부족합니다. 이번 장에서 인용한 엄마들은 대개 출산 휴가 중이거나 자영업을 하거나 시간제로 일하거나 전업주부였습니다. 이들이 들려주는 경험담 일부는 많은 엄마에게 적용이 될 것입니다. 한편 전일제로 일하는 엄마들이라면 아래에 나오는 이야기가 본인의 경험과 일치하지 않을 수도 있습니다.

저는 모유 수유가 익숙해지자마자 친구들을 만나러 돌아다녔어요. 그러던 어느 날 병원에 갔다가 아이의 몸무게가 충분히 늘지 않았다는 이야기를 들었어요. 걱정스러웠죠. 그 뒤로는 느릿느릿 생활했고, 지금은 흐름에 맡기는 생활을 훨씬 더 잘해나가고 있어요. 흐름에 맡기는 생활, 그게 바로 제가 엄마가 되면서 배운 거예요.

▸▸ G, 2개월

저는 어디에 갈 때면 이렇게 '성큼성큼' 걸어요. 하지만 아이가 생기고 나서부터는 그렇게 걸을 수가 없어요. 아주 느릿느릿 걷죠. 그것도 좋아요. 제 몸이 더 묵직하게 느껴지거든요.

▸▸ G, 5개월

때로는 할 일이 산더미같이 많아도 그저 아이를 안고 느긋하게 있어요. 그러면 기분이 참 좋아요.

▸▸ B, 5개월

남편과 함께 7개월 동안 육아에 푹 빠져 있었어요. 그러던 어느 날 친구가 집에 놀러 왔어요. 우리는 예전에 공부를 같이하던 사이인데, 친구는 최근에 자기가 치른 시험 이야기를 마구 쏟아내더라고요. 그때 '얘가 변한 건가? 아니면 나도 예전에 저런 모습이었나?' 하는 생각이 들었어요.

▸▸ G, 7개월

저는 완전히 다른 사람이 되었어요. 저는 성미가 급해서 다른 사람을 기다리는 일을 질색했어요. 그랬던 제가 아이에게서 인내심을 배웠어요. 어려운 일이었지만 그것 말고는 저한테 별다른 방법이 없지 않겠어요?

▸▸ B, 11개월

엄마가 되는 과정만큼 인내의 미덕을 잘 가르쳐주는 일도 없습니다. 엄마는 곧 달래기 어려운 아기가 보챌 때는 급하게 서두르기보다 인내심을 발휘하는 것이 지름길이라는 사실을 알게 됩니다. 그렇게 엄마는 인내하는 법을 배웁니다. 인내심을 그러모아서 눈에 보이는 물질로 바꾼다면 바다를 가득 채울 수도 있을 것입니다. 인내심은 값을 매길 수 없습니다. 엄마의 인내심은 힘 있는 사람이 억지로 강요할 때가 아니라, 자신에게 의존하고 있는 사람의 바람을 존중할 때 발휘됩니다. 상황을 호전시킬 뿐만 아니라 아이에게 본보기가 되어주기도 합니다. 인내심은 분명 문명화된 행동의 밑바탕을 이루는 요소 중 하나입니다. 자기 자신을 '성미가 매우 급하다'고 여기는 엄마들 역시 어쩌면 평소 자신이 마음속에서 솟구치는 반응을 꾹 참고 아이가 아직 어리고 미숙하다는 사실을 떠올릴 때가 많다는 점을 간과하고 있을지도 모릅니다.

인내는 삶의 속도를 늦추는 엄청난 과정의 일부분입니다. 속도를 늦추는 생활은 차이를 낳습니다. 엄마가 마음을 편안하게 먹도록 도와줍니다. 속도를 늦춘다는 말은 엄마가 아이와 비슷한 속도로 살아간다는 뜻입니다. 그런 생활 속에서 엄마에게는 세세한 사항을 살필 수 있는 여유가 생깁니다. 엄마가 발견한 자잘한 단서는 아기를 이해하는 중요한 실마리가 됩니다. 엄마들은 예전에는 마음이 불안했다고 말할 때가 많습니다. 이 말은 앞서 엄마들이 그토록 책임감 있는 자세를 보였다는 점을 고려했을 때, 이상하게 들리기도 합니다. 하지만 느리게 살아가면서 엄마는 걱정스러운 마음을 품어야 할 때가 언제인지 알아차립니다. 엄마는 아기가 보내는 주파수에 더욱 근접해갑니다. 느릿느릿한 생활을 통해 완전히 새로운 시각으로 보는 것입니다.

노인이나 오래도록 지병을 앓은 사람들 역시 삶의 속도를 늦추면서 삶을 이루는 단순한 요소들에 새롭게 눈을 뜹니다. 하지만 그런 깨달음을 얻기 위해 아기가 꼭 필요하지는 않습니다. 엄마는 아기가 매일 그토록 즐거워하는 모습을 보면서 예전에는 그런 점을 거의 눈치채지 못했기에 아기로부터 경이로움을 느낍니다.

등을 대고 누운 갓난아기에게는 천장이 중요해 보입니다. 조금 더 큰 아기들은 엄마가 하는 일에 호기심을 느껴서 냄비에 요리 재료를 붓는 소리나 수도꼭지에서 물이 떨어지는 소리, 비둘기가 날개를 퍼덕이거나 고양이가 꼬리를 구부리는 모습에 반응을 보이기도 합니다. 기어 다니는 아기나 걸음마를 하는 아이는 땅이나 땅 가까이에 있는 모든 사물에 관심을 보입니다. 그 순간 아이의 마음을 이해해주고자 애쓰는 엄마는 평범한 자갈길이 이렇게나 아름다웠구나 생각하게 됩니다. 그런 관점으로 세상을 바라보면, 시간에 쫓겨 살아가는 모든 사람이 신기해 보입니다. 왜들 그렇게 바쁘게 살아갈까요?

엄마 어제 아이와 함께 산책을 했어요.

나 어제요? 홀딱 젖지는 않으셨어요?

엄마 맞아요. 하지만 아이가 비를 좋아하거든요. 고 녀석이 조그만 후드를 벗어젖히더니 고개를 들고는 "아아아아!" 하면서 소리를 지르더라고요.

▸▸ G, 6개월

삶의 속도를 늦추고 작은 것들을 즐기는 법을 배워야 해요. ▸▸ B, 12개월

엄마들은 삶의 속도를 늦추고 아기와 함께 생활하다 보면, 미친 듯이 화가 나거나 무기력해지지는 않을까 걱정하기도 합니다. 또 더러는 좌절감에 휩싸이기도 합니다. 반면 삶의 속도를 조절하면서 삶에 대해 새로 배운 것이 있다고 말하는 사람들도 있습니다.

제 삶에 대해서 정답이 없는 질문을 던지고 던지고 또 던지다가 아이를 바라봤는데, 아이가 현재에 충실하게 지내는 모습을 보고는 마음이 싹 나았

어요. 아이는 연필을 바라볼 때 오로지 연필에만 몰두해요. ▸▸ G, 5개월

엄마가 되면 내키지 않는 마음을 늘 털어내야 해요. 예를 들어 아이가 저를 찾을 때 저는 '엄마를 또 찾는 건 아니지, 그치?'라고 생각하지만, 현실은 제 생각과 반대죠. 현실을 거부할 때 오히려 힘겨운 상황이 벌어져요.

▸▸ B, 8개월

처음에 저는 엄마로서 자격 미달이라고 생각했어요. 자질이 영 없다고 생각했죠. 저 말고 다른 사람들은 모두 수유나 수면 교육 이야기를 나누는데 저는 그러지 못하겠더라고요. 저는 아이가 울도록 내버려두지를 못해요. 그 시기를 견뎌내서 참 다행이에요. 이제는 아이가 자연스레 변해가고 있어요. 저는 못할 짓이라고 생각할 만한 일은 하지 않았어요. 저는 엄청나게 믿음직한 사람은 아니라고 봐요. 제가 배운 게 있다면 아이를 믿어야 한다는 거예요. ▸▸ B, 15개월

제 생각에 아이는 자기 안에서 오롯이 자라나는 작은 괴짜예요.

▸▸ G, 21개월

지난 2년 내내 저 자신에게 회의감을 품어왔어요. 이제는 아이와 저 사이에 신뢰가 두껍게 쌓인 것 같아요. ▸▸ B, 24개월

처음에 엄마는 걱정을 하다가 그다음에는 모든 일에 책임감을 느낍니다. 앞서 예시로 든 엄마들은 아기를 알아가면서 서서히 아기에게

분별력이 있다는 사실을 깨달았습니다. 아기들은 필요한 것을 요구했습니다. 아기를 정말로 믿을 수 있었습니다. 요즘 유행하는 육아법은 이와 반대인 경우가 많습니다. 내가 이 책을 쓰는 2000년대에는 아이에게 수면 교육을 하는 것이 유행입니다. 한 세대 전에는 특정 시기에 고형식을 먹이는 게 주요 관심사였습니다. 그전에는 배변 훈련이 인기였고요. 인간에게는 습득 능력이 있으니 아기에게 훈련을 해야 한다는 주장은 앞으로도 계속해서 이어질 것입니다.

이런 생각은 자기충족적 예언이 됩니다. 아이에게 지속적으로 뭔가를 강요한다면 엄마는 그에 대한 책임을 지며, 아이는 엄마가 짊어진 책임감에 기댈 가능성이 큽니다. 엄마는 아이가 자기 도움 없이는 아무것도 배우지 못하리라는 생각을 합니다. 반면 아이를 믿어도 되는 때를 알아차린 엄마들은 중요한 진실을 발견합니다. 아이들은 개별적인 존재입니다. 독립적인 존재가 되고 싶어 하며, 제각기 다른 시기에 특정 목표 지점에 도달하므로 강요할 필요가 없습니다. 옛 속담처럼 '걸을 수 있어야 뛸 수도 있는 법'입니다.

아이를 신뢰하는 엄마는 자기가 아이를 신뢰할 수 있다는 사실도 믿습니다. 그때부터 숨 가쁘게 돌아가는 현대 사회 속에서 자신감에 차 있던 세련된 여성은 자연스럽고 느릿느릿한 옛 생활방식을 배워갑니다. 더욱 조화로운 관계 속에서 한 사람이 다른 사람을 정중하게 대하는 생활방식입니다. 자신이 아이를 신뢰할 수 있다는 사실을 알게 되는 순간, 엄마는 새로운 평온함을 얻습니다.

르네상스 예술가들은 이러한 평온함에서 느껴지는 아름다움을 그림과 조각으로 보여주고자 했습니다. 하지만 많은 사람은 이러한 자질을 타고나지도 않고, 그 능력이 영원토록 이어지지도 않습니다. 어느 순간 나타났다가는 사라지고 맙니다. 엄마들이 느끼는 이 조화로운 평온함은 예기치 못한 순간에 나타났다가 사라지고는 다시 나타납니다.

피곤하고 화가 나고 초췌한 엄마의 모습은 라파엘로가 그린 〈마돈나〉의 모습과는 전혀 다릅니다. 아기를 돌보는 엄마들 대부분은 자신의 외모에 신경을 쓸 겨를이 없습니다. 엄마들의 말에 따르면 그들의 옷차림은 이제 '멋'을 위한 수단이 아닙니다. 어떤 엄마들은 자기 만족을 위해 매일 샤워를 하고 화장을 하기도 하지만, 그러지 않는 엄마들도 있습니다.

저는 립스틱을 바르지 않고서는 집 밖을 나서지 않는 여자였어요.

▸▸ B, 2개월

우선순위가 순식간에 바뀌었어요. 아이를 낳기 전에는 미용실에 가는 게 저한테 아주 중요한 일이었어요. 그런데 지난주에 동생과 함께 단골 미용실에 갔을 때 미용사가 앞머리 기장을 어떻게 하겠냐고 묻더라고요. 앞머리 기장은 예전 같으면 **엄청** 중요한 문제였는데, 어느 순간 아무려면 어떠냐 싶더라고요. ▸▸ B, 2개월

길거리에서 외모에 엄청 신경을 쓴 사람들을 마주치면 "왜들 그리 애를 쓰냐"고 말해주고 싶더라고요. 그런 소리가 불쾌하게 들릴지 모르겠지만 저는 이제 그런 단계는 지난 것 같아요. ▸▸ B, 6개월

엄마들은 때로 자기 외모에 자신감을 잃고서 이제 외모에 관한 관심은 '내려놓아야 한다'고 생각합니다. 그런 생각을 실제로 행동으로 옮기는 엄마들도 있습니다. 요즘 엄마들의 비공식적인 드레스코드는 평범한 티셔츠에 청바지 차림인 것 같습니다. 메리 커샛Mary Cassatt의 그림 속에서 엄마들이 입는 부드럽고 찰랑거리는 모슬린 드레스는 요즘은 찾아보기 어렵습니다. 이 시대의 여성들은 직장에서 남성들과 경쟁하도록 길러졌습니다. 그들이 남녀 모두가 입을 수 있는 옷을 입는 건 놀랍지 않습니다. 하지만 그들의 표정은 그렇지 않습니다. 엄마가 되고 나면 이 시대가 선망하는 쿨하거나 무심하게 우아한 표정보다는 따스하고 부드러운 분위기가 감돕니다. 커샛은 그 점을 눈치챘는지도 모릅니다.

많은 엄마는 우리가 그들에게 말끔한 옷차림과 먼지 하나 없는 집안 상태를 기대하기라도 했다는 듯이 자신의 겉모습을 두고 사과를 합니다. 이와 관련된 이야기는 다음 장에서도 다룰 것입니다. 부스스한 상태로 열정적인 모습을 보일 때 엄마는 아름답고 매력이 넘치지만, 놀랍게도 자기 자신을 그런 시선으로 바라보는 엄마는 그다지 많지 않습니다. 이따금 엄마들은 자기 자신에게 익숙하지 않은 모습으로 성숙해갑니다.

초보 엄마는 그런 커다란 변화를 다른 엄마에게 털어놓고 싶을 수 있습니다. 이때 엄마의 오랜 친구들이 중요한 역할을 합니다. 친구들은 엄마의 과거 모습을 알기에 엄마가 흔들리지 않도록 곁에서 붙들어 줄 수 있습니다. 또 엄마가 자신의 '옛 모습'을 기억하도록 도와줍니다. 하지만 대체로 여성은 엄마가 되면, 평소 나누던 우정에도 예기치 않은 변화를 맞이합니다.

친구가 잘 지내냐고 물어오자 갑자기 하염없이 눈물이 흘러내렸어요. 저는 원래 침착하고 야무진 사람이었어요. 언제나 그랬죠.

▸▸ G, 4주

제 친구는 아기를 낳을 수가 없어요. 그 친구를 다시 만나려니 걱정스러웠지만 그렇다고 해서 둘도 없는 친구를 잃고 싶지도 않았어요. 결국 그 친구를 만나러 갔는데, 친구와 아이가 죽이 잘 맞더라고요. 정말 다행이다 싶더라고요.

▸▸ B, 5개월

사람들은 제가 엄청 야무지다고 생각해서 도움을 줄 생각을 하지 않아요. 예를 들어 친구들이 전화를 걸어올 때면 저는 마음을 가다듬고 전화를 받기에, 친구들은 조금 전까지 제가 무척 침울해하고 있었다는 사실을 알아차리지 못해요. 이제는 내가 먼저 도움을 청해야 한다는 걸 깨달았어요.

▸▸ B, 5개월

모든 우정이 평생 유지되지는 않습니다. 엄마들은 한때 친했던 친구에게 연락을 취했다가 이제는 두 사람 사이에 거리가 생기고 말았다는 사실을 깨닫기도 합니다. 서로 생각이 판이하게 다른 탓에 두 사람 사이에 메울 수 없는 간극이 생긴 것입니다.

어젯밤에 아주 오래된 친구와 저녁을 같이 먹었는데, 친구는 제가 알던 그 친구가 아니었어요. 친구는 생후 4개월 된 아기가 우는데도 아기를 들여다보고 싶은 마음을 억누르며 아래층 계단에 서 있었다고 해요. 친구가 말했어요. "어쩔 수 없었어. 내 삶을 되찾아야 하잖아. 모든 사람이 너처럼 아이를 돌볼 수는 없다고." 그날 밤 저는 밤늦도록 친구에게 들려줬어야 하는 얘기들에 대해서 생각했어요. 마음이 정말 불편했거든요. ▸▸ B, 14개월

여성에게는 대체로 단짝 친구 이외에도 다양한 친구들이 있습니다. 하지만 친구가 무척 간절한 바로 그때, 엄마는 친구들이 대개 직장 생활로 온종일 바쁘다는 사실을 깨닫습니다. 친구 중에는 아이를 낳지 않기로 결심한 사람도 있고, 아이를 낳기는 했지만 복직을 해서 대화를 나눌 여유가 많지 않은 사람도 있을 것입니다. 다른 여성과 언제 어디서나 나누는 유연하면서도 믿음직한 교류망이 오늘날에는 직장에서 가동되는 듯합니다.[142] 하지만 나는 눈물을 글썽이다시피 하는 초보 엄마들에게서 더는 회사 크리스마스 파티에 초대받지 못한다는 이야기를 들은 적이 있습니다.[143] 동네 엄마들이 길거리에서 초보 엄마를 만나면, 초보 엄마가 마치 자신들의 비공식적인 모임에 들어오기라도 한 듯이 말을 건넵니다. 하지만 그것은 회사에서 날마다 만나는 사람들과 형성하는 교류망과는 다릅니다. 이제 초보 엄마는 도대체 '어디'에 속하는 걸까요?

혼자 지내는 생활과 사교 생활 사이에서 균형을 잡기가 무척 어려워요. 아이에게 익숙해지려면 시간을 충분히 들여야 하잖아요. 하지만 남편이 퇴근하기 전까지 아이와 단둘이 지내야 할 때는 그 시간이 너무 길기만 하죠. ▸▸ B, 3개월

날씨가 화창해서 아이와 함께 산책하러 나갔다가 몇몇 엄마들을 물끄러미 바라본 적이 있는데 다들 행복해 보였어요. 그 순간 기분이 씁쓸하더라고요. 제 모습이 마치 '홀로' 공원에 나온 엄마처럼 보였거든요. ▸▸ G, 3개월

올해 저에게 크게 도움이 되었던 일은 다른 엄마들과 친구가 된 거였어요. 처음에는 홀로 우두커니 지내며 다른 사람과 쉽게 어울리지 못했어요. 하지만 다들 마음이 열린, 좋은 사람이었어요. 저도 이제는 예전보다 마음을 열고 사람들에게 다가갈 수 있게 되었어요. 그러면서 대화를 나눌 수 있는 친구가 무척 많아졌죠. ▸▸ B, 12개월

다른 엄마들과 도움을 주고받는 관계를 형성하는 일은 무척 중요합니다. 엄마들은 대개 사적인 문제보다는 자기 앞에 닥친 육아와 관련된 문제에 더 많은 관심을 보입니다. 하지만 그런 관계 속에서도 서로에 대한 이해와 격려와 위안을 얻을 수 있습니다. 엄마들 사이에서는 물건을 빌리거나 공유해도 되는지, 걱정거리가 있을 때 밤 몇 시까지는 다른 사람에게 전화를 걸어도 괜찮은지 등의 행동 기준이 생겨납니다. 엄마들은 당연히 아이와 관련된 일 앞에서는 쉽게 겁을 집어먹지만 다른 사람에게는 분별 있게 행동할 수 있습니다. 이 유연한 엄마들의 모임은 예전부터 늘 그래왔듯이 따스하며 서로가 서로에게 도움이 됩니다. 여성은 엄마가 되면서 예전에는 다른 여성에게 받아보지 못한 따스한 지원과 격려를 받고, 그런 관계의 가치에 눈을 뜨게 됩니다.

엄마들이 관심을 가장 많이 기울이는 주제는 아기의 건강입니다. 엄마가 아기를 낳기 전에는 아기의 건강 문제를 생각해볼 기회가 많지

않습니다. 그러다가 예방 접종처럼 복잡한 의료 문제가 들이닥칩니다. 이런 상황에 대비가 되어 있는 엄마는 별로 없습니다. 특히 요즘 엄마들은 이전 세대보다 더 많은 변수에 대처해야 하며, 보통 사람들은 자기가 처한 상황 속에서 무엇을 믿어야 할지 제대로 판단하기가 어렵습니다. 엄마들은 관련 정보를 구해서 읽지만, 그런 정보는 올바른 선택을 내릴 때 도움이 되지 않을 때가 많습니다. 어쩔 수 없이 아는 것이 많지 않은 상태에서 어려운 결정을 내리게 될 때도 많은데, 결국 엄마의 책임으로 돌아오거나 애지중지하는 아이에게 예상하지 못한 영향을 미칠 수도 있습니다. 정말이지 어려운 문제입니다. 아이의 건강과 관련된 의문은 날마다 새로 생겨날 수 있습니다. 엄마 중에는 일주일에 몇 번씩 소아과에 다녀오는 사람도 있습니다. 적어도 의사라면 엄마에게 걱정할 거리가 있는지 없는지 조언해줄 수는 있으니까요.

아이에게 습진이 생긴 적이 있어요. 얼굴이 빨간 발진으로 뒤덮이면서 부어올랐고 보채기까지 하더라고요. 무서웠어요. 아무래도 저는 엄마가 되기에는 너무 예민한가 봐요.

▸▸ B, 8주

저는 예방 접종에 찬성하는 책과 반대하는 책을 모두 읽어봤어요. 책을 읽고 나니까 걱정스럽더라고요. 양쪽 의견에는 저마다 위험해 보이는 면이 있었거든요.

▸▸ G, 2개월

저는 전직 간호사인데도 지난주에 아이가 아팠을 때 도저히 직접 아이 체온을 재지 못하겠더라고요. 제 판단을 믿지도 못하겠고요. 그래서 아이를 데리고 병원에 가서 의사 선생님께 말했죠. "아이 체온 좀 재주세요!"

▸▸ B, 4개월

아이가 한 달 가까이 꽤 심하게 아팠어요. 아픈 아이를 돌보는 건 쉬운 일이 아니었어요. 애가 죽으면 어떻게 하나 생각도 자꾸만 들고요. 아이를 낳기 전까지만 해도 저는 마흔 살이 다 되도록 무슨 일이 생기면 다른 사람에게 도움을 청하는 어린 소녀 같았어요. 하지만 아이를 낳고 나서는 더욱 성숙한 어른이 되었죠.

▸▸ B, 15개월

장애가 있는 한 엄마는 샤워 의자가 아이 바로 위로 떨어질 뻔한 이야기를 들려주었습니다. 이 엄마는 어쩌다가 샤워 의자에 몸이 끼어버렸는데, 몸을 제대로 움직일 수가 없었다고 합니다. 그녀는 놀란 마음을 다스리며 아이에게 일어났을지도 모를 일에 관해 이야기를 이어나갔습니다. 나는 그녀에게 혹시 본인은 다치지 않았냐고 세 번이나 물었습니다. 하지만 그녀는 그 질문에는 아무런 대답도 하지 않았습니다!

아이가 아플 때 엄마가 아이의 건강과 안전을 위해 온갖 생각을 해야만 한다는 점을 떠올려보면 이러한 마음을 '걱정'으로 폄하하는 일은 무척 안타깝습니다. 옛날 사람들은 요즘 우리가 의사에게 조언을 구하듯 어머니에게 조언을 구했습니다. 크리스티나 홀Christina Hole의 책 『17세기 영국의 주부들The English Housewife in the Seventeenth Century』에는 다음과 같은 대목이 나옵니다. "집안에 변고가 생겼을 때, 아니면 식구 중에 열이 나는 사람이 있거나 간질 혹은 말라리아 증세를 보이는 사람이 있을 때면 다들 안주인을 찾아갔다."[144]

이 글을 처음 읽었을 때는 이를 옛이야기로만 받아들였습니다. 하지만 엄마들이 깨닫게 되듯 사실은 그렇지 않습니다. 엄마들은 기억을 더듬어 전통적인 육아법에서 해결책을 찾아낼 때가 많습니다. 아이를 키울 때 위급 상황이 갑자기 일어납니다. 그런 상황에서 의사는커녕 컴퓨터로 검색을 할 시간조차 없습니다. 엄마는 다른 엄마들이 예전부터 그래왔듯이 자기가 아는 얼마 안 되는 지식을 총동원해서 그 상황에 대처해야 합니다. 앞서 겪었던 긴급한 순간 속에서 '허구한 날 아기 일로 야단법석을 피운다'며 잔소리를 들었던 모든 상황이 값진 경험으로 바뀌면서 새로운 상황을 해결하는 디딤돌이 되어줍니다.

아기가 유아로 자라는 동안 엄마는 아이의 생존과 관련된 문제에 더욱 자신감이 붙습니다. 그래도 엄마는 아이의 앞날이 걱정됩니다.

저는 예전부터 지병이 있고 지금도 몸 상태가 좋지 않아요. 어느 날 아이가 앞으로 평생 겪을 고통을 생각하니 눈물이 나기 시작했어요. 이 세상에 고통을 피할 수 있는 사람은 아무도 없으니까요. ▸▸ B, 10개월

한 남성이 집 현관문 바로 앞에서 차에 치인 적이 있어요. 그 순간 제 아이에게 일어날지도 모를 일이 걱정되기 시작했어요. 아주 강하게요. 그런 일은 생각하기도 싫어요. ▸▸ B, 12개월

엄마는 아기가 걱정스럽기만 한 게 아닙니다. 아기도 엄마에게 의지합니다. 그런 생각이 떠오르면 엄마는 불안감에 휩싸입니다. 그러다

가 내 몸이 좋지 않으면 아기는 누가 돌보나 하는 생각이 듭니다. 옛날에 엄마들이 쓴 시나 일기를 보면 엄마의 건강이 늘 중요한 문제였다는 사실을 알 수 있습니다. 요즘은 출산 중에 사망하는 일이 드물고, 엄마가 되기 전에는 자신의 죽음에 관해 생각을 해볼 기회가 많지 않을 것입니다. 하지만 아이가 생기면 그런 생각이 불쑥 떠오릅니다.

> 아이가 태어난 뒤로 내가 죽으면 어떻게 하나 생각이 많이 들었어요. 아이의 인생이 얼마나 고달프겠어요. ▸▸ B, 5개월

엄마들이 이런 걱정을 하면 주위에서는 걱정도 팔자라며 들은 척만 척할 때가 많지만, 엄마들은 인생을 있는 그대로 마주하려 합니다. 엄마들은 여러 가지 두려운 일들을 머릿속에 떠올려봅니다. 그런 생각을 하면서 언젠가 닥칠지도 모를 일에 대비하는 듯합니다.

엄마들은 앞으로 일어날 일들을 헤아리며 많은 시간을 보냅니다. 특히 모유 수유를 하는 엄마들은 잠든 아기를 품에 안고서 많은 시간을 보냅니다. 그럴 때 엄마의 눈은 아이의 몸 이곳저곳을 수없이 왔다 갔다 합니다. 이 고유하고 섬세한 존재는 누구인지, 엄마는 호기심을 품고서 아기를 아주 세밀하게 관찰합니다. 엄마의 관찰력은 심리학 연구 자료 못지않습니다. 엄마들 대다수는 아동 심리학을 공부하지 않았으며, 자신이 알아낸 것들에 관해서 겸손한 모습을 보입니다. 하지만 그들의 면밀한 관찰력과 통찰력에 놀라게 됩니다.

전 심리학자인데, 아이를 길러보니 아이는 제가 배운 이론과 정반대인 모습일 보일 때가 있더라고요. ▸▸ G, 6주

엄마 아이는 밤에 일어나서 기어다닐 궁리를 해요.
나 그걸 어떻게 아셨어요?
엄마 침대 위에서 무릎으로 일어서는 자세를 취하고는 몸을 앞뒤로 흔들거든요. ▸▸ B, 5개월

아기들은 왜 서로의 머리를 만지는 걸까요? 다들 그러는 것 같더라고요.
▸▸ B, 7개월

아이들은 짓궂은 행동을 할 때 엄마를 쳐다보지 않는 것 같아요. 아이는 자기가 하려는 행동이 올바른 행동인지 짓궂은 행동인지 헷갈릴 때는 제 얼굴을 쳐다봐요. 하지만 자기가 하려는 행동을 제가 허용하지 않으리라는 것을 알 때는 제 쪽을 쳐다보지 않더라고요. ▸▸ B, 14개월

아이를 알아가는 동안 엄마는 자기 자신에 대해서도 알아갑니다. 엄마는 아이와의 상호 작용 속에서 빼놓을 수 없는 존재입니다.

아이를 바라보다가 '내가 요즘 잘 지내고 있는 건가?' 하는 생각을 한 적이 있어요. 그때 그런 생각이 들더라고요. '말도 안 돼. 아이가 잘 지내면 나도 잘 지내는 셈이라고 생각하다니.' 그래서 그 생각을 뒤집어봤어요. 그랬더

니 효과가 있었어요. 제가 잘 지내면 아이도 저를 따라 잘 지내더라고요.

▸▸ B, 6개월

제 기분이 언짢을 때는 아기도 시무룩하고 남편도 시무룩하고 고양이도 시무룩하고 화분도 시무룩하지만, 제 기분이 좋을 때는 모두가 잘 지내더라고요.

▸▸ B, 14개월

저 자신에게 귀 기울이는 법을 배웠어요. 제 감정이 문제를 악화시킬 때가 많더라고요. 첫째가 생후 4개월이었을 때 친정아버지가 돌아가셨어요. 저는 슬픔에 잠겨서 참 많이도 울었죠. 그날 아이는 여덟 시간 동안 젖을 먹지 않으려 했어요. 젖을 물리려 했더니 고개를 돌려버리더라고요. 지금 생각해보면 아이가 제 감정 상태를 알아차렸던 것 같아요.

▸▸ B, 2살 & G, 4개월

아기가 엄마의 감정 상태를 놀라울 정도로 잘 알아차리기도 합니다. 아기는 무심하거나 중립적인 반응이 아니라 아주 따스한 반응을 보입니다. 엄마들은 자기가 거둔 성과를 대수롭지 않게 여기거나 자책할 때가 많습니다. 하지만 아기가 따스한 반응을 보이면 엄마는 타인에게 완전하게 받아들여지는 기분을 느낄 수 있습니다. 아기 덕분에 엄마는 자신의 참되고 선한 면을 알아보고 그 가치를 소중하게 여길 수 있습니다.

외부인에게 이런 이야기는 모두 개인적인 감상처럼 보입니다. 엄마들이 아기 걱정을 너무 많이 하거나 작은 일을 크게 부풀리는 것처럼 보이기도 합니다. 그래서인지 콥 박사는 답답하다는 어조로 엄마들에게 다음과 같이 주문합니다. "육아와 관련이 없는 활동도 좀 하세요. …… 하루에 한 번, 단 30분 만이라도 아이에게서 떨어져 지내면 엄마라는 역할에서 벗어나 삶에 여유가 생깁니다."[145]

콥 박사가 이런 반응을 보이는 이유도 이해는 가지만, 그가 사용한 단어들을 보면 그는 엄마들이 겪는 엄청난 변화를 제대로 이해하지 못하는 듯합니다. 엄마가 '육아와 관련이 없는 활동'을 할 수야 있지만, 그 활동에 제대로 집중하지는 못할 것입니다. 온종일 육아에 전념하지는 못하겠지만, 적어도 육아에 전념하는 그 시간 동안에는 아기를 대하는 법을 배웁니다. 엄마의 육아 방식이 점점 형태를 갖추어 갑니다. 육아에 매진하는 생활을 폄하한 사람은 비단 콥 박사뿐만이 아닙니다. 체호프는 그런 부류의 엄마들을 풍자하는 글을 썼습니다. 안톤 체호프의 희곡 「세 자매」에 나타샤라는 인물이 등장합니다. 나타샤의 가족에게 이런저런 사건들이 벌어지는데, 나타샤의 눈에는 오로지 자신의 아기 보빅만 들어옵니다.[146]

체호프는 위대한 작가이며, 관객들은 나타샤를 비웃었습니다. 하지만 이런 반응이 엄마들에게 공평한 처사일까요? 엄마들은 오로지 아기에게만 정신이 팔려있고 다른 사람들은 안중에도 없을까요? 우리는 엄마들의 이야기에 귀 기울여 봐야 합니다. 아기를 돌보는 생활을 하다 보면, 공감 능력이 대체로 더 좋아집니다. 엄마들은 육아를 하면서 바깥세상과 단절된다기보다는 세상을 더욱 세심한 시선으로 바라보게 됩니다.

길에서 노숙자를 보면 '저 사람도 한때는 아기였을 텐데' 하는 생각이 들어

요. 그러면서 그 사람의 부모는 어떤 사람이었을지 궁금해져요. ▸▸ B, 8주

아이와 함께 안네 프랑크 전시회에 갔다가 연설을 들은 적이 있어요. 많은 생각을 하게 되더라고요. 아이가 유대계이다 보니 연설이 감명 깊었고 지금도 그 여운이 가시지 않아요. 아이를 품에 안은 상태였어서 그런지 남다르게 들리더라고요. ▸▸ G, 11주

엄마가 된 뒤로 많이 바뀌었어요. 심지가 굳어지고 삶에 방향이 생겼죠. 아침에 일어나면 아이에게 더 나은 삶을 선사해줘야겠다고 생각해요. 저는 늘 뜨뜻미지근한 생각을 품어 왔는데, 이제는 생각이 더 확고해졌어요.

▸▸ B, 9개월

이런 감정을 다른 사람들이 이해할 수 있어야 합니다. 엄마들은 거창하고 추상적인 문제들 때문에 이런 감정을 품는 것이 아닙니다. 엄마는 아기를 대하면서 세상을 개인적인 관점에서 바라볼 수 있게 됩니다. 그래서 엄마들은 광범위한 일반화보다는 주로 공정하지 못한 특정 행동에 관심을 보일 때가 많습니다. 아기를 낳으면서 엄마들은 세상을 다른 관점에서 바라볼 수 있게 되고, 다른 사람의 연약함에 더 민감해집니다.

엄마들은 드높은 이상주의에 의문을 품기도 합니다. 엄마라는 역할을 제대로 수행하려면 무엇보다 현실을 직시할 줄 알아야 합니다. 많은 엄마가 임신한 아홉 달 동안 자신이 앞으로 어떤 엄마가 될지 곰곰이 생각합니다. 아이를 기르는 과정을 잘 이겨내겠다든가 자신이 누리

지 못한 삶을 아이에게 선사하겠다든가 하는 여러 가지 야심 찬 목표를 세우며 숭고한 결심을 합니다. 하지만 엄마의 현실은 녹록지 않습니다. 우리는 현실에서 우리를 겸손하게 만드는 여러 교훈을 얻습니다.

출산 전에 저는 예쁜 바느질용 옷감을 사놓았어요. 빵을 구워보겠다는 계획도 세웠고요. 아이가 손을 타지 않으리라 생각했던 거죠. 많은 일을 해낼 수 있으리라 생각했고요. 하지만 요즘은 제 옷조차 제대로 챙겨 입지 못해요!

▸▸ B, 5주

아이를 바라보고 있으면 꼭 드레스를 새로 장만했을 때와 같은 기분이 들어요. 새 옷을 사놓고서는 그 위에 뭘 흘릴까 봐 그 옷을 입지 않는 것처럼 말이에요. 하지만 아이를 찬장 위에 평생토록 고이 올려놓을 수는 없는 노릇이잖아요.

▸▸ B, 3개월

자연분만과 모유 수유를 하지 못했다는 사실이 오래도록 아쉬웠어요. 저는 제왕절개를 해야 했고, 그 때문에 수혈을 받아야 했어요. 게다가 젖이 충분히 나오지도 않았고요. 하지만 지금은 엄마로 살아가는 삶이 마냥 행복해요.

▸▸ B, 4개월

아이를 배 속에 품고 있던 아홉 달 동안 제 감정을 완벽하게 다스리려고 노력했어요. 하지만 아이는 별수 없이, 있는 그대로의 저와 함께 살아가야 할 거예요.

▸▸ G, 6개월

둘째가 생기면 이런 현실 인식이 더욱 두드러지게 나타납니다.

첫째를 키울 때는 제가 임신을 했고 제 삶에 온갖 변화가 일어났다는 사실이 실감났어요. 지금은 직장에 다니면서 첫째를 돌보고 있고, 친정아버지도 아프셔서 배 속의 둘째 아이는 생각할 겨를이 없어요. 그냥 되는 대로 하는 거죠. ▸▸ B, 15개월 & 배 속 아기, 17주

지금 와서 보니까 올바른 방법은 없어요. 첫째 아이를 기를 때는 늘 고심 끝에 결정을 내렸어요. 하지만 지금은 훨씬 더 마음을 편하게 먹고, 더러 실수도 저지를 수 있다고 생각해요. ▸▸ G, 2살 & G, 3개월

그렇다고 해서 엄마가 자신의 행동을 뭐든지 다 용납할 수 있다는 뜻은 아닐 겁니다. 많은 엄마는 자신의 행동을 실용적인 면뿐만 아니라 도덕적인 면에서도 검토하고 평가합니다. 임신 중인 엄마들은 대개 자기가 끔찍한 엄마가 되면 어떡하나 남몰래 걱정합니다. 엄마들의 아주 끔찍한 걱정은 대체로 근거가 없습니다. 하지만 가슴 깊이 품어온 이상이 실패로 돌아갔을 때 엄마에게 어떤 일이 벌어질까요? 엄마는 그 문제를 가벼이 여기지 못할 것입니다.

적절한 죄책감과 부적절한 죄책감이 있어요. 죄책감을 아예 못 느낀다면 현실에 안주하고 있다는 뜻일 거예요. ▸▸ G, 7개월

실수에서 많이 배울 수 있어요. 그 점을 명심해야 해요. ▸▸ B, 13개월

사람들은 엄마가 자신의 급한 성미를 억누르느라 얼마나 많이 노력하는지 잘 알지 못합니다. 엄마는 인내심을 거둬들이고 아이에게 짜증스러운 기분을 표출하고 싶을 때가 많습니다. 갓난아기에게 화를 내는 건 부적절해 보이기 쉽다는 표현이 더 적절할지도 모릅니다. 그러나 아기가 활기 넘치는 모습으로 자랄수록 아기는 엄마에게 동등한 존재로 다가옵니다. 그러면 아기가 아직 어리며, 엄마의 분노가 아기에게 엄청난 충격으로 다가온다는 점을 깜빡 잊을 수 있습니다. 아기에게 항상 인내심을 발휘해야 한다고 생각하지 못하는 것입니다.

어느 날 아이가 저를 머리로 들이받아서 거의 기절할 뻔했어요. 무지하게 아프더라고요. 저는 욱하는 편인데, 놀랍게도 그때는 성질을 내지 않았어요. 저는 아이를 **알아요**. 그건 그냥 실수였어요. 아이 잘못이 아니었어요. 저를 다치게 할 생각으로 그랬던 게 아니었어요. ▸▸ B, 8개월

운전 중에 길이 꽉 막히자 아이가 소리를 지르기 시작했어요. 그때 하필 소변이 마렵더라고요. 차를 세울 수도 없고, 바지를 적실 것만 같았죠. 게다가 아이가 내지르는 소리도 참기 어려웠어요. 마구 화나는 한편, 혹시나 아이에게 험한 짓을 저지를까 봐 걱정되기도 했죠. 결국 창문을 내리고 도로 쪽으로 외쳤어요. "입 좀 닫아줄래!" 그러자 옆 차선에 있는 남성 운전자가 우습다는 듯한 표정을 지었어요. 그러고 나니까 기분이 한결 나아졌어

요. 대신 제 고함을 들은 아이가 기분이 언짢아져서는 집에 가는 내내 칭얼거렸어요. 제가 보기에 아기는 화가 나면 감정을 있는 대로 다 쏟아내지만 엄마는 그래서는 안 돼요.

▸▸ G, 9개월

아이 때문에 화가 치밀어 그 자리에 주저앉아 운 적이 있어요. 애가 세탁기 버튼을 잘못 만진 통에 세탁기가 건조 모드로 두 시간쯤 돌아갔더라고요. 세탁기 안에는 제 몸에 유일하게 꼭 맞는 청바지랑 엄마가 손수 짜주신 스웨터가 들어 있었어요. 두 옷 모두 쪼그라들고 말았죠. 하지만 그건 아이 잘못이 아니었어요. 아이가 호기심을 느끼는 거야 당연하죠. 그래도 화가 나고 짜증이 나는 건 어쩔 수 없더라고요.

▸▸ B, 11개월

마음을 다스리는 법은 터득하기 어렵지만, 집에서 아이를 돌보는 엄마를 '정체된' 존재로 봐서는 안 됩니다. 엄마는 아기를 돌보면서 여러 면으로 성장합니다.

엄마는 바깥세상과 단절되어 있지 않습니다. 사람들은 가끔 엄마들이 돈을 벌지 않는다는 이유로 그들을 사회 '바깥'에 있는 존재이자 사회에서 아무런 역할도 맡지 않은 존재로 여깁니다. 하지만 엄마는 아주 섬세한 역할을 맡고 있습니다. 그 역할을 표현해주는 단어가 없어서 엄마들은 자신이 어떤 역할을 맡고 있는지 인식하지 못하기도 합니다. 그래서 엄마들은 자기가 그 역할을 훌륭하게 수행할 때가 많다는 사실 뿐만 아니라 잘해내고 있는지 걱정할 때가 많다는 사실도 제대로 인식하지 못합니다. 엄마는 중재자입니다. 아기와 타인 모두를 대해야 합니다. 다른 사람과 함께 있는 자리에서 벌어지는 미묘한 상황을 아이에게 단순한 언어로 설명해줘야 할 때가 많습니다.

엄마는 그런 일을 언제나 해냅니다. 한 엄마가 공원 근처 카페에 쌍둥이 딸을 데리고 온 모습을 본 적이 있습니다. 그 엄마는 딸이 느끼는 감정을 강아지를 데려온 매기라는 친구에게 설명해주고자 했고, 그다음에는 매기와 나눈 대화 내용을 딸에게 설명해주고자 했습니다.

> 얘가 강아지에게 인사하고 싶은가 봐. 강아지가 무서운 모양이기는 하지만 그래도 자기 나름대로는 용기를 내보려는 것 같아. 가까이 와봐, 예쁜 강아지야. 순하기도 하지. 그래, 매기, 조금 있다가 놀이터에서 만나. 이따 봐! 이런, 강아지가 가버려서 아쉽구나! 맞아, 강아지가 가버렸네. 매기 아줌마랑 같이 말이야. 괜찮아. 조금 있다가 놀이터에서 만날 거야. 강아지랑 다시 만나서 인사하자. 그래, 강아지가 가버렸지! 얼른 짐 챙겨서 놀이터로 가보자.
>
> ▸▸ 쌍둥이 딸, 약 2살

엄마는 이런 상황에 부딪힐 때가 많습니다. 그럴 때는 상황을 세심하게 살피고, 기지를 발휘해야 합니다. 오해를 재빨리 알아차리고 상황을 명확하게 바로 잡아야 합니다.

> 엄마가 되면 주변 상황을 **스펀지**처럼 쏙쏙 감지하게 돼요. 저는 다른 사람이 저희 모녀에게 반응하는 방식에 제가 이렇게 민감해지리라고는 미처 생각하지 못했어요.
>
> ▸▸ G, 7개월

때로는 인내심과 감수성과 기지가 한순간에 싹 사라지기도 합니다. 엄마는 자신이 아이 앞에서 한없이 참을성을 발휘할 수 있다는 사실에 놀라는 한편, 아이를 보호하기 위해 다른 사람 앞에서 그토록 거세게 화를 낼 수 있다는 사실에도 놀라움을 느낍니다. 엄마들은 자기가 그토록 격한 감정을 드러낼 수 있으리라고는 생각지도 못했다는 말을 많이 합니다.

> 아이를 키우면서 저는 강단 있는 사람이 되었어요. 사소하고 중요하지 않은 일은 제 머릿속에서 사라져버렸죠. 아빠에게 그런 말을 한 적도 있어요. 아이를 낳기 전에 저는 그저 아빠의 딸이었을 뿐이었다고요! ▸▸ B, 9개월

> 유모차에 탄 아이와 버스에 오르려는데 나이 지긋한 여성 두 명이 나타나더니 저를 밀치면서 지나가려는 거예요. 그 탓에 아이가 도로로 밀려날 뻔했죠. 어이가 없더라고요. 저는 엄청 화가 나서 팔을 뻗어 그 사람들을 멈춰 세웠어요. 아마 1년 전이라면 그런 행동을 하지 못했을 거예요.
>
> ▸▸ B, 10개월

사람들은 엄마들에게 육아와 책임감에서 벗어나 휴식을 취하는 편이 좋다고 조언합니다. 그런 말은 일리가 있어 보이지만, 아이가 첫돌을 맞이하기 전까지는 그다지 효과가 없을 수도 있습니다. 우리는 9장에서 엄마가 아이 곁을 지켜주고 싶어 하는 마음이 얼마나 강한지 살펴봤습니다. 보통 아이를 떼어놓고 외출을 했을 때 엄마는 자신이 엄

마라는 사실을 오히려 더 강하게 느낍니다.

친구와 술집에 간 적이 있어요. 아이 생각이 그렇게 간절하게 난 적은 그때가 처음이었어요. 약속 장소에 도착한 지 30분이 지나서야 친구들의 이야기가 제대로 귀에 들어오더라고요. 아이와 그만큼 가까운 사이가 된 거죠. 나중에 우리 쪽을 바라보는 남자들이 있었다고 친구가 그러더군요. 저는 그런 낌새를 전혀 눈치채지 못했어요. 저는 결혼도 했고 엄마잖아요!

▸▸ G, 7주

아이가 지금보다 더 어렸을 때 친구들을 만난 자리에서 그런 말을 한 적이 있어요. "이제 집에 가봐야 할 것 같아. 애가 울고 있어." 정말로 아이 울음소리가 들리는 것 같았거든요. 스스로도 믿기지 않았어요. 제가 그 자리에서 아이가 울고 있는지 어떻게 알겠어요? 하지만 집에 와보니 아이가 정말로 울고 있었어요.

▸▸ G, 7개월

철물점에 갔는데 곁에 아이가 없으니까 기분이 묘하더라고요. 그날 저는 붓이며 긁개며 페인트까지 물건을 모조리 잘못 샀어요.

▸▸ G, 7개월

자신이 속해 있는 두 세계를 연결하려고 할 때, 엄마는 자신이 엄마로서 얼마나 성장했는지 실감합니다. 삶의 속도는 예전보다 느려졌을 것이고, 생활력과 현실 감각, 자신이 중요하게 생각하는 문제에 대한 집중력이 향상되었을 것입니다. 회사 고용주는 이 점을 눈치채지 못하거나 높이 평가하지 않을 것입니다. 진 베이커 밀러Jean Baker Miller는 자신의 책 『새로운 여성 심리학을 향해Towards a New Psychology of Women』에서 엄마가 습득한 새로운 능력은 엄마를 아주 유능한 직장인으로 만들어준다고 주장합니다.[147] 하지만 고용주 대부분은 여성이 **엄마**가 되어서 복직하는 것을 그리 달갑게 여기지 않습니다. 한 엄마의 표현에 따르면, 엄마들은 육아와 '날카롭고 뾰족한 직장의 세계' 사이에는 건널 수 없는 간극이 있다고 느낍니다.

예전에 다니던 직장 모임에 참여해야 했던 적이 있어요. 가슴이 두근거리더라고요. 제가 속한 두 세계가 만나는 듯한 기분이 들었거든요. 저는 그 두 세계를 연결할 수가 없었어요. 너무 힘들었어요. ▸▸ B, 4개월

저는 자신감을 완전히 잃었어요. 엄마로 살면서 그렇게 되어버린 거죠. 저는 배우였는데 이제는 그것도 다 과거가 되어버렸어요! ▸▸ G, 6개월

하지만 그녀는 잘못 생각하고 있었습니다. 이 이야기를 하고 얼마 지나지 않아 그녀는 한 연극에서 엄마 역할을 맡았고, 그때부터 연기 인생이 다시 시작되었습니다.

엄마로 살아온 지 4년 만에 복직했어요. 일할 때 사용하는 각종 장비를 재빨리 준비해놓았죠. 그런데 저 말고 다른 사람들은 모두 느긋한 모습이었고, 저한테 커피 한잔하지 않겠냐고 물어보기까지 하더라고요. 다 같이 커피를 마시러 나가기로 했죠. 제 상사는 다섯 살이 안 된 아이를 셋 기르는데, 분명 아내는 남편이 직장에서 힘겨운 하루를 보내고 있으리라 생각할

거예요. 저도 그렇게 생각했거든요. 그런데 엄마가 되니 직장 생활이 신기하게도 쉽고 여유로워 보이더라고요.

▸▸ B, 4살 & G, 1살

육아와 직장 생활의 가장 본질적인 차이는 직장에서는 정해진 날짜와 시간에만 일을 하면 된다는 점입니다. 반면 아기와 느릿느릿하게 생활하는 삶은 특정한 시간을 따른다기보다는 리듬을 따라 흘러가는 것처럼 느껴집니다.

저는 제 일을 사랑해왔어요. 그런데 지금은 그 마음이 예전 같지 않아요. 저는 복도를 따라 배치된 응접실에서 한 시간 동안 고객을 응대해요. 일이 끝나면 아이를 안고 싶은 마음이 간절해져요. 예전과 달라졌어요. 마음을 가라앉히고 아이와 함께하는 생활로 다시 돌아오기까지 30분이 걸리더라고요. 저는 고작 한 시간짜리 일 때문에 마음이 이렇게 동요해서는 안 된다고 계속해서 생각하죠. 하지만 지난밤에는 그게 잘 안 되더라고요. 머릿속에서 '내일 입을 옷을 미리 준비해놓고 잠을 푹 자야 해. 내일은 출근해야 하니까'라는 생각이 맴돌았거든요. 그럴 때는 아이와 함께 있어도 함께 있는 게 아니에요. 오늘은 지나가면 다시는 돌아오지 않잖아요. 저는 몇 년 후에 둘째를 가질 생각을 하고 있어요. 둘째는 첫째와는 다를 거예요. 아기와 함께 생활하는 삶은 바다에서 파도가 밀려오는 것처럼 흘러가요(엄마가 손짓으로 파도가 천천히 구불구불 밀려오는 모양을 만들었습니다). 반면 직장 생활은……(엄마가 타닥타닥 뭔가를 자잘하게 써는 시늉을 했습니다).

▸▸ B, 6개월

엄마가 된다는 것은 영원히 이어지는 변화가 아닙니다. 엄마가 된다고 영원토록 직장에 다니지 못하는 것도 아닙니다. 많은 엄마는 자신이 다시 '수면 위'로 등장하는 순간을 이야기합니다. 그들은 더욱 온화하고 충만해진 모습을 보이며, 다시 일을 하고 싶어 합니다. 엄마들은 대개 아이가 어느 정도 제 앞가림을 하게 되었을 때 이런 모습을 보입니다. 엄마들의 이야기를 들어보면, 복직을 원치 않는 엄마들은 아직 아이에게 엄마의 손길이 필요하다고 생각하는 듯했습니다. 엄마들이 육아에 강박적으로 집착한다고 지레짐작해서는 안 됩니다. 요즘 엄마들은 직장 생활을 당연하게 받아들이는 세대에 속합니다. 때가 되었다는 생각이 들면, 엄마들은 일터로 돌아가고픈 욕구를 간절하게 드러냅니다.

저는 일주일에 몇 시간만 일해요. 그것만으로도 생활이 크게 달라졌어요. 거품 밖으로 빠져나온 느낌이랄까요. 생활의 중심이 완전히 달라졌죠.

▸▸ G, 7개월

아이가 이제는 어엿한 인격체가 된 것 같아요. 저하고는 다른 존재예요. 요즘은 출산 후 처음으로 아이 생각을 하지 않을 때가 있어요. 대신 저를 생각하면서 앞으로 뭘 해야 할지 고민하기 시작했어요.

▸▸ B, 9개월

일터로 돌아갈 준비가 된 엄마는 갓난아기 앞에서 충격에 빠지던 초보 엄마 시절부터 먼 길을 걸어왔습니다.

매주 저 자신에게 "지금이 더 좋다"고 말해요. 아마 다음 주에도 똑같은 말을 할 거예요. ▸▸ G, 4개월

엄마가 된다는 건 몸이 한참 동안 아프다가 "이제는 한결 나아진 것 같아"라고 말하는 것과 비슷한 면이 있어요. 그러고 나서 한 달 뒤, 사실은 한결 나아진 게 아니었다는 사실을 깨닫는 거죠. 엄마가 된다는 건 그런 거예요. 저는 이제 육아가 한결 수월해진 것 같아요. 하지만 앞으로 시간이 지나면 똑같은 말을 반복하겠죠. ▸▸ B, 11개월

이 엄마의 말은 정확합니다.

엄마는 변화를 거치면서 새로운 정체성을 받아들여야 합니다. 여성이 아이를 낳아서 엄마가 되는 것은 누가 봐도 분명한 사실입니다. 하지만 엄마가 엄마라는 역할에 익숙해지기까지는 시간이 걸립니다.

아이가 태어나던 날 친정엄마가 병원에 같이 가주었어요. 출산이 막 시작되려 하자 의사가 말하더라고요. "어머니를 출산대로 옮깁시다." 웃긴 소리지만, 그때 저는 엄마를 왜 출산대로 옮기는지 의아해했어요. 그때까지만 해도 저는 저 자신을 엄마로 여기지 못했어요. ▸▸ B, 4개월

아직 제가 엄마라는 사실이 실감이 나지 않아요. 그러면서도 아이 앞에서는 이렇게 말하죠. "미안해, 아가야. 엄마가 얼른 기저귀 갈아줄게. 찝찝했겠다. 엄마가 이렇게 정신이 없네, 기저귀 갈아주는 것도 잊고!" 그런데 그

렇게 말을 해놓고도 잠시 후에야 '아, 맞다. 내가 아기 엄마였지' 하고 정신이 번뜩 들어요. 그러니까 아직도 제가 엄마라는 사실에 완벽하게 적응하지는 못한 거예요.

▸▸ G, 3개월

엄마가 되고 나서 꿈을 꾸는 것 같았어요. 제가 정말로 엄마가 되었다는 사실이 믿기지 않았죠. 이제는 아이가 '엄마!'라고 부르는 소리가 친정엄마를 부르는 소리가 아니라는 사실에 익숙해지기 시작했어요. 바로 **저**를 부르는 소리죠!

▸▸ G, 16개월

엄마들은 옛 기억을 더듬어보면 아기를 낳기 전의 생활이 너무나도 먼 옛날같이 생경하게만 느껴집니다.

아이가 태어나기 전에 주말마다 뭘 했었는지 이제는 기억도 나지 않아요.

▸▸ B, 4개월

예전에는 어떻게 살았는지 생각나지 않아요. 아이를 낳기 전에는 저녁마다 뭘 했을까요? 분명 시간이 엄청나게 많았을 텐데.

▸▸ G, 12개월

이건 기억력의 문제가 아닙니다. 엄마는 커다란 변화를 겪었습니다. 그 탓에 자신의 옛 모습을 다시 떠올리기가 어려워진 것입니다.

허물을 벗은 기분이에요. 저는 지금 제 모습이 놀라울 따름이에요.

▸▸ B, 7주

저는 제가 하던 일이 좋아서 아이를 낳고 싶지 않다고 생각해왔어요. 하지만 아이가 태어나는 순간 생각했어요. '이게 내가 진짜 바라던 삶이야.'

▸▸ G, 5개월

저는 아이를 기르면서 더 나은 사람이 되었어요. 다른 사람의 마음을 훨씬 더 깊이 헤아리게 되더라고요. ▸▸ G, 10개월

뭔가를 성취한 기분이 들어요. 원래 저는 2주 동안 아이를 돌보다가 제가 꼭 하고 싶던 사업을 시작할 생각이었어요. 하지만 아직 그렇게 하지 못하고 있어요. 엄마가 되니까 마음가짐이 완전히 달라졌고, 제 삶이 완전히 바뀌었다는 사실을 받아들이는 편이 저한테 더 좋겠더라고요. ▸▸ G, 13개월

모순적으로 보일지 모르지만 아기와 새로운 삶을 열어가는 첫 단계에서 엄마는 자기 자신을 잃는 기분을 느낄 수 있습니다. 하지만 몇 달 뒤, 엄마는 자기 안에 있는 또 다른 면을 발견합니다.

지난 4개월은 제 인생의 황금기였어요. 예전에는 느껴보지 못한 풍성한 행복감을 맛볼 수 있었거든요. ▸▸ B, 4개월

저는 유머 감각이 없다는 얘기를 자주 들었어요. 그렇지만 글쎄요. 제 생각에 어렸을 때는 웃을 일이 별로 없었던 것 같아요. 요즘은 웃음이 끊이지 않아요. 아이 덕분에요. 저희는 함께 정말 즐겁게 지내요. ▸▸ G, 9개월

저는 혼자서는 노래를 부르지 않는 사람이었어요. 그런데 요즘에는 집 안에서 춤을 추며 "넌 정말 **사랑스러운** 아기야"라고 노래를 부르죠.

▸▸ B, 11개월

아이와 함께 있으면 정말 즐거워요. 저는 원래 많이 웃는 편이 아니었어요. 하지만 지금은 매일 아기가 보여주는 새로운 모습들이 정말이지 사랑스러워요. ▸▸ B, 11개월

저는 여러 가지 일을 즐겁게 하면서 살아왔어요. 하지만 육아야말로 제 능력을 최대한 발휘한 첫 번째 일이었어요. 저는 완벽한 사람은 아니지만 적어도 최선을 다하고 있다고는 생각해요. 육아라는 기회로 이런 경험을 할 수 있게 되어서 고마워요. ▸▸ B, 2살 & B, 6주

이처럼 엄마들이 마주하는 변화를 요약해서 표현하고 싶지만 마땅한 말이 생각나지 않습니다. 엄마들과 함께 있을 때는 모든 게 명확해 굳이 설명할 필요가 없어 보입니다. 하지만 집에 돌아와 책상 앞에 앉으면 그때와는 너무나도 다르게 말문이 막히곤 합니다.

엄마로 살아가는 경험을 다룬 책에 등장하는 부정적인 문구들을 떠올렸을 때, 그제야 화가 복받치면서 할 말이 생각났습니다. 그런 책 중

하나가 정신과 의사이자 심리치료사인 제인 프라이스Jane Price가 쓴 『육아가 우리 마음에 미치는 영향Motherhood: What It Does to Your Mind』입니다. 이 책의 9장 제목은 '육아가 미치는 치명적인 영향'입니다.[148] 이 책에는 육아가 여성에게 미치는 유익한 영향을 검토하며 균형을 맞추는 장이 없습니다. 용납하기 어려운 태도입니다.

아이들은 지능이 높습니다. 무엇이든 당연하게 여기는 법이 **없습니다**. 누군가와 보조를 맞추고자 노력하는 행위는 우리 마음에 매우 유익합니다. 일리야 프리고진Ilya Prigogine과 이사벨 스텐저스Isabelle Stengers의 책 『혼돈으로부터의 질서』에는 "자연은 1000가지 목소리로 이야기하고, 우리는 이제야 그 목소리에 귀 기울이기 시작했다"는 대목이 나옵니다.[149] 하지만 엄마들은 분명 오래전부터 귀를 기울였습니다. 현대의 혼돈 이론 과학자들은 질서를 세우고자 노력하지만, 아기를 관찰해온 엄마들은 이미 1000년 전부터 그런 일을 해왔습니다. 아이들이 자라는 동안 엄마들은 아이들로부터 기계, 영혼(특히 사후 세계), 언어의 뜻, 도덕 등과 관련된 온갖 예기치 못한 질문들을 받습니다. 이는 우리가 아이를 키우는 동안 마음을 망가뜨리는 것이 아니라는 점을 보여줍니다. 오히려 마음을 제대로 활용하고 있는 것입니다.

아이 엄마, 이 (콘크리트) 계단은 어떻게 이렇게 평평해? 아저씨가 롤러로 민 거야?

엄마 음, 글쎄. 엄마도 잘 모르겠네. 어떻게 대답을 해줘야 할까. 계단이 어떻게 이렇게 평평하지? 우리 아들은 항상 엄마가 대답하기 어려운 것만 물어보네.

▸▸ B, 3살

아이들은 우리에게 부모가 굳이 백과사전이 될 필요는 없다는 점을 가르쳐줍니다. 부모가 꼭 완벽한 사람이 되어야 할 필요는 없습니다. 앞의 엄마는 아이의 질문을 진지하게 받아들이고 솔직하게 대답했습니다. 나는 이 두 사람을 따라 계단을 내려가면서 아이가 엄마의 대답에 아주 흡족해하는 모습을 보았습니다. 아이는 엄마에게 따스한 애정을 느끼고 있었습니다. 아이에게 엄마는 충분히 완벽한 존재입니다.

지금까지 살펴본 내용은 육아라는 흥미로운 영역을 얼핏 들여다본 것에 지나지 않습니다. 그 안에는 우리가 말로 표현할 수 있는 것보다 훨씬 많은 이야기가 있습니다. 그렇기에 아이를 키우는 삶을 '집에 들어앉아' 혹은 '집에 틀어박혀' 지루한 일들을 처리하는 행위로 여겨서는 안 됩니다. 아이를 돌보는 삶 속에는 여성이 다방면으로 성장할 무한한 기회가 있습니다.

더욱이 엄마가 되면 엄마가 맺는 다른 인간관계 역시 변해갑니다. 초보 엄마들은 특히 아이 아빠와의 관계나 친정엄마와의 관계에 대해서 많은 이야기를 나눕니다. 이어지는 11장, 12장에서는 이와 관련된 내용을 다루도록 하겠습니다.

11

남편이 너무 미워요

많은 엄마가 "지금 와서 돌아보면 엄마가 될 준비가 한참 부족했어요"라는 말을 합니다. 그렇다면 혹시 아빠들도 똑같은 생각을 할까요? 사회학자 브라이언 잭슨Brian Jackson은 초보 아빠 100명을 인터뷰한 적이 있습니다. 그는 이후 이렇게 말했습니다. "아빠들의 준비 부족은 놀라운 수준이다."[150] 이렇게 준비가 부족한 두 사람이 만나서 처음으로 아기를 낳는다면 어떤 일이 벌어질까요?

엄마들과 대화를 나누고 그들의 이야기에 귀를 기울이면서 나는 몇 가지 공통된 결론을 이끌어낼 수 있었습니다. 이번 장은 커다란 주제를 연결해주는 임시 발판입니다. 엄마들과 나누는 대화는 기본적으로 편향되어 있습니다. 아빠들이 참석해서 자신의 입장을 설명할 수 없으니까요. 엄마들은 대개 자신의 속내를 안심하고 털어놓을 수 있는 자리에서 격하고 부정적인 감정을 드러내곤 합니다. "하지만 그건 빙산의 일각일 뿐이에요"라는 말을 덧붙이기도 합니다. 이번 장은 그런 생각과 관련된 내용입니다. 엄마들 대다수는 기본적으로 남편을 사랑하는 것 같습니다. 그들의 사랑에 문제가 없어 보이기에 엄마들은 아무런 말도 하지 않습니다.

엄마들은 아기가 태어나기 전에는 남편과 알콩달콩 살았다는 이야기를 자주 합니다. 아기의 탄생은 부부의 사랑을 자연스럽게 확인해주는 과정처럼 보입니다. 또한 초보 엄마들은 아기가 태어나기 오래전부터 모성을 느끼며, 그 마음을 남편에게 쏟아붓습니다. 엄마들은 기자들이 사용하는 선정적인 기사 제목, 이를테면 "아이가 생기면 결혼 생활에 금이 간다" 같은 제목에 충격을 받습니다. 엄마의 사랑은 아이가 생겨난 원인이기에, 아이가 태어나면 분명 더 원숙해집니다.

아이가 태어나자마자 부부는 자신의 준비 부족을 여실히 깨닫습니다. 나는 모유 수유 상담을 하려고 한 가정을 방문했다가 아이 아빠에게 준비가 부족한 상황을 명확하게 정리해주는 말을 들은 적이 있습니다.

아빠 우리는 출산 준비에 공을 많이 들였어요. 온갖 책을 읽고, 출산 교실에 나가고, 어떤 식으로 출산할지 서로 의견을 나누었죠. 하지만 그다음 단계로는 넘어가지 못하고 있어요. 현실이 갑작스럽게 닥쳐왔거든요.

▸▸ G, 1주

이 아빠는 '우리'라는 표현을 사용했습니다. 그렇지만 아마도 몇 주 뒤에는 '나' 혹은 '아내'라는 표현을 사용할 것입니다. 육아 중에 부부는 서로 다른 길을 걷는 듯한 기분에 휩싸일 수 있습니다. 아이라는 연결 고리가 생겼는데 부부가 가까워지기는커녕 멀어진다니 믿기지 않을지도 모릅니다. 사람들은 아기가 부부 사이를 갈라놓는다며 아기를 '쐐기'에 빗대기도 합니다. 아기에게 비난의 화살을 돌리기는 쉽습니다. 실제로 부부가 서로에게 느끼는 감정에 변화가 생깁니다. 그러나 그 원인을 다른 곳에서 찾을 수도 있습니다. 아기가 태어나면 두 사람 사이의 관계가 갑작스레 세 사람의 관계로 바뀌는데, 부모 중에 이처럼 중대한 변화를 언급하는 사람은 별로 없습니다. 아기는 태어나는 순간부터 무시할 수 없을 정도로 존재감이 뚜렷합니다.

두 사람의 관계와 세 사람의 관계는 근본적으로 다릅니다. 두 사람일 때는 우아하게 균형을 이루지만 세 사람이면 관계가 복잡해집니다. 그 관계는 균형을 이루지 못합니다. 부모는 아이하고는 생물학적인 관계를 이루지만, 배우자와 합의에 바탕을 둔 관계를 이룹니다. 게다가 세 사람의 관계는 각 개인을 기준으로 형성되기도 하고 한 쌍(엄마와 아빠, 엄마와 아이, 아이와 아빠)으로 묶여서 돌아가기도 합니다. 가족 구성원에 아이가 하나 더 추가되는 것 역시 상황을 복잡하게 만들기는 하지만 그래도 두 사람이 세 사람으로 변하는 것만큼은 아닙니다. 관계의 변화가 늘 결혼 생활에 쐐기로 작용하지는 않습니다. 하지만 결혼 생활에 변화를 몰고 오는 것만큼은 분명합니다.

이제 막 부모가 된 사람들의 생각이 여기까지 미치지 못할 때가 많습니다. 그들은 주로 실생활과 관련된 문제에 관심을 두니, 몇 달 동안은 계속해서 두 사람을 기준으로 생각합니다. 두 사람 사이에서는 '나머지 한 사람'이 무척 중요하지만, 세 사람일 때는 나머지 **두 사람**이 무척 중요합니다. 일반적으로 초보 아빠는 아기가 태어나기 전처럼 기존의 부부 관계를 유지하고자 하지만, 엄마는 아기와 끈끈한 관계를 형성하기에, 아빠는 그 안으로 비집고 들어가지 못합니다. 이런 상황에서 아빠는 소외당하는 듯한 느낌을 받기 쉽습니다.

엄마가 갓난아기를 위해 충분한 마음의 공간을 내어주고자 하면서(273-279쪽 참고) 부부 사이에 혼란이 생깁니다. 아기가 태어나기 전에는 아빠도 엄마의 마음속 공간 일부를 누렸습니다. 임신 중인 아내는 모성에서 우러나오는 감정을 남편에게 아낌없이 나누어주고, 남편의 희망 사항을 우선순위에 놓았을 것입니다. 그래서 아기가 태어나고 나면, 남편은 뜻하지 않게 버림받은 기분에 사로잡힐 수 있습니다. 갑작스레 나타난 아기에게 이제껏 누려오던 특별석을 빼앗긴 신세가 되는 것입니다. 이럴 때 부부는 아빠가 삼각관계 속에서 새로 맡게 된 역할을 깨닫기보다는, 엄마의 사랑을 두고 아기와 경쟁을 벌인다고 생각할 수 있습니다.

남편이 제게 키스하려고 다가오는 순간, 곰보 자국에 주름이 가득한 얼굴이 눈에 들어왔어요. 그때 제가 달라졌다는 걸 깨달았어요. 저는 아이에게 푹 빠졌어요. 제 삶에 들어왔던 한 남자를 다른 남자와 맞바꾼 것처럼요.

▸▸ B, 2개월

출산 전에는 남편과 무척 친밀했어요. 하지만 지금 제 마음은 온통 아이에게 쏠려 있어요. 남편은 밀려나버렸죠.

▸▸ G, 6개월

남편이 "이건 예전에 날 위해서 해주던 요리잖아"라고 말할 때가 있어요. 남편을 위해서 요리를 해주던 시절이 있었거든요. 하지만 이제 그 대상이 아이로 바뀌었어요. ▸▸ B, 12개월

이런 상황을 이해한다면, 엄마와 아빠는 두 사람의 관계를 현명하게 조정해나갈 수 있습니다. 부부는 수많은 변화를 비슷하게 겪을 수밖에 없습니다. 예를 들어 모유 수유를 하는 엄마는 밤에 아기와 함께 잠을 자기로 결정할 수 있습니다. 이것은 눈에 보이는 변화입니다. 아빠는 엄마가 어떤 결정을 내렸는지 이해할 수 있습니다. 그에 따라 엄마의 결정에 반대할 수도 있고, 적응할 수도 있고, 더 나아가 새로운 생활방식을 즐길 수도 있습니다. 어떤 아빠는 셋이서 함께 자기도 하고, 어떤 아빠는 혼자 소파에서 자기도 합니다. 원인을 찾아내야 문제가 해결됩니다. 엄마들의 이야기에 따르면 아빠는 엄마와 아이의 친밀한 관계를 자기 자신에 대한 모욕으로 받아들이기도 합니다. 남편의 오해는 출산 초기 이후로도 오래도록 이어질 수 있습니다.

남편은 아직 변화에 적응하지 못한 것 같아요. 저한테는 아이가 삶의 중심이에요. 하지만 남편은 그렇지 않아요. ▸▸ G, 7개월

얼마 전에 남편과 영화관에 다녀왔어요. 차를 몰고 집으로 돌아오는 길에 남편이 무슨 이야기를 시작했는데 그것 때문에 거의 싸울 뻔했어요. 제가 제대로 듣지 못했거든요. 저는…… 아이에게 돌아가고 있었거든요. ▸▸ G, 8개월

남편은 자기가 이야기하는 중에 아이가 소리를 내면 제가 고개를 늘 그쪽으로 돌린다면서 불만을 토로해요. 하지만 저는 아이가 괜찮은지 꼭 확인해야 해요.

▸▸ B, 14개월

남편은 이런 상황을 받아들이기가 어려울 수 있습니다. 아내는 아기와 가까워졌지만 자기는 그렇지 못했다고 생각할 수 있습니다. 하지만 아기는 자궁에서부터 아빠의 목소리를 들어왔습니다. 아빠가 아이를 가까운 존재로 여길 이유는 많습니다. 하지만 모두가 그런 생각을 할 수 있지는 않습니다. 출판인 어설라 오언Ursula Owen은 "엄마에게 육아는 책임감이 뒤따르는 일이지만 아빠에게는 취미 생활이다"[151]라고 말합니다. 아마도 오언의 아버지는 자녀를 여가 시간에만 돌봤나 봅니다. 하지만 요즘 아빠들은 아빠 노릇을 예전보다 훨씬 더 적극적으로 하려고 노력합니다. 심리학자 찰리 루이스Charlie Lewis는 아빠들을 대상으로 연구를 진행한 뒤 "아빠라는 역할은 대개 강렬한 경험으로 다가온다"[152]고 기록했습니다. 그렇다면 아빠들에게도 분명 새로운 역할에 녹아들려고 노력하는 순간이 있을 것입니다.

초보 아빠는 아내에게서 충분히 사랑받지 못하고 있다고 느낄 수 있습니다. 낮에 회사에서 일하다가 저녁에 집에 돌아오면 분명히 집을 안식처로 여길 것입니다. 남편이 없는 사이 아마도 아내는 아이에게 오랜 시간 애정과 인내와 자제심을 보여주었을 것입니다. 하지만 그 모습을 봐주는 사람은 아무도 없습니다. 엄마는 온종일 '아무것도 하지 않았다'는 생각에 짜증이 날 수 있습니다. 배우자가 돌아와서 반갑기는 하지만 한편으로는 그가 자신을 마뜩잖아하는 듯한 느낌을 받을 수 있습니다. 한때 두 사람이 모두 속했던 '직장 생활'에서 돌아온 남편은 온종일 직장에서 '뭔가'를 했습니다. 아내는 자신이 그에게 이토록 화가 난다는 사실에 깜짝 놀랄 때가 있습니다. 남편은 잠시 생각을 해봐도 자기가 왜 이런 대접을 받아야 하는지 이해가 가지 않습니다.

남편 퇴근 시간을 기다리며 시계만 바라보고 있었어요. 그러다가 남편이 집에 들어오자마자 쏘아붙였죠. "먹을 것 좀 줘! **지금 당장!**" 그건 아이가 온종일 저에게 했던 행동이었어요. 제 역할을 남편에게 넘겨주고는 그가 저를 돌봐주기를 바랐던 거죠. ▸▸ G, 5주

남편은 직장인이에요. 5시 반이 넘어서 퇴근을 하면 마냥 늘어져서 느긋하게 쉬고 싶어 하죠. 하지만 저는 엄마라서 퇴근 시간이 **아예** 없어요!

▸▸ B, 4개월

엄마 1 남편한테 엄청 화가 나더라고요. 칼을 들고 남편에게 화를 냈죠. 남편은 잘나가는 직장인이에요. 제가 집에서 어떤 생활을 하는지 이해를 전혀 못해요. ▸▸ B, 2개월

엄마 2 소파에서 관계를 한 뒤에 식탁에서 저녁을 먹으며 지적인 대화를 나누자던가요? ▸▸ B, 4개월

엄마 1 맞아요!

남편이 부러워요. 남편은 아침에 일어나서 샤워를 하고 정장을 차려입어요. 그러고는 현관문을 나서죠. 저는 그럴 수가 없잖아요. ▸▸ B, 7개월

우리는 앞서 엄마가 아기에 대해서 많은 것을 배워야 한다는 사실을 살펴봤습니다. 요즘 엄마들은 불안감이 엄습하는 순간에 옛날처럼 다른 여성의 도움을 받을 수가 없습니다. 더불어 엄마에게 지금 시기에 이 정도면 잘하고 있으며 앞으로는 더 잘해낼 수 있을 거라고 용기를 북돋워주고자 해도 그런 마음을 표현할 적절할 말이 별로 없습니다. 엄마는 '미운 3살'이나 '중2병'에 관한 이야기는 들어봤습니다. 하지만 엄마는 작은 아이를 키우는 '쉬운' 시기도 제대로 대처하지 못하고 있습니다. 자신의 역량 부족에서 오는 감정을 남편에게 쏟아낼 때가 있다고 고백하는 엄마들이 많습니다.

아이가 울면 자신감이 사라지면서 남편에게 소리를 지르게 돼요.

▸▸ B, 3개월

아침에 부부싸움을 했어요. 남편이 저더러 그렇게 쏘아붙이지 좀 말라고 불평을 했거든요. 그래서 남편에게 설명했어요. "나도 내가 날카롭게 굴 때가 있다는 걸 알아. 하지만 아이가 걱정돼서 나도 어쩔 수가 없어." ▸▸ G, 4개월

지난밤에 아이가 여러 번 잠에서 깼어요. 그러고 나서 아침에 일어나니까 남편을 **죽이고** 싶더라고요. ▸▸ G, 7개월

아무리 달래도 아이가 계속 울면, 남편에게 쏘아붙이고 싶어져요.

▸▸ G, 14개월

엄마들은 자기 마음속에서 솟구치는 감정에 깜짝 놀라기도 합니다. 어쩌면 기자들이 옳은지도 모릅니다. 특히나 부부가 육아로 인해 피곤하고 짜증스러운 상황을 적응해가는 중간 단계가 아니라 최종 단계로 여긴다면 부부 사이의 관계는 더욱더 험난해집니다. 그럴 때 엄마들끼리 이야기를 주고받으면 마음이 놓이기도 합니다. 자신의 행동을 웃어넘기면서 균형 감각을 되찾을 수 있습니다.

저와 남편은 이제 새로운 사람이 되었어요. 새로워진 우리 두 사람이 서로를 알아가는 시간이 정말 좋아요. ▸▸ B, 6개월

남자들은 아기의 존재를 받아들이기 어려워해요. 아무도 그런 이야기를 해주지 않고 도와주지도 않거든요. ▸▸ 9개월

남편도 저만큼 피곤하다는 사실을 잘 알아요. 생계를 위해 고생스럽게 일해야 하잖아요. 그런 말은 하지 말았어야 했어요. ▸▸ B, 11개월

이제 갓 부모가 된 사람들은 화내서 미안하다며 서로에게 사과할 때가 많습니다. 그들이 처한 어려움의 밑바탕에는 세 사람의 새로운 관계에 적응하는 문제가 있습니다. 초보 부모는 이 단계에서 헤맵니다. 몸이 피곤하고 자신감이 떨어진 상태여서 새로운 상황을 마주하길 꺼릴 수 있습니다. 그러면 서로에게 싫은 소리를 하기 쉽습니다.

부모들은 아기 앞에서 화를 참으려고 애쓸 때가 많지만, 그러면 자

신의 감정을 제대로 살펴볼 기회가 사라집니다. 마지막 수단으로 그 자리에서 벗어나는 방법을 쓴다면, 그것은 아무런 잘못도 없는 갓난아기에게 고통으로 다가올 수 있습니다.

남편이랑 대판 싸웠어요. 남편이 퇴근하고 와서 보도록 "여행 감"이라고 쪽지를 남겨 놓고 싶더라고요. 아이 얼굴을 보니까 그럴 수가 없었어요.

▸▸ G, 7개월

부모로 거듭나는 과정은 어렵습니다. 아이가 태어나기 전에 부부는 서로가 자기 짝이 맞는지 확인하는 어려운 시간을 거쳤을 것입니다. 이제 부모가 된 두 사람은 확신이 서지 않습니다. 서로에 대한 불신이 강하게 들 수도 있습니다. 아내는 남편에게 상처를 주기도 쉽고, 남편으로부터 상처를 받기도 쉬워집니다.

아빠 중에는 더러 아이가 안중에도 없는 사람들이 있더라고요. 남편은 전혀 그렇지 않아요. 퇴근하면 집으로 껑충껑충 뛰어 들어와서 저에게 가볍게 볼 인사를 하고는 아이를 향해 "우리 딸, 아빠 왔다!"라고 외치죠. 딸아이에게는 제대로 뽀뽀해주고 꼭 안아줘요. 그 모습을 보고 있으면 그런 생각이 들어요. '나한테는 안 그러더니?' ▸▸ G, 7개월

아이가 경련성 기침을 하니까 이러다가 애가 죽는 거 아닌가 싶더라고요.

앞이 캄캄했죠. 병원에 다녀오고 나서 저와 남편은 서로에게 마구 화를 냈어요. 남편은 "드라마 여주인공처럼 굴지 좀 마"라고 소리쳤고, 저는 "그 정도도 이해 못 해주냐"면서 되받아쳤죠. 다음 날 우리는 이혼 이야기를 꺼냈어요. 끔찍한 순간이었죠.

▸▸ G, 8개월

하루는 남편이 녹초가 되어서 들어오더니 자기 우편물과 이메일부터 확인하더라고요. 그럴 수도 있다고 생각했어요. 짜증 나는 마음을 꾹 참았죠. 하지만 그것도 딱 1분이었어요. 결국 아이와 저는 뒷전이냐며 남편에게 지독한 말을 늘어놓고 말았어요. 남편은 정말 열심히 일하는 사람이라서 그런 모습을 보면 눈물이 날 때도 있어요. 우리는 소중한 시간을 함께 보냈지만, 그 시간이 너무나 짧았고, 이제는 서로에게 험악한 말을 쏟아내요.

▸▸ B, 12개월

활기차게 놀던 아이도 언젠가는 잠을 잡니다. 그때 남편과 아내가 얼른 준비하고 침대에 뛰어들어 사랑을 나눌 수 있을까요? 초보 부모는 자신을 부모로 만들어준 성관계가 오해를 낳는 주범이 되기도 한다는 사실에 놀라기도 합니다. 아내는 남편이 무슨 생각을 하는지, 남편이 왜 자기 마음을 몰라주는지 이해하기 어려울 수 있습니다.

아빠의 생활은 아기가 태어난 뒤에도 근본적으로 달라지지 않을 때가 많습니다. 대체로 다니던 직장에서 계속 일을 하고, 무엇보다 신체적으로 아무런 변화를 겪지 않습니다. 아빠의 생활에는 변하지 않는 요소가 상대적으로 많습니다. 아빠가 성관계를 부부 사이의 기존 관계를 유지하는 수단으로 생각하는 이유도 이해가 됩니다.

엄마는 아홉 달 동안 임신 상태였다가 최근에 아이를 낳았습니다. 그리고 그 과정에서 몸에 커다란 변화가 생겼습니다. 여성 중에는 출산을 하고 나서 얼마 지나지 않아 성관계를 하고 싶어 하는 사람도 있으며, 그들은 아이가 생기면서 성관계를 할 기회가 크게 줄어드는 상황을 못마땅해합니다. 하지만 많은 초보 엄마는 신체적으로나 감정적으로 산후조리 기간이 필요합니다. 그들은 남편과 성관계를 할 욕구가 더는 일지 않는다는 이야기를 할 때가 많습니다. 성욕이 사라지는 것은 몸과 마음이 회복되기 전에 성관계를 하지 않도록 막아주는 자연스러운 자기 보호 반응일지도 모릅니다. 일부는 성관계를 다시 하는 것에 두려움을 느끼며, 회음부 절개 후 봉합한 여성이라면 그런 경향이 더더욱 두드러집니다. 이와 관련된 불만은 주로 부부가 서로에게 애정어린 친밀감을 느끼는 상황에서 남편이 성관계 의사를 내비칠 때 커집니다. 그럴 때 아내는 내키지 않는다고 대답하거나 그런 생각을 내비칩니다. 그러면 아빠는 자신의 성적 매력이 예전 같지 않다고 결론을 내리며, 엄마는 아빠가 엄마의 건강 상태는 아랑곳하지 않고 오로지 자기 욕심만 차리려 든다고 확신하기도 합니다.

예전에 그 알콩달콩하던 연인은 어디로 가버렸을까요? 남편과 저는 아이를 돌볼 때는 호흡이 척척 맞아요. 하지만 그게 다예요. 연애 감정은 끼어들 틈이 없죠.

▸▸ B, 5개월

남편과 대화를 나누는 중에 남편이 바싹 다가앉자, 혹시나 그게 제가 원하는 것 이상의 행위로 이어질까 봐 걱정스러웠어요. 남편은 저보다 그걸 훨씬 좋아하거든요. 그렇지만 아기가 태어나고 나서 남편과 소원해졌다는 다른 엄마들 이야기도 계속해서 머릿속에 떠올랐어요. 그런 일이 저한테도 일어날 수 있다는 생각이 들었고, 그러지 않길 바랐어요. ▸▸ B, 6개월

아이에게 밤새 모유 수유를 하고 나니까 남편의 손길이 그리웠지만 성관계로 이어지길 원하지는 않았어요. 그런 감정은 이제 저한테서 싹 사라졌거든요. 저는 남편이 시도를 하면 저도 모르게 남편에게 소리를 질러요. 꼭 안아주는 건 괜찮지만요. ▸▸ B, 9개월

성욕이 완전히 사라졌어요. 남편은 제 마음을 무척 잘 이해해줘요. 그것 때문에 화를 내는 단계는 이미 넘어섰죠. 이제는 그런 요구를 해오지도 않아요. 그래도 저는 마음이 언짢아요. 성관계를 하고 싶다는 생각이 들지를 않으니까요. 저는 매일 밤 '오늘은 해야지' 하고 생각해요. 하지만 정말로 하고 싶다는 생각은 들지 않아요. ▸▸ G, 약 12개월

남편은 우리가 다시 관계를 할 일은 절대 없으리라고 생각해요. 하지만 저는 늘 제가 피곤해하지 않는 날이 오면 다시 하게 될 거라고 설명하죠.

▸▸ B, 12개월

엄마들은 사랑을 나누기에는 '너무나 피곤하다'는 말을 합니다. 많은 엄마가 수면 부족으로 기진맥진합니다. 게다가 엄마들의 이야기를 들어보면 그들이 의기소침하고 혼란스러워하고 있다는 사실이 여실히 드러납니다. 전통 사회에서 엄마는 바람직하고 자랑스러운 존재였

으며, 엄마는 여성의 신비로움과 아름다움을 고스란히 보여주는 존재로 여겨졌습니다. 출산은 엄마의 몸과 영혼을 고양하는 과정으로 간주되었고, 모유 수유는 엄마에게 아이를 성장시키는 능력이 있다는 증거였습니다. 이런 문화에서는 부부 사이에 아이가 들어와도 두 사람이 새롭고 흥미로운 방향으로 발전해나갈 수 있습니다.

하지만 이것은 현대 사회의 여성들과는 동떨어진 이야기입니다. 그들은 어린 시절에 '남성적' 능력을 기르도록 권장받았습니다. 엄마가 되고 나면 그들은 스스로를 아름다운 존재로 여기기보다는 자신이 과체중이고 건강 상태가 불량하고 피곤하고 외모마저 단정치 못하다고 여기게 됩니다. 자신의 신체 변화에 대해 이렇게 부정적인 사고에 사로잡혀 있는 여성이 과연 자기 자신을 존중할 수 있을까요? 잠자리에 선뜻 응할 마음이 날까요? 한 엄마는 이 주제를 여성만의 관점으로 바라보며 이렇게 말했습니다.

> 저를 바라보는 남편의 눈빛은 꼭 "내 여자가 아기를 낳았군"이라고 말하는 것 같다니까요. 남편은 제가 감당하지 못하는 일들에 자부심이 있어요. 그리고 저는 적당히 장단을 맞춰주죠. "여보, 퓨즈가 나갔네"라는 식으로요. 그러면 남편은 의기양양해져서는 퓨즈를 갈아요. 하지만 아기가 없었다면, 저도 퓨즈 정도는 직접 갈았을 거예요. ▸▸ B, 8개월

하지만 분명히 이 여성의 남편은 아내를 자랑스러워해야 할 것입니다. 출산은 감당이 되지 않는 동시에 감당이 되는 일이기도 합니다. 출

산을 자랑스러워해도 되는 이유는 차고 넘칩니다. 나는 모유 수유 상담가로 일했기에 출산이 계획대로 이뤄지지 않았다고 해도 엄마들에게 "고개 숙이지 말아요", "출산은 힘겨운 거예요. 그만하면 정말 잘 해낸 거예요"라고 이야기해줘도 괜찮다는 사실을 압니다. 출산은 평범하면서도 놀라운 사건입니다. 부부는 부모가 되는 첫 관문을 통과하면서 얼마든지 자부심을 느껴도 됩니다.

불행히도 엄마와 아빠는 이런 감정을 느끼지 못할지도 모르며, 특히나 초보 엄마는 더더욱 그럴 가능성이 큽니다. 우리는 항상 새로운 것의 가치를 더 높게 칩니다. 성적 매력도 마찬가지입니다. 엄마는 아직 출산 경험이 없어 보이는 여성이 잘 차려입고 있는 모습을 보면, 그 여성이 자기보다 더 '매력적'이라고 여깁니다. 잘 차려입은 여성은 '아름다워' 보이고, 성적 매력도 더 많아 보입니다. 초보 엄마들은 자신의 매력을 되찾아줄 화장법 이야기를 나누곤 합니다. 여성들은 대개 엄마가 되고 나면 자신의 매력이 떨어진다고 생각하는 듯합니다.[153] 안타깝게도 여성 대다수가 피곤하고 화장기 없는 모습을 아름답게 여기지 않습니다. 이것은 엄마들 개개인의 문제가 아니라 우리 모두의 사고방식인 듯합니다. 이렇게 스스로의 매력에 대해 자신이 없는 모습은 '성관계를 갖기에는 너무 피곤하다'는 생각에 영향을 주기 마련입니다.

요즘 엄마들은 대체로 자신의 엄마나 할머니 세대와 달리 성관계에 대해서 더 솔직하고 편안하게 대화를 나눕니다. 이런 분위기 속에서는 스스로를 비하하기가 더 쉬우며, 일부 여성들은 자신에게 성관계를 다시 시작하고 싶은 욕구가 강하게 있다는 사실을 깨닫기도 합니다.

저는 성관계가 그리웠어요. 그래서 우리는 '순번표'를 만들었죠. 아기를 키우는 친구 중에서 마음을 터놓을 수 있는 친구가 있다면 일요일 오후에 한 시간 반씩 돌아가면서 서로의 아기를 맡아주는 거예요. 그 방법이 정말 효과가 좋더라고요. 아이가 태어나기 전에는 그런 시간이 '우리만의' 시간이었으니까요. 저한테는 성관계를 우선순위에 두는 게 무척 중요해요.

▸▸ B, 3개월

지난밤에 남편과 꼭 껴안았어요. 그동안 저희는 자주 싸웠거든요. 부모 이상의 존재로 살아가는 건 저희에게 중요한 일이었어요. ▸▸ B, 7개월

저는 요즘 금방 절정에 이르러요. 그 느낌을 어떻게 표현해야 할지 모르겠어요. 정말 황홀하거든요. 아이를 낳고 나서 성관계가 저에게 정말 큰 영향을 미치는 것 같아요. ▸▸ G, 8개월

하지만 요즘 엄마들에게 성관계는 만병통치약이 아닙니다. 성관계로 수많은 감정을 처리하지 못하기도 합니다. 하지만 부부가 자신의 감정에 관해 대화를 나누면, 서로 험한 말을 주고받은 뒤라고 해도 긴장이 해소됩니다. 둘이 더 가까워진 듯한 기분이 듭니다. 부부 사이에는 대화를 나누는 일이 가장 중요합니다.

엄마가 맡은 새로운 역할을 아빠가 이해하고 인정하는 모습을 보여주면, 엄마는 크게 감동합니다. 엄마들의 말에 따르면, 모든 엄마가 아빠의 다정한 말 앞에서 눈물을 흘릴 수 있습니다. 누구나 그런 식으로 인정받기를 원합니다. 아빠가 자기 나름의 방식으로 칭찬을 해주면 엄

마의 생활에는 활기가 돕니다.

남편이 일주일 동안 출장을 다녀왔는데, 남편 눈에 아이가 무척 행복해 보였나 봐요. 그건 누가 봐도 제가 아이를 잘 돌봤기 때문이었어요. 그때 남편이 제 마음에 쏙 드는 말을 하더라고요. 참 고마웠어요. 기분이 정말 좋더라고요. 이해받는다는 생각이 드니까 기운이 샘솟았어요. 힘들다는 생각이 하나도 들지 않더라고요.

▸▸ B, 2개월

남편이 아이를 세 시간 동안 돌보고는 칭찬을 기대하는 눈치더라고요. 그래서 하루는 남편에게 나한테도 칭찬을 좀 해달라고 얘기했죠. 그러자 남편이 말했어요. "자기는 정말 대단한 엄마야." 제가 대답했죠. "아니, 그런 식으로 말고 어떤 게 대단한지 **구체적으로** 이야기해줘." 그랬더니 요즘에는 제가 머리를 쥐어뜯고 있으면, 굳이 요구하지 않아도 이런 식으로 얘기해줘요. "자기가 어떻게 그렇게 아이를 오래오래 안아줄 수 있는지 모르겠어. 자기가 내 엄마고 내가 아기라면 참 좋겠어." 그런 말을 들으면 하늘을 나는 듯한 기분이 들어요.

▸▸ G, 6개월

아이가 생후 7개월이었을 때 남편이 바람을 피우고 있는 거 아닌가 하는 생각이 들었어요. 몇몇 친구에게 이야기를 해봤더니 다들 맞장구를 치더라고요. 남편은 저를 예전처럼 대해주지 않았고 늘 아주 늦은 시간에 퇴근했어요. 누군가가 있다는 **확신**이 들었죠. 그러던 어느 날 저녁 우리는 오래도록 대화를 나누었어요. 저는 남편에게 저를 대하는 태도가 많이 달라졌다고 이야기했어요. 이쯤에서 헤어져 각자 갈 길을 가는 게 어떻겠냐는 말도 덧붙였고요. 그러자 남편은 화들짝 놀라더니 이렇게 이야기하더라고요. "어떻게 내가 당신을……?" ▸▸ B, 4살

아마 그녀가 마저 하려던 말은 "사랑하지 않는다고 생각하느냐?"일 것입니다. 그런데 이 얘기를 듣고 있던 엄마들이 갑자기 눈물을 참으며 수런거렸습니다. 그런 분위기를 감지한 이 엄마는 이야기를 멈췄습니다. 내가 보기에 남편과 한 번쯤 다툰 경험이 있는 엄마들은 이 엄마의 마음에 사랑이 깔려 있으며 그녀는 여전히 남편을 사랑하고 있다는 사실을 알아차린 듯싶었습니다.

반면 엄마에게 핀잔을 주는 말 역시 똑같이 엄마에게 커다란 영향을 미칩니다.

어느 날 남편이 제게 핀잔을 주더라고요. 별것 아닌 일이었는데 말이에요. 제가 아이 기저귀가 젖어 있다는 사실을 눈치채지 못했거든요. 엄마에게는 그런 말이 크게 와닿잖아요. 남편한테 그런 소리를 들으니 마음이 산산이 조각나는 듯했어요. ▸▸ G, 8개월

이렇게도 간단한 이야기인데, 왜 남편들은 아내가 얼마나 좋은 엄마인지 제대로 이야기해주지 못하는 걸까요? 분명 모든 엄마에게는 다양한 장점이 있는데 말입니다. 그렇게 하기 어려운 이유 중 하나는 앞서 1장에서 다루었듯 마땅한 표현이 없기 때문입니다. 아빠들은 대개 직장을 다닙니다. 다들 아기가 태어나면 책임감이 커지는 법이고

그러면 예전보다 더 오랜 시간, 더욱 열심히 일합니다. 그렇게 일에 매진한 상태에서는 무엇을 칭찬해줘야 하는지 알아차리기 어렵습니다. 엄마 역시 아빠에게 설명해주기가 어렵습니다. 엄마가 거둔 성과는 알아차리기 어렵고, 엄마는 알게 된 사실을 아빠에게 전해줄 마땅한 말을 찾지 못할 때가 많습니다. 엄마가 아기와 함께 보내는 생활은 아빠의 일상생활과 동떨어져 보입니다. 그래서 아빠는 집에 돌아와서 낯선 느낌을 받을 수 있습니다.

나 남자 친구가 아이를 홀로 돌봐야 할 때 불안해하지는 않던가요?

엄마 **안타까워요.** 처음에는 저나 남자 친구나 비슷했었거든요. 아이가 태어났을 때 남자 친구는 3주간 휴가를 냈어요. 우리는 모든 걸 함께했어요. 그러다가 남자 친구는 다시 출근을 했고, 밤늦게까지 일했죠. 밤 11시가 다 되어야 집으로 돌아왔어요. 요즘은 육아 실력이 저보다도 못해서 자신감이 완전히 떨어진 듯해요. 남자 친구는 예전에 우리가 하던 대로 아이를 돌보는데, 그럴 때 저는 "음, 이제는 그렇게 하지 않아도 돼"라는 말을 하지 않도록 참아요.

▸▸ G, 7주

남편이 일주일 출산 휴가를 냈는데, 그 기간이 참 좋았어요. 남편은 우리 셋이서 지내는 시간을 참 좋아하더라고요. 다시 출근해야 했을 때 남편은 꼭 **사별한** 사람 같았어요.

▸▸ B, 3개월

엄마들은 자신이 아이를 돌보면서 얻은 깨달음을 남편에게 설명해주기 어려워 합니다. 아빠들은 육아에 서툰 자기 모습 앞에서 낙담하기 쉽습니다. 초보 아빠가 (낮에) 집에서 보내는 시간이 짧다면, 당연히 엄마가 아빠보다 육아에 훨씬 더 능숙한 모습을 보일 것입니다.

남편은 아이가 울기만 하면 저한테 아이를 넘겨요. ▸▸ G, 5개월

아빠 카디건은 도대체 어떻게 입혀야 하는 거야. 에이, 포기!
엄마 포기한다니 무슨 소리야. 한쪽 팔이 소매에 들어가 있는데 마저 다 입혀야지. ▸▸ G, 9개월

제가 수요일 저녁 수업에 참석하러 가자 남편은 당황한 것 같았어요. 아이는 한번 울면 한 시간씩 울거든요. 집에 돌아와보니 아이는 자고 있고 남편은 넋이 나가 있었어요. 남편은 아이에게 밥 주는 걸 잊어버렸어요. 제가 걸어서 겨우 10분 거리에 있다는 사실도 잊었고요. 아이 울음소리에 진이 다 빠져서 자기가 해야 하는 일을 떠올리지 못한 거죠. ▸▸ G, 9개월

남편은 전처와 두 아이를 낳았어요. 그래서 제가 아이를 낳기 전에 늘 자기는 육아 경험이 많다고 말했죠. 하지만 아이를 낳고 보니 '육아 경험이 많다던' 그 사람은 어디로 갔는지 도통 보이지 않더라고요. 남편은 아이가 울자 저만큼이나 당황하더니 아이를 제게 건네며 "당신이 달래봐!"라고 말하더군요. ▸▸ B, 11개월

엄마는 자기보다 육아 지식이 현저히 부족한 남편에게 잔소리하고 싶어질 때가 있습니다. 엄마 중에는 그런 마음을 참아야 한다는 사실을 아는 사람들이 있습니다.

제가 시킨 일을 제대로 했는지 계속해서 확인하고 싶은 마음이 들어요. 그 마음을 참기가 엄청 어렵더라고요. ▸▸ B, 3개월

남편이 아이 옷을 입히면서 양말을 짝짝이로 신기거나 해도 때로는 아무 말도 하지 말아야 해요. 그런 건 중요하지 않으니까요. ▸▸ B, 6개월

엄마들은 남편에게 육아를 도와달라고 말하기 몹시 꺼려진다는 말을 자주 합니다. 그들 역시 직장에 다니면서 스트레스를 받았던 기억이 있기 때문입니다. 엄마들은 보통 자신이 남편을 보호해줘야 한다고 여깁니다. 그러면서도 동시에 이렇게 보호 본능을 발휘하는 것이 공평하지 않다는 생각을 하기도 합니다.

남편에게 자동차를 몰고 역까지 가라고 했어요. 역에 주차한 자동차는 나중에 제가 걸어가서 가지고 왔죠. 그런데 그런 생각이 들더라고요. '굳이 그렇게까지 해줄 필요는 없잖아. 난 얼마 전에 미숙아를 낳은 몸인데. 그이가 걸어서 역까지 갔으면 됐을 것을.' 하지만 왠지 남편을 돌봐줘야 할 것 같은 생각이 들었어요. ▸▸ B, 4주

아이가 우는데 남편이 달래지 못하면, 저는 남편에게 "이리 줘!"라고 말해요. 남편은 내일 출근을 해야 하니까요. 그렇게 말하는 순간에는 잘했다 싶은 생각이 들어요. 하지만 남편이 아이를 건네고 방 밖으로 나가버리면 화가 **머리 꼭대기까지** 치밀어요. 남편과 사이가 점점 나빠지죠. 아이는 제 아이일 뿐만 아니라 남편의 아이이기도 하니까요. ▸▸ G, 8주

그러나 아빠들도 육아에 참여하다 보면 실력이 늘고 자신감도 늘어납니다. 나는 새로운 남성상이라든가 좋은 아빠가 되는 방법을 말하려는 게 아닙니다. 남성 중에는 육아를 꺼리는 사람이 있으며, 남성 대부분은 자신의 아버지가 육아에 동참하는 모습을 거의 보지 못했을 것입니다. 아빠가 자식에 대한 사랑을 표현하는 방법에는 여러 가지가 있습니다. 하지만 엄마들의 이야기를 들어보면, 엄마들은 맞벌이하던 시절처럼 살고 있다고 느끼는 게 확연히 드러납니다. 엄마들은 한때 '전통적인 남성의 세계'에 속해 있었습니다. 그러므로 이제는 남편이 '전통적인 여성의 세계'에 동참해주기를 기대해도 될 차례가 아닌가 싶습니다.

남편이 저녁에 집에 돌아오면, 저는 제가 아이를 돌보면서 온종일 일을 했다는 자세로 남편을 대해요. 남편도 돈을 벌면서 종일 일을 했고요. 그래서 저녁 시간에는 육아를 반반씩 책임지죠. ▸▸ B, 4개월

육아에 참여하는 남성들은 아이를 돌보는 과정에 뒤따르는 말 못할 어려움을 인식합니다. 그런 경험은 아내의 마음을 이해하는 데 큰 도움을 줍니다.

이번 휴가는 참 좋았어요. 남편이 이제는 아이를 돌보는 게 얼마나 어려운지 제대로 이해하게 되었거든요. 남편은 평소에 제 마음을 이해한다고 말해왔지만 **제대로** 이해하지는 못했어요. 남편이 그러더라고요. "난 당신이 다른 일을 하면서 아이를 두 시간씩 혼자 놀게 내버려둔다고 생각했어." 남편은 원하는 시간에 해변에 가지도, 책을 읽지도 못한다는 사실을 알게 되었어요. 밖에 나가고 싶을 때면 아이가 울기 시작한다는 것도요. 우리는 아이를 달래고 나서야 밖에 나갈 수 있었죠. 이제는 남편도 그런 상황을 이해해요.

▸▸ G, 4개월

이번에도 부부싸움을 해결하는 방법은 남성이 육아에 참여하는 것처럼 보입니다. 하지만 이것은 때로 또 다른 오해로 이어지기도 합니다. 엄마들은 대개 자신의 육아 방식이 '옳다'고 여기는 반면, 많은 아빠는 자신만의 육아 방식을 발전시킵니다. 엄마들은 일반적으로 남성이 한 번에 한 가지 일밖에 집중하지 못하는 반면, 자신들은 여러 가지 일을 동시에 처리한다며 불만을 토로합니다.

남편은 컴퓨터 공학자고, 육아에 익숙하지 않아요. 남편은 아기가 마치 잠깐 살펴보면 문제를 바로잡을 수 있는 존재라고 생각하는 것 같아요. 하지만 그러면 아이는 계속해서 울죠. 남편에게는 한 시간 반 정도가 한계인 것 같아요. 그 뒤에는 아이를 상자에 담아 반품하고 싶어 해요. ▸▸ B, 3주

남편한테는 차단 기능 같은 게 있어요. 남편은 뉴스를 집중해서 볼 수 있지만 저는 그렇게 하지 못해요. 제 의식의 절반은 아이에게 가 있어요.

▸▸ G, 5개월

남편이 아이를 보고 있는 사이에 밖에 나갔다가 집에 돌아왔더니 설거지는 하지 않고, 아이의 양말 두 짝은 어디론가 사라졌더라고요. ▸▸ B, 10개월

남편은 기억 회로에 문제가 있는 것 같아요. 아이를 사랑하기는 하지만 챙겨야 하는 일은 매번 잊어버리거든요. 그래서 제가 외출해야 할 때면, 밥을 꼭 챙겨 먹이라는 등 할 일을 모두 적어놓아야 해요. ▸▸ B, 14개월

이런 반응은 대체로 오해에서 비롯되는 듯합니다. 아기에게는 엄마가 두 명일 필요가 없습니다. 아기는 아빠의 육아 방식에 마음이 들뜰지도 모릅니다. 아기들은 먹는 행위를 보통 엄마와 연결 짓지 않나 싶습니다. 아빠와 놀 때, 아기는 수유나 이유식 시간을 엄마가 돌아올 때까지 기꺼이 미루는 것처럼 보입니다. 그래서 아빠에게 '배가 고프다'는 신호를 보내지 않을지도 모릅니다. 아빠는 아이와 함께 즐겁기는 하되 다소 위험할 수도 있는 놀이를 하기 시작하고, 그 모습을 염려하는 엄마에게 꾸지람을 듣기도 합니다. 아이가 엄마와 아빠를 다른 방

식으로 대한다는 사실을 깨닫기까지는 시간이 걸립니다.

일부 남성은 아기의 요구에 세심하게 반응합니다. 이따금 이런 모습은 다음 사례에서도 나타나듯이 엄마의 자신감을 위태롭게 만들기도 합니다. 하지만 대체로는 엄마가 아빠를 신뢰하는 계기가 됩니다.

저는 아이가 울 때 아이를 잘 달래지 못해서 스트레스가 심해요. 오히려 남편이 저보다 아이를 훨씬 더 잘 달래죠. 그럴 때면 어디선가 "넌 실패자야!" 하는 소리가 들려오는 것 같아요(이 말을 할 때 엄마는 자기 자신에게 거칠게 손가락질했습니다).

▸▸ B, 4주

아이에게는 위-식도 역류증이 있었어요. 증상이 꽤 심해서 애가 쉬지 않고 울었죠. 그럴 때는 남편이 없으면 대처가 되지 않더라고요. 그런 상황이 생기리라고는 전혀 예상하지 못했어요. 저는 늘 남편은 육아에 서툴고, 저는 능숙하다고 생각했거든요. 하지만 그렇게 하루를 보내고 났을 때, 남편은 차분했지만 저는 창문 밖으로 뛰어내리고 싶었어요.

▸▸ G, 4개월

식당에서 아이가 질식할 뻔했어요. 제 인생에서 가장 끔찍했던 순간이었죠. 그 생각만 하면 아직도 가슴이 두근거려서 상황을 자세하게 이야기하지는 못하겠어요. 아이를 잃을지도 모른다는 생각마저 들었거든요. 그때 아이 아빠는 미국에 있었는데, 남편은 평소에 성격이 느긋한 편이에요. 하지만 그날 밤에는 우리와 전화 통화를 하려고 부단히 애를 썼더라고요(엄마와 친정엄마가 아이를 병원에 데려간 뒤였습니다). 남편은 아이가 죽는 꿈을 꿨었다고 해요. 남편은 우리가 겪은 것과 비슷한 일을 꿈속에서 보았던 거죠.

▸▸ G, 6개월

엄마가 보기에 그 일은 단순한 우연의 일치가 아니었기에 엄마는 남편과 자신이 굉장히 가까운 사이라고 느꼈습니다.

남편과 저는 아이에게 뽀뽀하는 걸 엄청 좋아해요. 그래서 저는 아이가 커서 뽀뽀를 하지 않으려고 들면 엄청 속상할 것 같다는 이야기를 자주 해요. 남편도 똑같은 생각을 하더라고요. 우리가 똑같은 감정을 품고 있다고 생각하니 마음이 뭉클했어요. ▸▸ B, 6개월

남편은 제가 생각지도 못한 아이디어를 내놓아요. 하루는 아이를 아기띠에 넣더니 그 상태로 자전거를 타고 가더라고요. 저는 그럴 엄두가 안 나는데 말이에요. 하지만 아이는 그걸 무척 좋아하더라고요. ▸▸ B, 8개월

남편은 저 없이도 아이를 잘 재워요. 아이는 잠자기 직전에 에너지가 솟구치는 편이에요. 남편이 아이와 제법 진지하게 놀아주면 아이는 피곤해져서 잠자리에 들 준비를 하죠. ▸▸ B, 14개월

어쩌면 엄마도 아기와 마찬가지로 돌봄이 필요할지 모릅니다. 특히 모유 수유를 하는 엄마라면 몸을 일으켜 음식을 나르거나 집안일을 돌보기가 어려울 수 있습니다. 아기는 대개 안겨 있기를 바랍니다. 그 말은 엄마가 하루 중 많은 시간 동안 한 손으로 아기를 안은 채, 다른 손으로는 집안일을 해야 한다는 뜻입니다. 그러면 두 손으로 처리해야 하는 일은 하기가 어려워집니다. 엄마들은 저녁 시간에 남편에게 자신과 관련된 부탁을 할 때면 미안한 마음이 들 때가 많다고 말합니다.

집에 돌아와 앉아 있는 남편의 얼굴을 보면 피곤한 기색이 역력해요. 저는 1분도 못 기다릴 정도로 목이 몹시 마를 때가 있고요(모유 수유 후에 흔히 나타나는 현상입니다). 그래서 결국 남편에게 물 한 잔만 떠다 달라고 부탁하죠. 남편은 물을 건네주고는 다시 자리에 가서 앉아요. 그러면 남편을 또 일으켜 세우기가 미안해지죠. 그렇지만 저한테는 남편에게 부탁하고 싶은 일이 무척 많아요. ▸▸ B, 3주

남편이 출근하고 나면 밥을 챙겨줄 사람이 없어서 곤란해요. ▸▸ G, 2개월

남편이 제가 아무 말 하지 않아도 눈치껏 저를 챙겨주면 좋겠어요. 남편에게 계속해서 "이것 좀 해줄래? 이것 좀 해주겠어?"라고 말하게 되더라고요. 그것도 힘겨운 목소리로요. 남편이 무신경해서 그런 게 아니에요. 이해를 못해서 그렇죠. ▸▸ G, 9개월

부부 사이의 경제권에도 변화가 생깁니다. 대다수 현대 여성은 자기 스스로 생활비를 법니다. 그러나 육아에 전념하기로 결정하는 순간 남편에게 경제적으로 의존하게 됩니다. 더욱이 '아무것도 하지 않으면서' 피로감을 느끼고 '초췌해 보이기까지' 해서 엄마들은 의기소침해집니다. 그래서 자신이 경제적 독립성을 상실했다는 사실이 뼈아프게 다가올 수 있습니다.

저는 예전에 남편보다 돈을 더 많이 벌었어요. 하지만 이제는 공손히 두 손

을 모으고 서서 그가 벌어온 돈을 써도 되냐고 남편의 허락을 받아야 할 것 만 같아요.

▸▸ G, 6주

저는 청구서가 연체되지 않는 걸 좋아해요. 빚을 지느니 굶어 죽는 쪽을 택할 거고요. 하지만 남편은 빚이 많아요. 남편은 "나한테 맡겨. 날 믿으라고"라고 말해요. 믿지 말아야 할 것 같은데 말이에요.

▸▸ B, 6개월

저는 남편이 벌어온 돈은 모두 우리 부부의 소유라고 생각해왔는데, 아이가 태어나고 나서는 생각이 바뀌었어요. 그때부터는 '저 물건은 사면 안 돼. 내가 번 돈도 아니잖아'라고 생각하게 되더라고요. 남편은 그러지 말라고 말하지만 죄책감이 들 때가 있어요. 그래서 복직을 해서 일하던 시절의 제 모습을 되찾고, 돈도 벌고 싶어요.

▸▸ B, 9개월

이런 딜레마는 새로운 현상입니다. 과거에는 여성이 돈을 벌 기회가 적었고, 일반적으로 남편이 가정을 부양하는 것이 관례였습니다. 현대 여성들이 생활비와 관련해서 느끼는 죄책감은 예전 여성들은 느끼지 못하던 감정입니다. 나는 육아가 정당한 대접을 받는다면 엄마들이 생활비를 받는 상황에 더 떳떳해지리라고 봅니다. 어느 작가가 말했듯 누군가를 돌보려면 '수없이 다양한 상황 속에서 수많은 기술을 발휘해야 합니다'.[154]

부부가 가장 크게 마찰을 빚는 원인 중 하나는 육아 방식입니다. 두 사람 모두 육아 지식이 부족하다면, 양육 방식에 관한 대화를 미리 나누지 않았을 가능성이 큽니다.

전 이제 한고비 넘긴 것 같고, 육아 방식에 자신감이 생겼어요. 돌아보면, 이제껏 남편과 아이를 어떻게 키울 것인지 한 번도 상의한 적이 없어요. 출산 준비를 할 때는 대화를 나눈 적이 있어요. 하지만 아이의 잠자리나 수유 방식, 수면 교육에 대해서는 의견을 나눠본 적이 없죠. ▸▸ B, 6개월

크리스마스에 저는 남편도 아이를 앞으로 어떻게 길러나갈지를 두고 늘 고민한다는 사실을 알게 되었어요. 그리고 갖가지 문제에 대해서 진지하게 대화를 나누고 의견을 모아갔죠. 남편은 아이를 우리 침대가 아닌 아기 침대에서 재우되, 아이가 울어도 가만히 내버려두는 방식의 수면 교육은 반대했어요. 요즘은 우리가 합의한 양육 방식에 만족하고 있어요. 육아가 한결 수월해지더군요. 사람들도 아이가 무척 행복해 보인다고 말하고요.

▸▸ G, 8개월

저는 저와 남편이 서로에 대해서 무척 잘 알고 모든 걸 터놓고 대화한다고 생각해왔어요. 하지만 아이를 낳고 보니 자기 자신과 상대방에 대해서 모르는 게 있더라고요. 그런 건 말하지 않고서 어영부영 넘어가기 쉽죠.

▸▸ G, 9개월

대다수 언쟁은 부부가 대화할 시간을 내기만 하면 해결될 때가 많습니다. 상대방에게 귀를 기울이면 서로에 대한 신뢰가 되살아나기 때문입니다.

남편에게 무척 화가 나 있었어요. 시간을 내서 대화를 나눠야 했는데, 그러지 못했어요. 아이를 돌보는 것만으로도 벅찰 때가 많았거든요. 늘 잠이 부족했고 배가 고팠어요. 게다가 그런 마음도 있었죠. '아이는 내 인생에 새로 들어온 사람이야. 이제 **당신**한테는 신경도 안 쓸 거야.' 그러던 어느 날, 부부싸움이 크게 벌어졌어요. 서로에게 고함을 마구 질러댔죠. 끔찍했어요. 그런데 싸우다 보니까 저와 남편이 진심으로 서로 함께 살고 아이를 기르고 싶어 한다는 사실을 깨달았어요. 이제는 부부 사이가 다시 좋아졌어요.

▸▸ B, 3개월

저희 부부는 "내가 당신보다 더 피곤해", "무슨 소리야, 내가 당신보다 더 피곤하다고!"라며 말싸움을 주고받기 일쑤였어요. 둘 다 상대방은 인정해 주지 않으면서 자기만 인정받고 싶었던 거죠. 사실 저는 남편이 얼마나 힘겹게 일하는지 알았고, 남편 역시 제가 얼마나 힘들게 아이를 돌보는지 알았어요. 말다툼이 서로에 대한 연민으로 바뀌기까지는 상당한 어려움이 뒤따랐어요. 우리가 어떻게 하다가 그렇게 되었는지, 뭐가 바뀌었는지는 잘 모르겠어요. 하지만 지금은 잘 지내요. 한때는 집을 나갈 생각까지 했지만, 이제는 그러지 않아요.

▸▸ G, 9개월

서서히 새로운 양상이 나타납니다. 아기가 아빠에게 훨씬 더 깊은 호기심을 보이기 시작합니다. 아기가 그런 반응을 보이면 아빠는 대개 신이 나며, 아기는 새로운 친구를 발견해서 기쁜 듯한 모습을 보입니다. 그러면 세 사람 사이의 관계는 더욱 단단해집니다.

저녁 시간에 저와 남자 친구는 늘 대화를 나눠요. 이제는 아이도 우리 대화에 끼어들죠! ▸▸ G, 2개월

남편이 퇴근해서 돌아오면, 남편의 표정에서 스트레스를 많이 받았다는 게 느껴져요. 그럴 때 남편에게 아이를 건네면 남편은 아이를 씻겨줘요. 목욕을 마치고 남편이 아이를 안고 나오는 모습을 보면……(엄마는 이마와 볼이 미소로 활짝 피었습니다). ▸▸ G, 7개월

딸은 남편이 출근하면 울음을 터뜨려요. 그러다가 이 방 저 방 기어다니며 남편을 찾죠. ▸▸ G, 8개월

아이는 남편에게 칭찬받기를 원해서, 아빠가 하는 행동을 늘 따라 해요. 아이는 평소 저와 단둘이 있을 때는 컵을 쳐다보지도 않아요. 하지만 남편이 집으로 돌아와서 물을 마시면 자기도 그 컵(어른용 컵)을 달라고 하고는 물을 마시면서 남편을 계속해서 쳐다보는데, 그 눈빛은 마치 "이것 좀 봐!" 라고 말하는 것 같아요. 아이는 저희를 즐겁게 해줘요. ▸▸ B, 8개월

저희 셋은 모두 한 침대에서 잠을 자요. 그리고 아이에게는 아빠 가슴에 안겨서 잠이 드는 습관이 있어요. 남편은 그걸 무척 좋아하고 자랑스러워해요. 그럴 때면 남편은 "애가 내 가슴 위에서 잠이 들었어"라고 말하죠.

▸▸ B, 9개월

잡지나 육아서에는 부부 사이의 관계에 공을 들이라는 조언이 끊임없이 등장합니다. 부부가 다정한 시간을 보내면서 부모라는 역할을 잊을 수 있게끔 두 사람만의 시간을 가지라는 조언입니다. 하지만 인생에서 그토록 큰 변화를 맞이했는데, 그 사실을 그렇게 쉽게 잊을 수 있을까요?

저희 부부는 결혼 1주년을 기념한 적이 있어요. 친정엄마가 아이를 돌봐주셨고, 아이는 아무 일 없이 잘 지냈다고 해요. 저와 남편은 두 시간 동안 저녁 식사를 하러 다녀왔는데 둘 다 아이가 보고 싶어 식사 시간 내내 아이 이야기만 하다가 **서둘러** 집으로 돌아왔죠.

▸▸ B, 3개월

남편과 육아를 공유하지 못한다면, 거기서 오는 즐거움도 공유할 수가 없어요.

▸▸ B, 4개월

저희는 이따금 다른 사람에게 아이를 맡기고 바람을 쐬고 오라는 말을 들어요. 하지만 그러고 싶지 않아요. 아이를 데려가는 편이 더 좋아요.

▸▸ G, 6개월

남편과 결혼기념일에 데이트하러 나간 적이 있는데, 대화 주제가 아이와 관련된 것밖에 없었어요.

▸▸ B, 9개월

중요한 기념일에 이런 대화를 나눴다고 해서 그것이 흠이 될 이유는 별로 없어 보입니다. 부모는 이런 대화 속에서 자신이 처한 상황을 살피고 아기의 최근 상태를 파악해가기 시작합니다. 이처럼 서로의 일화를 교환하는 단순한 방법으로 부부는 일상 속의 세세한 정보를 그러모읍니다. 함께 모은 이야기는 자신이 부모로서 무엇을 하고, 어떤 기분을 느끼는지 이해하는 밑거름이 됩니다. 부부는 아이의 모습에서 경이로움을 느끼며, 자기 자신과 배우자에 대한 믿음도 더욱 두터워집니다.

모든 부부가 배우자에게 날카로운 말을 쏟아내지는 않습니다. 분노가 담긴 말은 그 누구에게도 도움이 되지 않으며, 사태를 악화시킬 뿐이라고 생각하는 부부들도 있습니다. 어떤 말은 분명 상대방의 마음에 상처를 줍니다. 그러나 날카롭게 쏘아붙이는 말이 부부를 더 큰 진실로 이끌 때도 있습니다. 서로가 상대방의 말에 귀를 기울일 수 있을 정도로 마음을 가라앉히고, 서로를 인정해주거나 예전에 늘어놓은 불만을 거둬들인다면, 부모로 거듭나는 과정이 더욱 수월해질 것입니다. 두 사람의 관계 역시 더욱 단단해질 것입니다. 분노가 서린 말은 그 말을 듣는 당시에는 도저히 용서해줄 수 없을 것만 같습니다. 하지만 그것 역시 각자가 좋은 부모로 거듭나기 위한 과정이었다는 사실을 깨달으면 쓰라렸던 마음이 나아집니다.

12

엄마가 보고 싶어

사람이 죽으면 그 사람이 있던 자리에 빈자리가 생깁니다. 아기가 태어날 때는 그와 반대되는 일이 벌어집니다. 옹기종기 모여 있던 가족들은 서로 조금씩 물러나면서 새로 탄생한 아기를 위해 자리를 내어 줍니다.

이렇게 아기가 태어날 때마다 가족 관계가 재편되는 과정에는 적절한 명칭이 필요합니다. 아기가 태어나면 부부만으로 이뤄졌던 가정이 한 가족으로 바뀌는가 하면, 소가족이 대가족으로 바뀌기도 합니다. 그리고 각자 새로운 역할이 주어집니다. 아기가 태어나면서 누군가는 누나가 되고,. 삼촌이 되고, 할아버지, 할머니가 됩니다. 그리고 그들 모두가 가족으로 묶입니다. 그들은 서로를 다시 알아가며 새로운 우정을 싹 틔우기도 합니다. 하지만 관계가 가까워지면서 예전에는 신경 쓰지 않았을 차이점이 도드라지며 갈등이 일어나기도 합니다.

저는 시누이와 데면데면한 사이였지만 예전에는 그렇게 지내도 별문제가 없었어요. 하지만 아이가 태어나자 시누이는 아이의 고모가 되었고, 제가 그다지 좋아하지 않는 시어머니는 아이의 할머니가 되었지요. ▸▸ B, 3주

가족 관계에 변화가 생기면 새로운 문제가 불거질 수 있습니다.

이상하게 들릴지 모르겠지만 저는 벌써 크리스마스 식사 자리가 걱정스러워요(이때는 7월이었습니다). 부모님은 저와 남편이 당신들과 함께 식사를 하리라고 생각하거든요. 반면 남편은 "이제는 우리도 부모니까 우리끼리 먹자. 우리 가족이 맞는 첫 번째 크리스마스잖아"라고 얘기해요. 하지만 친정엄마는 벌써 "이번 크리스마스가 정말 기대된다"고 말해요. 저희가 크리스마스 식사 자리에 참석하기를 바라는 거죠. ▸▸ B, 약 3개월

남편의 말대로 아기가 태어나면서 그들은 한 가족으로 거듭났으며, 부부는 각자 '아들'과 '딸' 역할 이외에도 '아빠'와 '엄마'라는 역할을 새로 얻게 되었습니다. 부부는 이렇듯 새로운 역할 속에서 자기 부모님과의 관계를 고려하게 됩니다. 대체로 여성이 맺는 인간관계 중에서

가장 오래된 것은 어머니와의 관계입니다. 이제까지 여성에게 '엄마'라는 명칭은 자신의 엄마를 지칭하는 말이었습니다. 하지만 갑자기 그 이름은 자기 자신을 일컫는 말이 됩니다.

아이가 태어나기 열흘 전쯤이었을 거예요. 거울에 제 얼굴을 비춰 보면서 그런 생각을 했어요. '곧 사람들이 내 얼굴을 보면서 나를 **엄마**로 여기겠지.' 그런 일이 생긴다니, 도무지 믿기지 않더라고요.

▸▸ B, 1주

제가 친정엄마에게서 느꼈던 감정을 제 아이도 저에게 느낄까요?

▸▸ G, 2개월

엄마와의 관계는 오랜 기간에 걸쳐 형성되며, 대체로 복잡한 양상을 띱니다. 어떤 엄마는 처음부터 딸과 돈독한 관계를 형성합니다. 어떤 엄마는 자기 자신에게 많은 관심을 기울이기에, 딸은 엄마의 심기를 거스르지 않는 너무 많은 요구를 하지 않는 아이로 자라나기도 합니다. 이와 반대로, 자기 자신의 존재를 잊어버릴 정도로 딸에게 온 신경을 집중하는 엄마도 있습니다. 또 어떤 엄마는 딸과 자기 자신을 끊임없이 비교하며 딸에게서 자신과 다른 모습이 보이면 딸에게 역정을 내기도 합니다.

처음에 딸은 엄마와의 관계 속에서 엄마를 하나의 기준점으로 삼을 것입니다. 그러다가 나중에 친구들의 엄마를 보면서 엄마가 여러 엄마 중의 한 사람이라는 사실을 깨닫습니다. 어쩌면 딸은 몇몇 엄마의 장

점을 뽑아서 완벽한 엄마의 모습을 만들고 싶을 수도 있습니다. 하지만 엄마라는 존재를 그런 식으로 만들어낼 수는 없습니다. 좋건 나쁘건 엄마는 딸의 인생에 가장 오래도록 영향을 미칩니다. 이 세상에는 엄마가 아이를 버리는 사례도 있고, 성인이 된 딸이 엄마와의 관계를 끊는 일도 있습니다. 그래도 혈연관계면서 함께 오랜 시간을 보내온 모녀 사이는 그대로 남습니다.

딸은 성인이 되면 사랑에 빠질 것입니다. 모녀 사이에 회복탄력성이 있다면 관계는 그 시기에 변화를 맞이합니다. 이제 딸은 엄마와의 관계 에서 배웠던 것들을 떠올립니다. 리치는 다음과 같이 말합니다. "성적 접촉이나 친밀한 신체적 접촉은 어쩌면 우리를 엄마와 처음으로 몸을 맞대던 그 시기로 되돌려 보내는지도 모른다."[155] 딸은 자신의 유년기가 원만한 인간관계로 나아가는 디딤돌이었는지 걸림돌이었는지 헤아려볼 것입니다. 시간이 지나면서 몇몇 인간관계는 파국을 맞이하며, 부부 중에는 '전처' 혹은 '전남편'이 되는 사람들도 나타납니다. 하지만 '엄마'와의 관계는 합의로 맺어지지 않아서 엄마는 '예전 엄마'가 될 수 없습니다. 특히나 미혼모들은 자신과 가장 안정된 관계를 맺는 사람으로 엄마를 지목할 때가 많습니다.

어쩌면 부부가 아기를 갖는 시기는 엄마와 딸이 서로에게 거리감을 느끼는 즈음인지도 모릅니다. 하지만 임신했다는 사실을 깨닫는 순간, 놀랍게도 딸은 어서 엄마에게 연락하고 싶다는 생각을 하게 됩니다. 모두가 그렇지는 않지만 대체로 그런 경험을 합니다.

이런 이야기가 다소 의아하게 들릴 수도 있습니다. 오늘날 출산을 앞둔 대다수 여성은 직장에 다닙니다. 그들은 어려서부터 독립적으로 살아가야 한다고 배워왔습니다. 그중에는 10년 이상의 경력을 쌓은 사람도 있을 것입니다. 반면 그들의 엄마들은 대개 전업주부였으며, 스스로 생활비를 충당하지 못했습니다. 더불어 딸 세대는 부모 세대보다 여행 경험이 훨씬 더 많습니다. 그들은 여러 문화권을 둘러보며 자신이 주입받은 사고방식에 의문을 품어왔습니다. 그들은 스스로 자기가 나고 자란 문화권에서 '벗어난' 존재로 여깁니다. 더욱 놀라운 점은, 그러면서도 수많은 여성이 자신의 임신 소식을 접하면 엄마에게 얼른 연락해야겠다고 생각한다는 것입니다. 부모 세대의 문화에서 벗어났다고 생각하면서도 한편으로는 다시 연결되고자 하는 이유는 무엇일까요? 그들이 원하는 것은 무엇일까요?

출산을 앞둔 엄마의 친정엄마는 육아에 능숙합니다. 그녀는 적어도 한 명 이상의 아기를 길러냈습니다. 반면 초보 엄마는 아기를 처음 키워봅니다. 하지만 그게 다라면 육아에 능숙한 다른 여성을 찾아도 됩니다. 엄마들은 더 개인적인 이유로 친정엄마를 찾는 것입니다. 많은 여성이 엄마와 거리감을 느끼는 상태에서조차 다시 엄마를 간절하게 찾는 데에는 다양한 이유가 있는 듯합니다.

엄마들은 임신을 하면 자신의 엄마가 그랬듯 우선 아기를 위한 최초의 안식처를 만듭니다. 필리스 체슬러Phillys Chesler의 표현에 따르면 엄마라는 존재는 "언제나 우리에게 '안식처'가 되어줍니다."[156] 임신 중에 아이에게 안식처가 되어주기 위해서 건강한 음식을 먹고 적절히 운동을 하고 잠을 충분히 자려고 하고, 출산 후에는 아이에게 안식처에 있는 느낌을 전해주고자 노력합니다. 그런 엄마 역시 친정엄마의 '안식처'에서 안온함을 느끼고 보살핌을 받고 싶을 때가 있습니다. 안식처의 존재를 느낄 때 여성은 예상치 못한 힘을 발휘할 수 있습니다.

제가 아팠을 때 엄마가 와주셨어요. 엄마가 꼭 와주기를 바랐거든요. 엄마라면 우리를 돌봐줄 수 있으리라고 생각했어요. 엄마가 곁에 있으니 '나도 나 자신과 아이를 돌볼 수 있겠다'는 생각이 들었어요. 엄마는 정말이지 대단해요. 엄마가 와줘서 정말 다행이었어요.

▸▸ B, 12개월

어쩌면 그녀는 마음속 깊은 곳에서 집으로 돌아온 듯한 느낌을 맛볼지도 모릅니다. 그녀는 아마도 자신이 엄마보다 더 많은 기회를 누려왔다고 생각할 겁니다. 오랫동안 그녀는 엄마로 사는 삶을 부차적인 선택지로 여겨왔습니다. 엄마의 삶은 남들이 선망하는, 직장에 다니며 해외에서 휴가를 보내는 삶과 견주기 어렵습니다. 하지만 엄마가 되는 순간, 그녀는 예전에 자신이 하찮게 여기던 엄마의 보살핌에 의지하고 그 가치를 새삼 다시 깨닫습니다. 엄마의 보살핌은 그녀에게 무척 뜻깊고 인상적인 것으로 다가옵니다. 엄마가 자신과 멀리 동떨어져 있는 사람이 아니라 낯선 세계 속에서 자신을 이끌어줄 훌륭한 길잡이로 보입니다.

저는 제가 자라온 방식과 완전히 다른 방식으로 아이를 돌봤어요. 하지만 친정엄마 덕분에 아이를 긍정적인 시선으로 바라볼 수 있었죠. 이따금 아이는 제 가슴에 머리를 들이받거나 손을 휘둘러서 제 얼굴을 쳐요. 그럴 때 엄마는 이렇게 말씀하세요. "요 녀석은 기운이 넘치고 활기차." 그 말이 저한테는 큰 도움이 되었어요.

▸▸ G, 4개월

육아를 하다 보면 느릿느릿 말없이 잠자코 있어야 할 때가 있습니다. 아기가 품에 안겨 잠에 빠져들고 있을 때, 엄마는 아기가 잠을 깨지 않도록 가만히 있어야 합니다. 할머니 중에는 아이를 그런 식으로 돌봤던 분들이 있을 것입니다. 반면 할머니가 되어서야 아이를 차분히 안고 있는 법을 깨우치는 사람도 있고, 그런 방식이 영 체질에 맞지 않는 사람도 있습니다. 잠이 드는 아이를 가만히 안아주는 엄마였다면, 딸에게는 더할 나위 없이 좋은 일이었을 것입니다.

임신과 출산을 겪는 여성이 엄마를 그리워하는 또 다른 이유는 신체적 변화 때문입니다. 여성은 친정엄마와 함께 지내면서 대체로 예전의 친숙한 관계를 회복합니다. 친정엄마는 어린 시절 내내 딸의 건강을 돌봐주고, 병간호를 해주었을 것입니다. 검증을 거친 관계입니다. 이제 이 관계에 또 다른 변수가 추가됩니다. 딸은 육아를 하면서 친정엄마에게 얼마만큼의 도움을 받을 수 있는지 가늠해봐야 합니다. 기꺼이 도움의 손길을 내미는 친정엄마가 있는 반면 요구사항이 많은 엄마가 있을지도 모릅니다.

태어나서 첫 2주 동안은 밤새 몸을 세워서 아이를 안아줘야 했어요. 그동안 친정엄마와 남자 친구가 교대로 아이를 안아주었어요. 엄마가 싫은 내색을 하지 않아서 정말 고마웠어요.

▸▸ G, 2개월

친정엄마는 손주를 돌봐주지 않으세요. 그런 생각은 꿈도 꾸지 못하죠. 육아는 엄마 성미에 맞지 않는 일이거든요. 엄마가 집에 오면, 저와 남편은 아이에게 적합하되 엄마가 원하는 식당에 가야 해요.

▸▸ B, 9개월

이런 일이 생기면 관계에도 변화가 생깁니다. 꼭 그렇지는 않지만, 친정엄마는 기본적으로는 기성세대에 속합니다. 일부는 자신이 사위보다 딸을 더 잘 돌볼 수 있다는 사실을 보여주려고 사위와 맹렬히 경쟁을 펼칩니다. 또 어떤 엄마들은 딸보다 자기가 '더 나은' 엄마라는 것을 입증하고자 딸과 경쟁을 펼치기도 합니다. 초보 엄마는 그저 사랑과 위안과 격려를 원했을 뿐이기에 이처럼 복잡한 상황이 벌어지면 진이 다 빠지고 실망스러워 합니다.

출산을 앞둔 엄마는 걱정스러운 마음이 들기 마련입니다. 놀랍게도 그들의 머릿속에서는 언젠가 친정엄마가 들려준, 좋기도 하고 두렵기도 한 시시콜콜한 이야기들이 새록새록 떠오릅니다. 더러 어떤 가정에서는 출산 관련 이야기가 나오면 침묵이 이어져서 이야기를 꺼내기가 어렵습니다. 친정엄마가 딸에게 긍정적인 이야기를 들려주면 큰 도움이 될 수 있습니다. 실라 킷징어Sheila Kitzinger는 친정엄마의 경험담으로부터 자신감을 얻었다고 말합니다. "엄마는 체구가 무척 작았지만 4킬로그램이 넘는 아기를 낳았다. 엄마가 해냈다면 나도 해낼 수 있는 생각이 들었다."[157]

아이가 태어나면 엄마는 낮이나 밤이나 아이에게 젖을 먹여야 합니다. 모유 수유는 겉보기에는 무척 간단해 보이지만, 시간이 걸리는 일입니다. 특히 아기가 갓 태어났을 무렵에는 더더욱 그렇습니다. 그래서 모유 수유를 하는 엄마들이 사람을 카페에서 만나기 좋아하는지도 모릅니다. 카페에서는 누군가가 차와 샌드위치를 내주니까요. 전통 사회에서는 친정엄마가 이런 일을 담당했습니다. 할머니가 되어 자신의 딸에게 도움의 손길을 건네주는 엄마들은 두 팔 벌려 환영받았습니다.

엄마 아이가 태어났을 때 엄마가 제게 전화를 걸어 이렇게 말씀하셨어요. "지금 아기 보러 가는 길이야. 내가 낳은 내 아기 말이야."

나 그 말을 듣고 나서 기분이 좋았나요, 나빴나요?

엄마 물론 좋았죠. 아이를 낳고 나면 아이한테 정신이 팔려서 제 존재는 까맣게 잊게 되니까요.

▸▸ B, 5개월

엄마가 일주일 다녀가셨는데, 무척 큰 도움이 되었어요. 저는 접시 한 장 닦지 않아도 되었거든요. 엄마가 빨래와 요리를 도맡아주셔서 아이와 붙어 있을 수 있었어요.

▸▸ G, 8개월

엄마는 가끔 딸에게 어떤 도움이 필요한지 지레짐작으로 넘겨짚을 때가 있습니다. 그럴 때 엄마는 그게 정말로 필요한 일인지 딸에게 확인을 받지 않으며, 딸은 딸대로 필요하지도 않은 일을 했다고 엄마에게 말하기가 왠지 어렵습니다.

엄마가 일주일 동안 집안일을 많이 도와주었어요. 다림질도 해줬는데, 온갖 것을 다 다려놓았더라고요. 덕분에 저희 서랍에는 다려놓은 바지와 양말이 들어 있었어요. 사실 저는 바지와 양말을 다리지 않아요. 엄마가 친정집으로 돌아가시던 날, 차라리 얼려놓을 수 있도록 음식을 많이 해주셨으면 더 좋았을 텐데 하는 생각이 들었어요. 다음에 오면 꼭 말해야겠어요.

▸▸ G, 4주

초보 엄마를 도와주는 것과 어린애 취급하는 것 사이에도 적절한 기준선이 있습니다.

엄마는 제게 휴식이 필요하다고 생각했어요. 저는 그러고 싶지 않은데 엄마가 고집을 피우더니 저를 한 시간 반 동안 누워 있게 하더라고요. 그러고 나서 저를 깨웠는데 그때 저는 잠이 깨서 그런 것도 있지만 무엇보다 눕고 싶은 마음이 전혀 없었기에 정말이지 기분이 언짢았어요. ▸▸ G, 4개월

초보 엄마는 자신감이 무척 낮을지도 모릅니다. 그런 모습을 보고 친정엄마는 불안감을 느낄 수 있습니다. 그럴 때 뒤로 물러나서 자신은 아이의 할머니이지 엄마가 아니라는 사실을 떠올리기 어려울 수도 있습니다. 할머니 중에는 뒤로 물러나 있지 못하는 사람이 있습니다. 그들은 온갖 일을 서둘러서 거드는데, 그런 행동에서 딸을 못 미더워하는 태도가 역력히 드러난다는 점을 눈치채지 못할 때가 많습니다.

엄마는 제 아이를 엄마 마음대로 키우려고 해요. 어느 날 밤에는 아이가 잠자리에 들 시간이라면서, 아이를 안고 가버리더라고요. 그래서 저는 혼자 덩그러니 남겨졌죠. ▸▸ B, 2개월

엄마가 아이를 침대에 내려놓으니까 요 조그만 녀석(엄마가 아이를 흔들어 보였습니다)이 곧장 잠에 빠져들더라고요! ▸▸ G, 4개월

이 엄마는 자기보다 아이를 훨씬 잘 돌보는 친정엄마 때문에 짜증이 났고, 그 마음을 아이에게 표출했습니다.

육아 이론은 계속해서 바뀌며, 민감한 영역입니다. 친정엄마는 아이를 길러본 경험이 있고 효과적인 방법을 압니다. 반면 초보 엄마는 아이를 길러본 경험이 없고 자신이 생각해낸 아이디어를 시험해보고자 합니다. 친정엄마는 딸이 자신과 다른 방식으로 아이를 돌보면 왠지 지적을 받는 듯한 느낌을 받을 수 있고 초보 엄마는 친정엄마가 아는 것이 더 많아서 상처를 받을 수 있습니다. 두 사람은 수유 방식, 생활 리듬, 직장 생활 등을 두고 의견을 충돌할 수 있습니다. 의견 대립의 밑바탕에 깔린 문제는 과연 친정엄마가 자신의 육아 방식만을 고집하지 않으면서 딸이 엄마로 거듭나도록 도와줄 수 있느냐는 것입니다.

저와 아이는 나무랄 데 없이 잘 지내요. 하지만 친정엄마는 불안해해요. 엄마는 계속해서 제가 잘못하고 있다며 잔소리해요. 그런 말을 들으면 정말로 제가 잘못을 저지르고 있는 것만 같아요.

▸▸ B, 2개월

엄마는 조산사예요. 그래서 좋은 점도 있지만 나쁜 점도 있어요. 지난주에 엄마가 전화를 하더니 아이가 이유식을 시작했냐고 묻더라고요. 저는 아직 때가 안 된 것 같다고 대답했어요. 하지만 아기용 쌀을 써보라던 엄마의 이야기가 계속해서 머릿속을 맴돌자 제 육아 방식에 대한 자신감이 확 떨어졌어요.

▸▸ B, 4개월

제가 종일 집에서 아이를 돌보고 있으니까 엄마가 전화해서 어쩌다 그렇게 됐냐는 투로 말했어요. 이제 엄마한테는 전화를 걸지 않을 거예요. 엄마하고는 말이 통하지를 않아요. ▸▸ B, 4개월

엄마가 저를 찾고 있을 때 누군가가 모유 수유 중이라고 얘기해줬어요. 그러자 엄마는 "또?"라고 말했고, 옆방에 있던 저는 그 소리를 듣고 말았어요. 그 순간 젖이 울컥 나와서 아이가 좀 놀랐을 거예요. ▸▸ B, 6개월

엄마가 집에 왔다가 가면 늘 기분이 언짢아지더라고요. 그 당시에는 엄마와 제 감정 상태를 연결 짓지 못했어요. 지금에서야 그 사실을 깨달았죠. 그러니까 힘이 다 빠지더라고요. ▸▸ G, 7개월

이따금 엄마들은 출산 직후에 친정엄마와 연락을 끊기도 합니다. 그런 경우는 대개 출산 전에 이미 모녀 관계가 좋지 않았을 것입니다. 엄마와의 관계 단절은 심각한 일이기에, 엄마에게 충격으로 다가옵니다. 엄마들은 너 나 할 것 없이 친정엄마에게 오래도록 육아와 관련된 갖가지 잔소리를 듣는다고 불평합니다. 그런 지적이 결정타로 작용할 때가 많습니다. 그러나 엄마 대부분은 아이를 생각해서 나중에 친정엄마와의 관계를 회복할 여지를 남겨둔다고들 말합니다.

친정엄마는 자기가 딸의 인생에서 중요한 사람이 되었다는 사실을 미처 알아차리지 못할 때가 많습니다. 엄마의 입에서 나온 부정적인 말은 아무리 가볍고 익살스러워도 딸에게는 커다란 상처가 될 수 있습니다. 정말 애석한 일입니다. 육아 경험이 있는 친정엄마는 엄마가 기

댈 수 있는 유일한 버팀목입니다. 딸과 함께 있지 못하는 상황이라고 해도 엄마가 기억을 더듬으며 전해주는 말은 요즘 유행하는 육아 방식과 대비되는 중요한 사례가 되어줍니다.

> 엄마는 늘 차분하고 침착해 보였어요. 저처럼 허둥지둥대는 법이 없었죠. 친정집은 늘 깔끔했고, 엄마는 언제나 집에 있었어요. ▸▸ B, 3개월

> 친정엄마는 항상 집 안을 깔끔하게 정리 정돈했어요. 물건마다 제자리가 있었죠. 그리고 언제나 저희에게 시간을 내주었어요. 하지만 저는 항상 스트레스를 받고 있어요. 저는 제대로 된 가정환경에서 자란 것 같아요. 아이에게도 그런 환경을 물려주고 싶어요. ▸▸ B, 15개월

두 친정엄마 모두 딸에게 지적을 하지 않았습니다. 그랬다면 딸들은 마음에 상처를 입었을 것입니다. 두 사람 모두 직장에 다니고 있었으며, 집 안 환경을 자신의 친정엄마처럼 꾸려가는 요령을 알지 못했습니다. 그렇지만 기억 속 풍경은 그들에게 힘을 불어넣어 주었습니다. 엄마들은 적응을 잘하므로, 나는 두 엄마가 자신의 기억 속 풍경처럼 자신의 가정에 활기를 불어넣을 방법을 찾아내리라고 생각합니다.

시어머니의 말 역시 중요합니다. 아기를 낳기 전에는 며느리가 시어머니에게 연락할 일이 그리 많지 않았을 것입니다. 며느리가 아기를 낳으면 양가 모두에게 손주가 생깁니다. 그래서 며느리는 시어머니의 생각에 더욱더 신경씁니다. 며느리와 시어머니는 피가 섞이지도 않고

오랜 관계를 이어오지도 않았습니다. 며느리들은 대개 시어머니가 적절한 거리를 유지해주기를 바랍니다. 일부 가정에서는 시어머니가 집안일을 많이 도와주고 새로운 육아 지식을 기분 좋게 전해주기도 합니다. 만약 며느리가 시어머니와의 관계에 문제가 있다고 생각한다면, 그것은 대체로 시어머니가 며느리를 아이 엄마로서 존중하지 않고 간섭하기 때문입니다.

어젯밤에 시어머니가 와서 이렇게 말했어요. "애가 울 때마다 안아주면 버릇이 나빠진단다." 그때 저는 아무런 대꾸도 하지 않았지만, 그 말이 자꾸 떠올라서 새벽 2시까지 잠을 이루지 못했어요. 기분이 언짢았거든요.

▸▸ G, 6주

시어머니가 맏손자를 보러 왔어요. 시어머니는 아주 열정적으로 아이의 얼굴을 들여다보며 계속해서 말을 걸고 노래를 불렀어요. 저와 남편이 그 자리에 있는지 없는지도 모르는 것 같았어요. ▸▸ B, 2개월

저는 시어머니를 시마녀님이라고 불러요. 말씀이 지나칠 때가 많거든요. 어머님은 손녀를 주말마다 보고 싶어 하는데, 제가 그렇게 하고 싶어 하지 않는 이유를 이해하지 못해요. ▸▸ G, 3개월

시어머니가 "얘도 자기 생각이 다 있다", "얘가 너를 쥐락펴락하는구나"라면서 날이 서 있는 말을 할 때마다 저는 그냥 웃어넘겼어요. 그런데 집에 와서 그 말을 곰곰이 떠올려보니 속이 **부글부글** 끓더라고요. ▸▸ B, 5개월

이 같은 반응은 모두 초보 엄마가 친정엄마와 시어머니의 시선을 많이 의식한다는 사실을 보여줍니다. 남편 중에는 이렇게 반문하는 사람도 있을 겁니다. "저는 이 사람의 남편이잖아요. 제가 이 사람의 노고를 인정해주면 그걸로 족한 것 아닌가요?" 하지만 엄마는 다면적인 관계에 놓여 있습니다. 엄마는 아내이면서 이 시대 엄마들의 일원이기도 합니다. 모든 세대는 저마다 다른 육아 방식을 선보입니다. 하지만 엄마가 자신의 육아 방식, 혹은 자기 세대의 육아 방식에 아무리 자부심과 확신을 내비친다고 해도 속마음은 그렇지 않을 수 있습니다. 엄마가 아이를 잘 키우고 있는지, 잘못 키우고 있는지는 아이가 더 커봐야 알 수 있습니다. 이렇게 육아에는 불확실한 면이 있으니 엄마는 육아 경험자인 친정엄마나 시어머니가 자신의 마음을 다독여줄 때, 당연히 고맙게 생각합니다.

친정엄마에게 연락하고 싶어도 연락을 할 수 없는 엄마들도 있습니다. 특히 친정엄마가 돌아가신 경우라면, 깊은 상실감을 느낍니다. 보통 친정엄마를 여읜 초보 엄마들은 자신에게 위로와 확신을 전해줄, 육아 경험이 있는 여성을 간절한 마음으로 찾게 된다고 고백합니다.

(엄마가 말문을 열기 전에 눈물을 흘렸습니다.) 친정엄마가 그리워요. 엄마는 오래전에 돌아가셨거든요. 어쩌면 엄마가 이 자리에 계신다고 해도 제 기대에 못 미칠지도 몰라요. 아이는 또래 아이들보다 훨씬 몸집이 작아요. 그래서 그저 엄마와 나란히 앉아서 엄마에게 제가 아이를 잘 돌보고 있다는 얘기만이라도 들을 수 있으면 참 좋겠어요. ▸▸ B, 3개월

엄마들이 바라는 건 바로 이런 것 아닐까요? 엄마들은 자신이 아이였을 때처럼, 친정엄마가 늘 해결책을 제시해주리라고 기대하지는 않을 것입니다. 초보 엄마는 누구나 책임감과 불확실한 마음을 안고 사는 시기를 보내기 마련입니다. 친정엄마와 시어머니가 차분한 마음으로 초보 엄마를 믿어준다면, 큰 도움이 될 것입니다.

친정엄마는 엄마의 어린 시절 이야기도 자세히 들려줄 수 있습니다. 이제 딸은 자기 가족의 이야기를 더욱 확장해나갈 것입니다. 엄마의 이야기 속에서 딸은 통찰력을 얻을 수 있습니다. 친정엄마를 여읜 여성들에게는 다른 사람이 전해줄 수 없는 이야기들이 커다란 공백으로 다가옵니다.

엄마가 제 어린 시절 이야기를 들려줬어요. 정말 재밌더라고요!

▸▸ B, 2개월

아이가 울음을 터뜨렸어요. 그러자 엄마가 저더러 아이를 침대로 데려가서 너무 오냐오냐하는 건 좋지 않다고 말씀하시더라고요. 그래서 저도 한마디 했어요. "엄마, 그런 식으로 말하지 좀 마. 나도 엄마가 된 지 6개월이나 되었는데 엄마는 늘 내가 잘못하고 있다는 식으로만 말하잖아." 그러자 제가 기분이 언짢다는 걸 알아챈 엄마는 제 마음을 달래고자 제 어린 시절 이야기를 들려줬어요. 엄마는 제가 어렸을 때 저를 침대로 데려가곤 했다는데, 그럴 때면 제가 마실 따뜻한 우유병을 옷으로 감싸서 주었다고 해요. 사실 엄마도 저와 비슷한 엄마였던 거예요!

▸▸ B, 6개월

초보 엄마는 친정엄마와 시어머니가 아이를 돌보는 광경을 자세히 바라보면서 그 모습에 매료될 때가 많습니다. 그러면서 두 사람이 예전에는 어떤 엄마였을지를 상상해보기도 합니다.

친정엄마는 아이를 늘 즐겁게 해주려고 노력해요. 아이도 그런 외할머니를 좋아하니 문제될 건 없다고 생각해요. 그런데 가만히 생각해보면 엄마도 저희를 그렇게 키웠어요. 즐겁지 않은 일은 용납하지 않았죠.

▸▸ B, 11개월

엄마들은 부모님이 자신을 어떻게 키웠는지도 되돌아봅니다. 많은 엄마가 상담이나 심리치료를 받거나 책이나 친구를 통해서 자신의 옛 기억을 돌이켜봅니다. 엄마들은 자신의 유년기를 다시 살펴보며, 자기 아이는 다른 방식으로 키우겠다고 결심하기도 합니다.

저는 손을 많이 타는 아이였다고 해요. 엄마는 제가 1년 내내 울었다더군요. 제가 아이에게 둔감하게 반응했다면 아이도 저처럼 되었을지 몰라요.

▸▸ B, 4개월

엄마는 저를 많이 안아주지 않았어요. 몸을 많이 맞대고 있는 사이가 아니었던 거죠. 그래서 저는 제 아이에게 그렇게 하지 않으려고 노력해요. 그 문제를 진지하게 고민하면서 '지금은 아이를 안아주기에 좋은 때인가?'라고 자문해보기도 해요. 그런데 그런 생각을 한다는 게 영 어색하더라고요.

▸▸ G, 6개월

저는 부모님, 그중에서도 특히 엄마에 대해서 생각해봤어요. 친정집은 무척 보수적인 편이고 저는 부모님의 기대에 크게 미치지 못했어요. 하지만 저는 엄마가 다녔던 연수원에 들어갔고, 엄마와 똑같은 나이에 똑같은 직업을 갖게 되었어요. 결혼도 엄마와 같은 나이에 했고요. 엄마의 유년 시절에 대해서도 생각해봤어요. 무척 불행한 시절이었을 거예요. 저는 엄마의 인생을 반복해서 살다가 다른 길로 접어든 것 같아요. 그런 생각을 곰곰이 하다 보니까 엄마가 더 가깝게 느껴졌어요.

▸▸ G, 10개월

엄마는 외할머니의 삶을 그대로 답습했어요. 하지만 저는 그런 삶에서 벗어나려고 노력했어요. 저는 엄마와 달라요. 저는 아이의 욕구를 채워주는 게 중요하다고 생각하거든요. 엄마가 저를 키웠던 방식을 받아들이고 이해하기가 쉽지 않아요. 제 어린 시절의 경험은 성인이 된 제 마음속에 공허하게 남았으니까요.

▸▸ B, 12개월

엄마는 이런 깨달음으로 친정엄마의 입장을, 때로는 외할머니의 입장까지도 더 깊이 이해합니다. 몇 세대를 거슬러 올라가는 육아 이야기는 후대로 이어지기도 합니다. 그러면서 초보 엄마들은 예전보다 친정엄마의 삶을 더욱 연민 어린 시선으로 바라볼 수 있게 됩니다. 그들은 친정엄마가 누리지 못한 기회를 자신은 누렸다고 말하곤 합니다. 그리고 앞으로 뜻 깊은 이야기를 펼쳐나가리라고 여깁니다.

엄마가 저를 가졌을 때 엄마는 21살이었어요. 저는 30살에 아이를 낳았죠. 제 동생은 갓난아기 시절에 건강 상태가 아주 나빴어요. 병원에 가던 날 엄마가 저한테 그러시더라고요. "네가 좀 도와줘야겠어. 엄마 혼자서는 아기를 제대로 돌보지 못할 것 같아." 그때 엄마 마음이 얼마나 힘들었을지 이제는 알 것 같아요. 엄마는 잘해보려고 그랬던 거예요. 아직 무척 어린 나이였으니까요. ▸▸ B, 2개월

엄마가 제게 친정집 열쇠를 주었어요. 이제 저를 다 큰 어른으로 보고 믿는 거죠. 그리고 저도 이제는 엄마를 훨씬 잘 이해할 수 있어요. ▸▸ B, 3개월

엄마에게도 쉽지 않은 일일 거예요. 우리가 엄마가 되면 엄마는 할머니가 될 텐데, 할머니가 되기 싫을지도 몰라요. 엄마도 그러더라고요. "나를 '할머니'라고 부르지 말아라! 너무 **늙은이** 같잖니." ▸▸ G, 8개월

요즘 엄마들은 직장에 다니거나 여행을 다녀본 경험이 많습니다. 그 덕분에 친정엄마를 새로운 눈으로 바라보며 그들의 진가를 깨닫게 됩니다.

친정엄마가 일주일 내내 육아를 도와주었어요. 엄마는 아이에게 한없이 다정해요. 주말에 제가 아이를 잘 돌봐줘서 고맙다고 말했더니 엄마가 그러더라고요. "별소리를 다 한다. 어쨌든 너도 한때는 내 아기였지 않니." 그 말을 듣는 순간 감정이 북받쳤어요. 저는 사춘기 시절에 반항기 많은 아이

였고, 엄마한테 몹시 무례하게 행동했어요. 스무 살 때는 엄마가 밉다면서 고래고래 소리를 지른 적도 있고요. 그 시절에는 엄마가 정말 그런 사람으로 보였거든요. 하지만 그날 엄마의 말을 듣는 순간 깨달았어요. 제가 아이를 사랑하듯 엄마도 저를 사랑한다는 사실을요. ▸▸ B, 4개월

엄마들은 마지막에 소개한 경험담을 듣고서 눈물을 펑펑 흘렸습니다. 많은 엄마가 이야기에 공감했습니다. 몇몇은 친정엄마에게 했던 행동이 후회스럽다고 고백하기도 했습니다. 그들은 이제 친정엄마를 예전보다 훨씬 더 깊이 이해하고 존경합니다. 엄마들은 친정엄마를 완벽한 엄마가 되는 데 실패한 사람이 아니라 시대의 제약 속에서 가족을 보살핀 인물로 바라봅니다. 이제 바통은 초보 엄마들의 손으로 넘어왔습니다. 엄마들은 육아가 만만치 않다는 사실을 깨닫고 겸손해졌으며, 친정엄마가 그 모든 관문을 통과했다는 사실에 고마움을 느낍니다.

후기: 엄마들의 대화

요즘 엄마들은 육아 방식을 어느 정도 자유로이 선택할 수 있습니다. 그런데 난생처음 육아를 시작할 때, 선택의 자유는 장점보다는 부담으로 다가옵니다. 그러나 선택의 자유가 있어서 자신에게 '알맞은' 육아법을 찾아갈 수 있고, 더 나아가 자신에게 가장 중요한 가치가 무엇이며 가정을 꾸려갈 때 그 가치를 실현하는 방법은 무엇인지 깨달을 수 있습니다. 그러므로 엄마에게 주어지는 자유는 아주 소중합니다. 이 자유에는 부담이 따르기는 하지만 틀림없이 그만한 값어치가 있습니다.

그런데 이따금 엄마들은 서로의 자유를 침해합니다. 예컨대 모유 수유 문제 앞에서 엄마들은 복음을 전파하는 전도사처럼 굴 때가 있습니다. 라레체리그는 엄마들 개개인의 수유 방식을 존중하자는 기조를 유지해오고 있습니다.[158] 언젠가 모유 수유를 하는 엄마들의 모임에 참석했다가 출산을 앞둔 어느 엄마들이 단체로 모유 수유를 하기로 '마음을 바꿨다는' 소식에 사람들이 박수를 치며 환호성을 지르는 모습을 목격한 적이 있습니다. 근시안적인 행동이 아닐까 싶습니다. 엄마들에게는 결정 과정에 도움이 되는 정보가 필요합니다. 만약 엄마에게 정보를 전해주는 사람이 엄마가 특정한 방향으로 결정을 내리게끔 압력을 넣는다면, 우리에게 주어지는 소중한 자유는 힘을 잃고 맙니다.

각자 다른 길을 선택한 두 사람이 서로에게 위협적인 존재가 될 필요는 없습니다. 엄마가 정말로 조심해야 할 적은 늘 '잘못된' 결정을 내리는 것처럼 보이는 다른 엄마가 아닙니다. 두 엄마가 느긋하게 담소를 나눌 때, '잘못된' 선택을 하는 것처럼 보이던 엄마가 동맹군이나 친구가 될지도 모릅니다. 두 엄마가 함께 경계해야 할 적은 올바른 육아법은 **한 가지**뿐이라고 주장하는 사람들입니다. 플라톤의 원대한 계획은 다행스럽게도 그의 책 표지 밑에서 잠들어 있으며, 세상 사람들은 그런 게 있는지도 잘 모릅니다.[159] 하지만 프레더릭 트루비 킹Frederic Truby King은 전 세계의 엄마들을 대상으로 자신의 육아법을 알릴 수 있었습니다.[160] 앞으로도 엄마들을 천편일률적인 방향으로 이끌어가는 사람은 또 나타날 것입니다.

1857년 뉴질랜드에서 태어난 트루비 킹의 책 『수유와 육아Feeding and Care of Baby』는 1913년 영국에서 처음으로 출간되고 24쇄를 찍었습니다. 트루비 킹은 영국을 방문해 런던 북부 하이게이트에 엄마들을 위한 육아 센터를 설립했습니다. 그는 다른 영어권 국가뿐만 아니라 러시아, 폴란드, 팔레스타인, 중국에도 육아 센터를 설립했습니다.

트루비 킹의 책은 훈육 육아법의 기틀을 제공했습니다. 그의 책은 육아 전반을 상세하게 다룬 백과사전이나 다름없었고, 의문의 여지를 거의 남겨놓지 않았습니다. 엄마와 아기의 관계마저 규정해놓았을 정도입니다. 또 이 책은 모유 수유는 네 시간마다 하고, 밤중 수유는 직전 수유에서 열두 시간이 지나서 하라고 정해놓았습니다. 또한 "아기는 일정 시간 간격을 두고 안아줄 것이며…… 아기를 너무 많이 안아주거나 지나치게 자극하는 것은 도리어 아기에게 매우 해롭다"[161]고 설명하기도 합니다. 나는 하이게이트 트루비 킹 육아 센터(1951년까지 운영)에서 공부한 두 여성을 인터뷰한 적이 있습니다. 그중 한 여성은 당시 기억을 떠올리며 이렇게 말했습니다. "우리는 항상 시간에 맞춰서 침대에 누워 있는 아기를 이쪽 편에서 저쪽 편으로 돌려놔야 했어요. 저는 아무도 보지 않을 때면 아기를 껴안아주곤 했어요. 그러다가 누군가에게 들키기라도 하면 야단을 맞았죠."

트루비 킹은 자신의 육아 센터를 넘어 훨씬 더 많은 곳에 영향을 미쳤습니다. 그의 육아법은 육아 센터 직원들을 통해 수많은 엄마에게 전파되었습니다. 1940~1950년대에 네 아이를 기른 한 여성이 들려준 이야기가 생각납니다. "선생님 세대는 운이 정말 좋은 거예요. 우리 때는 애가 울어도 안아주지 말아야 했어요. 애가 우는 소리를 들으면서 옆방에서 눈물짓던 일이 기억나요. 다음 수유 시간까지 아직 30분이 남아 있었거든요." 그때 그 엄마는 방에 홀로 있었습니다. 지켜보는 사람도 없었고, 아이를 안지 못하도록 가로막는 사람도 없었습니다. 하지만 트루비 킹의 육아법은 엄마들에게 복종을 요구했고, 실제로 많은 엄마가 그 요구를 따랐습니다.

'육아는 엄마가 직접 하는 게 좋다'는 주장과 '육아는 육아 전문가에게 맡기는 게 좋다'는 주장은 오랜 세월에 걸쳐 격렬한 논쟁을 불러일으켰습니다. 예를 들어 장 자크 루소는 엄마가 아이를 직접 길러야 한다고 단호하게 주장했습니다.[162] 한 세기 뒤에 등장한 플로렌스 나이팅게일은 아이를 공동 보육 시설에서 키워야 한다고 믿었습니다.[163] 단호한 사람들이 많이들 그렇듯이 두 사람은 엄마가 아니었습니다. 해마다 몇 번씩 어느 한쪽의 주장을 뒷받침하는 연구 결과가 주요 일간지에, 그것도 주로 1면에 실립니다. 다행히 양측의 주장은 결론에 도달한 적이 없습니다. 덕분에 엄마들에게는 자유롭게 선택을 내릴 수 있는 여지가 있습니다.

그러나 요즘은 한쪽의 의견에 무게가 더 실릴 수밖에 없는 특수한 상황이 생겼습니다. 앞으로도 아이를 원하는 엄마들은 계속해서 존재하겠지만 그들은 자신이 맡은 직무에도 최선을 다해야 합니다. 쉬운 결정은 아니겠지만, 그럴 때 엄마들은 아이를 보육 기관에 맡기는 선택지를 떠올립니다. 물론 그중에는 아이를 스스로 돌보고 싶어 하는 엄마들도 있을 것입니다. 이런 엄마들은 아이를 돌보면서 일을 할 수 있는 방안을 찾아보거나 아예 휴직을 합니다. 그런데 요즘에는 이와 관련된 이야기가 나오면 당연히 아기가 엄마의 직장 생활에 맞춰서 생활해야 한다는 분위기가 형성되어 있는 듯합니다. 그래서인지 오늘날 **대다수** 영국 여성은 아이를 보육 기관에 맡기는 선택지를 택합니다.[164] 영국 여성은 대개 아이가 태어난 지 1년 안에 직장으로 돌아갑니다. 이런 현상이 나타나는 이유는 사실상 거의 모든 현대 여성이 육아보다 직장 생활을 더 선호하기 때문일까요?

아이를 직접 돌보는 여성은 보육 기관에서는 해줄 수 없는 일을 해냅니다. 보육 기관에서 일하는 여성들은 자신이 직접 엄마가 되고 보니 많은 것들이 다르게 보이더라는 말을 자주 합니다. 그들은 다른 사람의 아이를 돌볼 때는 엄마들이 '지나치게 걱정이 많다'고 생각합니다. 하지만 연약하고 사랑스러운 내 아기를 품에 안아보면 다른 엄마들의 마음을 이해합니다. 대체로 다른 사람의 아이를 열심히 돌봐주는 사람일수록 자신이 그 아이의 진짜 엄마가 아니라는 사실을 먼저 알아차립니다. 자신과 진짜 엄마 사이의 결정적인 차이점을 알아보는 것입니다. 아이에 대해서는 아이의 엄마가 제일 잘 아는 법입니다. 전통 사회에서는 누구나 이 사실을 알고 있었지만, 지금 사회에서는 이토록 명백한 사실이 간과되고 있습니다.

여성들은 아기와 생활한 지 6개월이 지나면 소외감이 들면서 다시 일터로 돌아가고 싶은 마음이 간절해진다는 이야기를 들어왔습니다. 이런 이야기는 얼마만큼이나 자기충족적 예언으로 작용할까요? 파이지스는 말합니다. "나는 제대로 된 세상에 속해 있다는 느낌을 받기 위해서 복직을 해야 했다."[165] 그녀가 보기에 엄마로 살아가는 삶은 '제대로 된 세상에 속하는 일'이 아니었던 것입니다.

참된 육아는 지난 수십 년 동안 끊임없이 폄하되어 왔습니다. 육아가 즐겁다고 말하는 여성은 '엄마 역할이 아주 잘 어울리는 여자'로 취급받기도 합니다. 이런 평가 속에는 그런 엄마들에게 '일반적인' 여성에게는 없는 기묘한 능력이 있다는 생각이 반영된 것 같습니다. 하지만 그럴 리가 없습니다. 여성 대부분은 몸이 아프다든가 난민 신세에 처했다든가 하는 온갖 어려움 속에서도 엄마 역할을 잘해낼 수 있습니다. 육아 생활에 적응할 수 있으며, 육아 능력은 몇몇 엄마에게만 주어지는 특권이 절대로 아닙니다. 하지만 여성들은 이런 사실을 제대로 알까요?

여러 육아서는 엄마로 살아가는 삶에 대해 잘못된 인상을 전합니다. 그런 육아서는 관계 형성의 중요성을 간과합니다. 친밀한 관계 형성을 육아 기술의 일환으로 치부하는 것은 옳지 못합니다. 요즘에는 너무나도 많은 육아서가 아기의 '부적절한' 행동을 교정하는 일이 엄마의 역할인 듯 표현합니다. 지나 포드Gina Ford의 베스트셀러 『만족스러운 아기The Contented Little Baby Book』는 바로 그런 목적으로 쓰인 책입니다. 포드의 책 서문에는 다음과 같은 소개 글이 나옵니다. "이 책은 내가 오랜 세월에 걸쳐 직접 경험한 일들을 바탕으로 쓰였으며, 그 점에 있어서 다른 육아서와 크게 차이가 납니다. 내가 함께 살거나 돌봐온 아기는 수백 명에 달합니다. …… 내 조언을 따른다면 아기들이 정말로 하고 싶은 말이 무엇인지 알아들을 수 있을 것입니다."[166]

포드의 조언을 따르는 엄마들은 '지나 포드식' 아기를 키우고 있다고 말해도 될 것입니다. 포드의 육아서는 아기들이 '정말로' 하고 싶어 하는 말을 '알아들을 수 있게' 해준다고 하므로, 엄마들은 아기가 아니라 포드의 육아서를 먼저 들여다보게 됩니다. 하지만 아기는 기계처럼 설명서를 보고 수리할 수 있는 존재가 아닙니다. 아기는 부모와 복잡하고 다양한 관계를 맺는, 살아 있는 존재입니다.

요즘 들어 참된 육아 방식이 다시 유행하려는 조짐이 조금씩 보입니다. 참된 육아 방식이 완전히 자리를 잡을 때쯤이면 요즘 엄마들은 할머니가 되어 있을지도 모릅니다. 그때 그들은 자신의 딸이나 손녀에게 이렇게 말할지도 모릅니다. "너희 세대는 운이 참 좋은 거란다. 우리 때는 아기를 손수 돌보지 못했거든."

걱정스럽게도 요즘에는 자신의 육아 능력에 자신감을 지닌 엄마가 별로 없습니다. 그들은 자신이 전문 보육 기관의 신세를 지고 있는 듯이 말합니다. 엄마라는 역할에 관한 왜곡된 생각을 주입 받아온 것이 분명합니다. 엄마들은 복직 시기에 대해서 균형 잡힌 결정을 내리기 위해 양쪽의 주장을 모두 들을 수 있어야 합니다.

이처럼 육아와 관련된 논쟁에서도 드러나듯이, 엄마의 역할은 정치적인 문제와 연결되어 있습니다. 이 주제는 일찍이 아리스토파네스에 의해 다뤄졌습니다. 그리스의 위대한 희극 작가 아리스토파네스는 기원전 412년에 쓴 「여자의 평화」에서 선구적인 사고방식을 선보입니다. 이 희극 속에 등장하는 여성들은 오래도록 이어지던 펠로폰네소스 전쟁을 중단합니다. 아테네 출신의 엄마 리시스트라테는 적국 엄마들의 협조를 얻어냅니다. 리시스트라테의 계획은 남성들이 전쟁을 끝낼 때까지 양 국가의 여성들이 남성들과의 잠자리를 거부하게 하는 것이었습니다. 그때 고위 경관이 등장해 일개 아녀자 주제에 전쟁이라는 문제를 이해할 수 있겠냐면서 리시스트라테를 비웃습니다. 리시스트라테는 엄마들이라면 이해할 수 있다고 항변합니다. 전쟁터에서 죽어가는 병사들을 키운 사람이 바로 엄마들이라면서 말입니다. 고위 경관은 "조용히 해!"라고 소리칩니다. 리시스트라테가 아픈 곳을 찌른 게 틀림없습니다. 이 작품은 희극이며, 곧이어 아테네와 스파르타의 남성들로 분장한 배우들이 성기가 커져서 바지가 불룩해진 모양새로 무대 위로 엉거주춤 걸어 나옵니다. 그로부터 며칠이 지나 휴전이 선포됩니다.

기원전 5세기의 아테네 극장에서는 관객과 배우가 모두 남성이었기에 이 작품은 호응을 얻기 어려웠을 것입니다. 당시 여성들은 특별한 경우가 아니고서는 남성보다 지위가 낮았습니다. 하지만 예전에는 호응을 얻기 어려웠던 사고방식이 오늘날 존재감을 드러내고 있습니다. 최근 들어 여성들이 그와 비슷한 목적을 위해 함께 힘을 모으는 사례가 실제로 나타나고 있습니다. 엄마들은 자신에게 정치적 힘이 있다는 사실을 깨닫기 시작했습니다. 흥미롭게도 엄마들은 그 힘을 주로 불의에 항거하는 수단으로 사용합니다. 그래서 요즘은 '전쟁에 반대하는 엄마들', '미국 내 폭력 행위에 반대하는 엄마들', '범죄 조직에 반대하는 엄마들', '마약에 반대하는 엄마들', '음주운전에 반대하는 엄마들', '성적 학대에 반대하는 엄마들', '사형 제도에 반대하는 엄마들', '유전 공학에 반대하는 엄마들'처럼 이름에 '반대하는 엄마들'이라는 표현이 들어간 운동이 전 세계적으로 점점 증가하고 있습니다. 이런 운동은 부정적인 뉘앙스를 풍기는 듯하지만, 전적으로 모성에서 우러나오는 긍정적인 가치에 바탕을 둡니다.

자기 스스로를 아무런 정치적 정체성이 없는 사람, 집 안에 홀로 고립된 사람으로 여기는 엄마들은 자신이 중요한 존재라는 사실을 알아차리지 못합니다. 엄마가 가정을 꾸리면, 그 가정에서 엄마가 중요하게 생각하는 가치가 드러납니다. 이것은 사적이면서 정치적인 토대가 됩니다. 특히 엄마는 아이를 대하는 상황에서 자신에게 주어진 힘을 활용함으로써 좋은 기틀을 형성해갈 수 있습니다. 주변 사람들의 정치적 가치가 꼭 엄마의 정치적 가치가 될 필요는 없습니다. 그러나 엄마가 침묵하고 복종하는 모습을 보이면 현 상태가 그대로 이어지도록 수수방관하는 꼴이 될 수 있습니다.

설마 그러기야 하겠냐 싶다면 여러 사회에서 엄마들이 맡았던 역할을 떠올려보면 좋을 것입니다. 국가가 부패하고 독재를 일삼는다면, 엄마들은 자기도 모르게 그런 분위기에 힘을 실어주고 있을지도 모릅니다. 불편한 이야기이지만, 제3제국(히틀러 치하의 독일제국 - 옮긴이)의 인종차별 정책이 집행되는 과정에서는 엄마들의 지지가 결정적인 역할을 한 것으로 보이며, 이 인종차별 정책은 '유대인 말살'로 이어졌습니다. 이제껏 많은 사람이 인간이 그토록 비인간적인 행위를 저지를 수 있었던 이유를 밝히고자 노력해왔습니다. 나치에 소속된 정신과 의사들은 아주 단순한 방법을 사용했습니다. 그들은 가해자들에게 아내 및 아이들과 함께 여가 시간을 많이 보내면서 '마음을 추스르라고' 권했습니다.[167]

민주주의 사회에서는 이런 식의 착취를 찾아보기 어려울지도 모릅니다. 하지만 노련한 엄마들은 아이뿐만 아니라 어른도, 엄마가 집에 있을 때든 직장에 있을 때든, 엄마의 보살핌을 받고 싶어 한다는 사실을 알고 있을 것입니다. 자신이 누구를 돌봐주고 있는지, 그런 행동으로 어떤 가치를 지지하고 있는지 알려면 스스로 주의를 기울여봐야 합니다. 그런 자각이 없다면, 자신과 가치관이 다른 사람을 지지하게 될지도 모릅니다.

엄마에게 주어지는 크고 작은 부담감을 털어내는 가장 좋은 해결책은 정기적이든 가게나 거리에서 즉흥적으로 모이든, 엄마들끼리 모임을 갖는 것입니다.[168] 그런 모임에서 엄마들은 의견을 교환하고 자신과 다른 생각을 하는 엄마들을 접할 수 있습니다. 사람들은 엄마들이 수다스럽다며 비웃기도 합니다. 그들 역시 정기적으로 업무 회의에 참석하면서도 엄마들의 대화는 '수다'로 치부해버립니다.

여성은 언제나 대화 솜씨가 좋았으며, 엄마는 자기만의 대화 방식을 만들어갑니다. 엄마는 잠이 부족하거나 간간이 아기를 살피느라 대화에 집중하지 못할 때가 많습니다. 그러다보니 대화 주제가 다소 오락가락하며 (외부인은 그런 모습을 보고 흉을 보기도 합니다) 혼란스러울 수 있습니다.[169] 나는 이런 광경을 라레체리그에서 자주 목격합니다. 라레체리그는 매번 특정한 주제를 자유로운 분위기 속에서 다룹니다. 모임이 끝나면 엄마들은 모임에 참석한 덕분에 많은 것을 배우고 간다고 말합니다. 엄마들은 이 모임을 엄마로서의 자기 모습을 되돌아보는 창구로 활용하는 것이 틀림없습니다.

엄마들은 대개 동네 엄마들과 만나기 좋은 모임을 찾거나 만듭니다. 내가 28년 전에 결성한 마더스토킹 모임은 대화 주제를 정해놓지 않습니다. 엄마들은 내게 다른 엄마들과 대화를 나눠보니 이런저런 점이 좋더라는 말을 많이 합니다. 그런 걸 보면 엄마들의 대화는 여러 면에서 '효과'를 발휘하는 것 같습니다.

이 자리에 앉아서 엄마들 이야기를 듣고 있으면 기분이 좋아져요. 그것도 아주 많이요. 여기 있는 모두를 집에 데려갈 수 있으면 좋겠어요. 집에서는 혼자서 아이를 힘겹게 돌봐야 하니까요. ▸▸ B, 3주

다운증후군이 있는 아이의 엄마 저는 이 모임에서 도움이 제일 많이 필요한 사람은 바로 저일 것 같다고 생각해서 걱정이 앞섰어요. 하지만 여기서 이야기를 들어보니 다른 사람들도 저와 똑같은 어려움을 겪고 있더라고요.

▸▸ B, 2개월

앞서 다른 분들한테서 들은 이야기 모두가 제 마음에 와닿았어요. 어떤 어려움이 있었을지 전부 다 알겠더라고요. 저는 다른 사람들도 저처럼 노심초사하고 있으리라고는 전혀 생각하지 못했어요. 하고 싶은 말이 무척 많은데, 제가 남들과 다를 바 없는 엄마였다는 사실을 알고 나니까 눈물을 참을 수가 없어요. 저는 제가 제정신이 아니라고 생각했거든요. 그런 감정을 느끼는 건 당연한 일이었어요. ▸▸ B, 2개월

대화를 나누는 시간은 참 유익해요. 모임이 끝나고 나면 힘이 솟아요. 엄마들한테는 누군가가 자기 이야기를 들어주는 게 무엇보다 소중해요.

▸▸ B, 6개월

정말 진솔한 모임이에요. 속마음을 털어놓을 수 있다는 건 참 좋은 일이고요. 이 자리에 나올 준비가 되었다면 내 안에 있는 솔직한 감정을 마주할 준비가 되었다는 뜻이에요. ▸▸ G, 8개월

모임에 참석한 초보 엄마들은 고마운 마음을 느끼지만, 그들의 마음을 북돋아주기란 쉽지 않은 일입니다. 초보 엄마들은 민감한 상태며 자신감이 뚝 떨어져 있을 가능성이 큽니다. 그들은 예전 같으면 대수롭지 않게 넘겼을 농담이나 비난에도 쉽게 상처받습니다. 바로 그런 이유로 서로에 대한 배려심이나 이해심이 더 높아질 수도 있습니다.

서로의 차이를 넘어 상대방의 마음을 이해하는 능력은 참으로 훌륭한 자질이지만, 우리에게는 이를 지칭할 만한 적당한 표현이 없습니다. 하지만 엄마들이 함께 모여 안온함을 느끼고 있을 때, 엄마들은 바로 그 능력을 발휘하는 중입니다. 그런 모습은 참 감동적입니다. 오래전에 나는 성경책 「룻기」를 보다가 나오미가 등장하는 대목에서 그와 비슷한 모습을 본 적이 있습니다(나오미는 우연찮게 나와 이름이 똑같은 인물이어서 기억하고 있습니다). 베들레헴에 기근이 들어 나오미와 나오미의 가족은 모아브 지방으로 이주합니다. 몇 년 후, 그곳에서 나오미의 남편과 두 아들이 죽자 나오미는 미망인이 된 며느리 룻만 데리고 베들레헴으로 돌아옵니다.

이 이야기의 원어인 히브리어는 프랑스어와 비슷한 점이 하나 있습니다. 히브리어의 동사는 주어가 모두 남자일 때뿐만 아니라 많은 여성 속에 남성이 한 명만 섞여 있을 때도 남성형 어미가 붙습니다. 내가 소개한 대목은, 성경에서는 아주 보기 드물게 동사에 모두 여성형 어

미를 사용합니다. 그러므로 우리는 히브리어의 특성상 이야기 속에 남성이 한 명도 등장하지 않는다는 사실을 알 수 있습니다. 그 자리에는 여성만 모여 있던 것입니다. 베들레헴 여성들이 "이 사람이 정말 나오미인가?"하고 묻자 나오미가 대답합니다. "나를 나오미(기쁨)라고 부르지 말고 마라(고통)라고 불러주세요. 전능하신 하나님께서 나를 시련에 빠뜨리셨으니 말입니다. 내가 이곳을 떠날 때는 가진 것이 많았으나 여호와께서 내가 빈손으로 돌아오게 하셨습니다. 여호와께서 나를 버리시고 내게 괴로움을 주신 마당에 여러분이 어찌 나를 나오미라고 부를 수 있겠습니까." 그다음 문장은 "그리하여 나오미는…… 돌아왔다"로 이어집니다.[170]

그 자리에서는 무슨 일이 벌어졌을까요? 성경은 베들레헴 여성들이 나오미의 이야기에 어떤 반응을 보였는지는 아무런 이야기도 해주지 않습니다. 베들레헴 여성들은 나오미를 부둥켜안고 눈물을 흘렸을까요, 아니면 (기근이 왔을 때 식구들과 함께 베들레헴을 떠난 사람이라면서) 본체만체했을까요? 나는 그와 비슷한 광경을 마더스토킹 모임에서 접해봤기에, 베들레헴 여성들이 침묵을 지켰으리라고 생각합니다. 한 엄마가 나오미처럼 자신이 겪은 시련을 털어놓기 시작합니다. 그러면 다른 엄마들은 마치 이야기를 바구니에 담는 것 같은 모습을 보이는데, 그 과정을 말로 정확하게 설명하기는 어렵습니다. 그러다가 바구니에 이야기를 고스란히 담아내지 못할 것 같아 긴장감이 느껴지는 순간이 나타납니다. 엄마들은 눈물을 흘리기 시작하며 다른 엄마에게 티슈를 건네기도 합니다. 또 어떤 엄마는 울먹이는 목소리로 그 상황에서 얼마나 힘들었겠냐면서 공감을 표시하는 말을 건네기도 합니다. 하지만 다른 엄마의 고통스러운 경험담 앞에서 엄마들이 전체적으로 보이는 반응은 깊은 침묵입니다.

나는 이 같은 침묵에 치유 효과가 있다는 사실을 어렵게 깨달았습니다. 침묵은 충격 흡수 장치 같은 역할을 합니다. 말은 필요하지 않습니다. 눈물을 흘리던 엄마는 외로움을 털어낸 듯한 기분을 느끼고, 이야기를 듣던 엄마들은 고통을 함께 조금씩 나눈 듯한 기분을 느낍니다. 다 같이 고통을 나눴음에도 모두가 마음이 홀가분해지고 단단해집니다. 얼마 후 격한 심정을 토로하던 엄마가 눈물을 닦아내고 모두에게 감사 인사를 전하면, 모임은 다시 다른 이야기로 넘어갑니다.

침묵이 말보다 더 나은 효과를 발휘할 때가 많습니다. 엄마들은 조언을 구하거나 나누려고 모임을 찾기도 하지만 그런 시도는 뜻대로 풀리지 않을 때가 많습니다. 엄마들은 저마다 다른 상황에 있습니다. 한 엄마가 다른 엄마에게 새로운 것을 배웠을 때, 그 엄마에게 유용한 정보는 그중 일부분에 불과합니다. 하지만 육아 초기의 불확실한 시기를 넘기고 나면 엄마들은 자신에게 초보 엄마를 구해낼 능력이 있다고 생각하기도 합니다.

슈퍼마켓 계산대에서 차례를 기다리고 있는데, 제 뒤에 임신한 여성이 서 있더라고요. 그때 그런 생각이 들었어요. '아, 나도 이제는 육아 경험이 제법 많이 쌓였는데!' 그러다가 다시 마음을 고쳐먹었어요. '무슨 생각하는 거야. 조언을 해달라고 부탁한 것도 아닌데!' 쉽진 않았지만 입을 꾹 다물었어요.

▸▸ G, 6개월

오늘 아침에 한 엄마를 만났는데 아기가 생후 10개월이었고 우리와 비슷한 문제를 겪고 있었어요. 그래서 제가 말했죠. "저희 애한테 효과가 좋았던 방법이 있는데 알려드릴까요?" 그렇게 해서 저는 이야기를 시작했고, 그 엄마는 연신 "아, 저희도 그 방법은 써 봤어요", "그 방법은 좀 꺼려지네요"라고 대답했어요. 5분 뒤에는 그 엄마가 관심을 보이지 않아서 저는 이야기를 중단하고 말았죠. 그 엄마를 생각하면 마음이 짠해요. ▸▸ G, 10개월

그 말은 도와주고 싶은 마음이 간절하다는 뜻이었습니다.

대체로 엄마들이 원하는 것은 조언이 아닌 공감인 듯합니다. 그렇기에 엄마들이 들려주는 이야기에는 애처로운 면이 있습니다. 애처로운 이야기는 연민을 자아냅니다. 엄마들은 어떤 일을 있는 그대로 이야기하기보다는 한쪽으로 치우쳐서 이야기할 때가 많습니다. 이야기를 듣는 사람에게서 공감을 얻고 싶으니까요. 어쩌면 엄마는 아침 내내 아기에게 인내심과 동정심을 발휘했기에 누군가가 주는 관심을 받고 싶은지도 모릅니다. 하지만 애처로운 이야기를 듣고 난 다른 엄마는 (앞서 언급한 사례에서처럼) 안타까운 마음에 조언을 해주고 싶은 욕구를 강하게 느낍니다. 그러면 초보 엄마는 동정심을 더욱 유발하고 싶은 생각이 들어 훨씬 더 애처롭게 이야기하고, 이야기를 듣는 엄마는 유용한 조언을 건네고픈 욕구를 한층 더 강하게 느낍니다. 두 엄마 모두 자신의 노력이 수포로 돌아가는 이유를 이해하지 못합니다. 이런 식의 대화는 우리 주변에서 흔히 일어납니다. 나 역시 그렇게 오랜 세월 동안 경험을 해보고서도 그저 조언만 해주는 역할로 빠져들 때가 있습니다.

엄마들에게 고생담이 바닥나는 일은 절대로 없습니다. 어느 시대에나 엄마가 되기는 쉽지 않았을 것입니다. 하지만 오늘날에는 모성의

의미가 완전히 달라졌습니다. '청춘은 젊은 시절에 낭비해버리기에는 너무나 아까운 것'이라는 말이 있듯이, 모성 역시 아기에게 낭비해버리기에는 너무나 아까운 것이 아닐까 싶습니다. 어른들은 모성을 가치 있게 여기지만 대체로 모성의 대상이 어른일 때만 그렇습니다. 모성이 아기와 관련된 자질로 치부될 때는 폄하되기 일쑤입니다. 아기는 그저 기저귀를 더럽히고 젖을 게워내는 존재로 희화화될 때가 많습니다. 영국에서는 엄마들이 아이가 시끄럽게 굴지 않도록, 어른들의 다리 사이로 지나다니지 않도록, '말썽'을 피우지 않도록 조심시켜야 합니다. '아기가 순하다'는 말은 대개 아기가 아무런 문제도 일으키지 않는 듯 보인다는 뜻입니다. 이런 기준을 따르면, 아이가 자궁 밖의 복잡한 세상 속에서 짊어져야 할 부담을 덜어주기 위해 무던히 애를 쓰는 진정한 모성은 실패로 비칠 수 있습니다. 모성을 발휘하는 엄마라면 분명 아기가 '말썽'을 피우도록 **허락**할 것입니다.

우리가 자신의 역할을 조용히 수행하는 엄마에게서 아무것도 읽어내지 못한다면, 엄마 역시 자신이 아무것도 하지 않고 있다고 느끼기 쉽습니다. 엄마 스스로 자기가 아무것도 하지 않고 있다고 생각하고, 또 우리 역시 그렇게 생각한다면, 엄마가 훌륭한 일을 해내고 있다는 사실을 아는 사람은 오로지 말 못 하는 아기밖에 없을 것입니다.

그렇다면 엄마들은 **도대체** 무슨 일을 하는 걸까요?

욕실에 들어가보니 치약이 바닥에 널브러져 있습니다. 치약 뚜껑은 어디 있는지 보이지 않습니다. 세면대 끄트머리에는 치약을 발라놓은 칫솔이 그대로 놓여 있습니다. 누군가가 양치를 하려다가 불려간 모양입니다. 그 사람은 지금 옆방에 있습니다. 그녀는 아이가 있는 엄마입니다. 엄마는 지금 무엇을 하고 있을까요? 그에 대한 대답은 여러분이 어떤 사람인지, 그리고 엄마 쪽으로 고개를 돌릴 때 무엇을 바라보는지에 달렸습니다.

짐작건대 여러분의 눈에는 까탈스러운 아기를 기르는 어느 불행한 여성이 보일 것입니다. 아기는 엄마가 2분 동안 이를 닦는 것도 기다려주지 못해서 엄마가 안아줄 때까지 울고 또 웁니다. 여러분은 엄마에게 아기를 안아주겠다고 말하지만 아기는 무슨 이유에선지 엄마에게 들러붙더니 엄마 말고는 그 누구에게도 안기려 하지 않습니다. 그 순간 여러분은 '아기란 존재는 도대체 왜 생겨난 걸까?'라며 의문을 품을지도 모릅니다. 어쩌면 여러분은 그런 생각을 하지 않았을지도 모르지요. 여러분은 여러분 나름의 관점으로 그 상황을 바라볼 것입니다. 나는 내가 본 광경을 이야기하면서 이 책을 끝마칠까 합니다.

내 눈에는 얼굴이 창백하고 눈 밑에 다크서클이 내려온, 녹초가 된 엄마가 보입니다. 엄마는 젖 먹던 힘까지 짜내어 노래를 부르면서 아기를 어르고 있으며 아기도 이제 그 사실을 알아차리기 시작합니다. 아기는 잔뜩 힘이 들어갔던 몸에 긴장을 풀고 엄마의 품속으로 녹아듭니다. 이제 아기는 울지 않고, 엄마의 노랫소리와 리듬에 온몸을 맡깁니다. 그러다가 오랜 시간이 지난 뒤에야 잠에 빠져듭니다. 아기가 잠에 빠지는 순간 방 안에는 평화로운 분위기가 감돕니다. 중요한 변화가 일어난 듯 말입니다. 고통은 조화로운 상태로 바뀌었습니다. 엄마는 따스한 미소를 머금으며 위를 올려다봅니다. 이렇게 경이로운 일을 해낸 건 엄마이지만, 여러분과 나는 그 자리에서 엄마가 '뭔가'를 해내는 모습을 지켜봤기에 어쩌면 엄마에게 도움의 손길을 건네준 것일지도 모르겠습니다.

감사의 글

내게 자신의 이야기를 들려준 엄마들에게 따스한 감사 인사를 전합니다. 덕분에 엄마로 살아간다는 것이 무엇인지 조금 더 깊이 이해할 수 있었습니다. 열정적이고 든든한 라레체리그 동료들, 1989년 아침 식사 자리에서 인상 깊은 대화를 나눴던 실라 킷징어, 1990년에 능동 분만센터에서 엄마들을 위한 집단 모임을 운영하는 일을 맡겨주고 지원해준 재닛 밸러스카스, 격려를 아끼지 않은 제니퍼 마시에게도 감사 인사를 전합니다. 또 이 책의 원고를 미리 읽어봐 준 내 친구들, 내게 용기를 북돋아주면서 이 책을 조리 있게 수정하게끔 도와준 내 딸 레이철, 그리고 그 누구보다 다정하고 이해심이 많은 편집자 페니 필립스, 부모님, 멋지게 자라준 레이철, 쇼엘, 대럴에게도 고마운 마음을 전합니다. 마지막으로 내가 사랑하고 신뢰하는 남편 토니에게도 말로 다 하지 못할 만큼 고맙다는 인사를 남깁니다.

추천의 글: 육아의 지도가 필요한 사람들에게

안소영
(국제 모유 수유 전문가IBCLC, 유튜브 채널 '맘똑티비' 운영자)

산부인과 간호사, 모유 수유 전문가로서 제가 처음 아이를 가지려고 마음먹었을 때는 엄마가 된다는 것이 다른 사람들처럼 어렵게 느껴지지는 않았습니다. 직업의 특성상 다른 엄마들이 직접 접하지 못했을 다양한 사례들을 이미 알았으며, 제가 보살핀 많은 엄마의 신체적 불편과 고통을 미리 보아서 스스로 시뮬레이션을 했다고 생각했기 때문에 두려움보다는 기대가 더 컸습니다.

하지만 남들보다 지식과 경험이 조금 더 많다 한들, 엄마가 된 한 여자의 책임감과 부담은 다른 엄마들과 똑같다는 것을 산후조리원에서 퇴원하는 날 바로 알게 되었습니다.

아기에게 모유 수유를 하며 눈을 마주치고 있으면 아기의 눈에 비치는 나는 아기에게 전부인 세상이었습니다. 몇 킬로그램밖에 안 되는 작은 아기였지만 제 어깨를 누르는 부담은 아기 무게의 수십, 수백 배에 달하는 기분이었습니다.

그런데 아이가 네 살이 된 지금, 왜 저는 다시 그때로 돌아가고 싶은 걸까요?

이제는 그때와 달리 너무나도 커진 아이를 보면서, '힘들었어도 더 많이 안아주고 더 많이 사랑한다고 속삭여줄걸' 생각하며 이미 흐릿해진 그 시간을 기억해내려고 애씁니다. 불과 4년 전에는 이만큼 없었던 모성애라는 감정이 이제는 제게 그 어떤 감정들보다 크고 많은 부분을 차지하게 되었습니다.

엄마의 사랑은 하늘에서 뚝 떨어지는 게 아닌, 육아 초기에 쌓아놓은 많은 일로 평생토록 아이에게 힘을 발휘하는 것이라고 이 책의 작가는 말합니다. 엄마와 아기가 서로 사랑하고, 고마운 마음을 되돌려주고 상호작용하면서 그 둘 사이를 평생토록 지속되게 해주는 감정. 혼자만의 삶을 더 중요하게 여기는 이 시대에 시대착오 같기도 한 모성애의 가치가 얼마나 소중한 것인지를 독자들이 책을 통해 느껴볼 수 있으면 좋겠습니다.

좋은 엄마가 될 수 있게 해주는 수많은 콘텐츠와 물질적 아이템이 많아졌지만, 기존 가치가 변하고 흘러가는 이 시대에 부모들은 경제적, 정서적으로 많은 어려움을 토로합니다. 『엄마 마음 설명서』는 이런 어려움을 겨우겨우 이겨내고 엄마가 되기를 선택해 좋은 엄마가 되어가는 과정에서 느낄 수 있는 감정들에 초점을 맞추고 있습니다.

제가 남편에게도 말하지 못했던, '이런 사소한 감정까지 밖으로 말하는 건 너무 이기적일지도 몰라'라는 생각에 혼자 떠안을 수밖에 없었던 내 작은 감정들을 이 책의 작가가 만난 엄마들은 대신 꺼내주었고, 책을 읽는 내내 작가와 함께 이야기하는 기분이 들어 가슴이 먹먹해졌습니다. 작가가 만난 엄마들은 분명히 저와는 다른 문화와 시간에 살고 있는 사람들인데, 제가 느꼈던 감정들이 고스란히 묻어 있어 그들의 말 한 구절 한 구절에 한참 동안 사색에 잠겨 멈춰 있기도 했습니다.

작가는 엄마들 각자의 삶에서 나오는 감정들을 그저 묶어내 담담하게 현실적으로 풀었습니다. 그리고 그 담담한 이야기들 속에 큰 울림을 주는 메시지들을 구석구석 보물찾기처럼 숨겨놓았습니다.

저는 이 책이 꼭 엄마들만을 위한, 또는 이미 부모가 된 이들만을 위한 책이라고 생각지 않습니다. 부모가 되고 싶지만 현실이라는 아득히 높고 두꺼운 벽에 부딪힌 분들 또한 이 책을 지도로 삼아 작가가 숨겨놓은 보물들을 찾아나설 수 있게 되기를 바라봅니다.

주석

1 Griffin, Susan (1982), *Made From This Earth,* Selections, from her writing 1967–1982, London: Women's Press, pages 70–71.

2 Cusk, Rachel (2001), 'The language of love' in *Guardian, G2*, 12 September 2001, page 8.

3 Gansberg, Judith M. and Mostel, Dr Arthur P. (1984), *The Second Nine Months: the Sexual and Emotional Concerns of the New Mother*, Wellingborough: Thorsons, page 86.

4 Klaus, Marshall H. and Kennell, John H. (1983), *Bonding, the Beginnings of Parent-Infant Attachment*, St Louis: C.V. Mosby, page 2.

5 Bowlby, John (1988), *A Secure Base*, London: Routledge, page 29.

6 Klaus, Marshall H. and Kennell, John H. (1983), *Bonding, the Beginnings of Parent-Infant Attachment*, St Louis: C.V. Mosby, page 64.

7 위의 책, 56쪽

8 그 사례로, 자주 인용되는 다음의 책을 참고하세요. Stern, Daniel (1985), *The Interpersonal World of the Infant: a View from Psychoanalysis and Developmental Psychology*, New York: Basic Books, pages 207-219.

9 저자인 나오미 스태들런이 로스앤젤레스 카운티의 모유 수유 클리닉 소장인 키티 프란츠Kittie Franz에게 직접 들은 내용입니다. 이 용어를 함께 만들어낸 다른 의료 전문가는 옥스퍼드의 존래드클리프병원 모

유 수유 클리닉에서 일하다가 은퇴한 클로이 피셔Chloe Fisher입니다. 프란츠는 두 사람이 1970년에 해변에서 이야기를 나누던 중에 이 용어가 떠올랐으며, 두 사람 중 누가 먼저 이 용어를 썼는지는 기억나지 않는다고 말했습니다.

10 Priya, Jacqueline Vincent (1992), *Birth Traditions and Modern Pregnancy Care*, Shaftesbury, Dorset: Element Books, page 116.

11 Spender, Dale (1980), *Man Made Language*, London: Pandora, pages 54–58.

12 Kitzinger, Sheila (1992), *Ourselves as Mothers*, London: Bantam Books, page 197ff.

13 Hamlyn, Becky, Brocker, Sue, Oleinikova, Karin and Wands, Sarah (2002) *Infant Feeding Report 2000*, Norwich: The Stationery Office, 'The employment status of mothers' on pages 137-142.

14 Reprinted from *Weavers of the Songs: the Oral Poetry of Arab Women in Israel and the West Bank*, compiled, edited and translated by Mshael Maswari Caspi and Julia Ann Blessing. Copyright © 1991 by the authors. Reprinted with permission of Lynne Rienner Publishers Inc. See page 94.

15 White, Amanda, Freeth, Stephanie and O'Brien, Maureen (1990, 1993), *Infant Feeding*, London: HMSO, pages 27 and 69.

16 Johnson, Rachel, 'Real women don't need degrees', *Daily Telegraph*, 21 February 1998.

17 Elkind, David (1981, 1988), *The Hurried Child*, Reading, Mass: Perseus Books.

18 Breen, Dana (1981, 1989), *Talking With Mothers*, London: Free Association, page 116.

19 Nigella Lawson's column in the *Observer*, 28 March 1999.

20 Tolstoy, Leo, *The Kreutzer Sonata and Other Stories*, translated by David McDuff (Penguin Press, 1985), translation copyright © McDuff, David, 1985. London: Penguin, pages 70–71. Reproduced by permission of Penguin Books.

21 Stern, Daniel N. and Bruschweiler-Stern, Nadia (1998), *The Birth of a Mother*, London: Bloomsbury, pages 96–97.

22 Olsen, Tillie (1980), *Silences*, London: Virago, pages 18–19.

23 아네트 카르밀로프스미스Annette Karmiloff-Smith의 책 *Baby It's You, London*(1994)는 생후 6주에서 8주 무렵의 아기들이 한바탕 울음을 터뜨렸다가 잠시 울음을 그치고는 부모의 발소리에 귀를 기울일 때가 있다는 이야기를 들려줍니다. 만약 부모의 발소리가 들리지 않으면 아기는 다시 울음을 터뜨립니다(168쪽). 다시 말해서 아기는 자기가 원하는 것을 얻으려면, 자신이 울 때마다 부모가 온다는 사실을 먼저 알아차려야 합니다.

24 Dunn, Judy (1977), *Distress and Comfort*, London: Fontana/Open Books, page 32.

25 「이사야」 66장 13절. 히브리 성경을 직역하면 "어미가 한 남자a man를 위로하듯이"입니다. 이것을 보면 엄마의 위안이 얼마나 오래도록 지속되는 가치를 지니는지 알 수 있습니다. 이사야는 신이 주는 위로를 엄마가 주는 위안에 비유했습니다.

26 'Nursing Twins' by Susan Shannon Davies in *New Beginnings*, Schaumburg, USA: La Leche League International, May–June 1997, page 73.

27 Lester, Barry M. (1985), 'There's More to Crying than Meets the Eye' in *Infant Crying: Theoretical and Research Perspectives*, eds. Lester, Barry M. and Boukydis, C.F. Zachariah, New York: Plenum Press, page 7. Also Gunner, Megan R. and Donzella, Bonny (1999), 'Looking for the Rosetta Stone, an Essay on Crying, Soothing and Stress' in *Soothing and Stress* eds. Lewis, Michael and Ramsay,

Douglas, Mahwah, NJ: Lawrence Erlbaum Associates, page 39.

28 Plato (1984 edn), *Laws*, (1926, 1984), tr. R. G. Bury, Cambridge Mass: Harvard University Press and London: Heinemann, Book VII, 790D, page 11.

29 Dunn, Judy (1977), *Distress and Comfort*, London: Fontana/Open Books, page 28.

30 La Leche League International (1958, 2004), *The Womanly Art of Breastfeeding*, Schaumburg, USA: LLLI, page 94.

31 Parker, Rozsika (1995), *Torn in Two*, London: Virago, page 1.

32 Maushart, Susan (1999), *The Mask of Motherhood*, London: Pandora, page 125.

33 Donovan, Wilberta L. and Levitt, Lewis A. (1985), 'Physiology and Behaviour: Parents' Response to the Infant's Cry' in *Infant Crying: Theoretical and Research Perspectives*, eds. Lester, Barry M. and Boukydis, C.F. Zachariah, New York: Plenum Press, page 253.

34 Lester, Barry M. (1985), 'There's More to Crying than Meets the Ear' 위의 책, 23쪽과 25쪽에서 인용.

35 Simpson, John with Speake, Jennifer, eds (1982), *The Oxford Concise Dictionary of Proverbs*, Oxford: Oxford University Press, page 43.

36 Parkinson, Christine E. and Talbert, D.G. (1987), 'Ways of Evaluating the Mother-Infant Relationship' in ed. Harvey, David *Parent-Infant Relationships*, Chichester: Wiley & Sons, page 17.

37 Olsen, Tillie (1980), *Silences*, London: Virago, page 19.

38 Stern, Daniel N. (1985), *The Interpersonal World of the Infant*, New York: Basic Books, Chapter 9.

39 Klaus, Marshall H. and Kennell, John H. (1983), *Bonding, the Beginnings of Parent-Infant Attachment*, St Louis: C.V. Mosby, page 41.

40 Parkinson, Christine E. and Talbert, D.G. (1987), 'Ways of Evaluating

the Mother-Infant Relationship' in ed. Harvey, David *Parent-Infant Relationships*, Chichester: Wiley & Sons, pages 18-19, and Klaus, Marshall H. and Kennell, John H. (1983), *Bonding, the Beginnings of Parent-Infant Attachment*, St Louis: C.V. Mosby, page 60.

41 Prigogine, Ilya and Stengers, Isabelle (1985 edn), *Order Out of Chaos*, Fontana, and also Abraham, Frederick David, and Gilgen, Albert R., eds (1995), *Chaos Theory in Psychology*, Westport, Conn.

42 Winnicott, D.W. (1964 edn), *The Child, the Family and the Outside World*, London: Penguin, page 15.

43 Plato, *Laws, Plato, The Collected Dialogues* edited by Edith Hamilton and Huntingdon Cairns (1961). New York: Bollingen Foundation, distributed by Pantheon Books, a division of Random House, page 1362.

44 Bernard, Jessie (1975), *The Future of Parenthood*, London: Caldar and Boyars, page 277.

45 Hartmann, Ernest L. (1973), *The Functions of Sleep*, Oxford: Oxford University Press, page 3.

46 Coren, Stanley (1996), *Sleep Thieves*, New York: Free Press, Simon & Schuster, page 114. See also Pinilla, Teresa and Birch, Leann, 'Help Me Make It Through the Night,' *Pediatrics*, 91[2], February 1993, pages 436-44.

47 Kleitman, Nathaniel (1939, 1963), *Sleep and Wakefulness*, Chicago: University of Chicago Press, page 112.

48 위의 책, 219쪽부터.

49 Jensen, Susan and Given, Barbara A., 'Fatigue affecting family caregivers of cancer patients', *Cancer Nursing*, 1991, 14 [4], page 182.

50 Milligan, Renee A. and Pugh, Linda C., 'Fatigue during the childbearing period', *Annual Review of Nursing Research*, 1994, vol. 12, pages 34 and 43. See also Lee, Kathryn A. and De Joseph,

Jeanne F., 'Sleep Disturbances, Vitality, and Fatigue among a Select Group of Employed Childbearing Women', *Birth*, 19[4], December 1992, page 208: 'Little research has been done to examine the phenomena of fatigue and sleep disturbances during pregnancy and the postpartum.'

51 Benn, Melissa (1998), *Madonna and Child*, London: Cape, page 241.

52 Hobson, J. Allan (1989), *Sleep*, New York: The Scientific American Library, page 4.

53 McKenna, James J., 'Rethinking "healthy" infant sleep', *Breastfeeding Abstracts*, Schaumburg, USA: La Leche League International, February 1993, Vol. 12, No. 3, page 27. 이 주제에 관한 다음의 선구적인 책을 참고하세요. Thevenin, Tine (1987), *The Family Bed*, Wayne, NJ: Avery Publishing, and Jackson, Deborah (1989), *Three in a Bed*, London: Bloomsbury.

54 Daugherty, Steven R. and Dewitt, C. Baldwin, 'Sleep deprivation in senior medical students and first-year residents', *Academic Medicine*, January Supplement 1996, Vol. 71, no. 1, page S93.

55 위의 책, S95쪽

56 Kagan, Jerome (1984), *The Nature of the Child*, New York: Basic Books, page 24.

57 라레체리그는 이와 관련해서 명확한 지침을 제시합니다. "모유 수유가 좋은 육아와 나쁜 육아를 가르는 기준점이 될 수는 없으며, 분유 수유를 하면서도 모유 수유를 할 수 있습니다. 육아에서 가장 중요한 점은 아기에게 사랑을 전해주는 것과 좋은 엄마가 되기 위해 최선을 다하는 것입니다." La Leche League International (1958, 2004) *The Womanly Art of Breastfeeding*, Schaumburg, USA: LLLI, page 16.

58 Karmiloff-Smith, Annette (1994), *Baby It's You*, London: Ebury Press, Random House, pages 168 – 169.

59 Freud, Sigmund (1953–1974), *The Standard Edition of the Complete Psychological Works of Sigmund Freud*. London: The Hogarth Press and The Institute of Psycho-Analysis. 'Introductory Lectures on Psychoanalysis', Vol. XVI, page 314.

60 Aristotle, *On Poetry and Style*, tr. G.M.A. Grube (1958, 1997), Indianapolis: Hackett Publishing Co., Chapter IV, pages 7–8.

61 Freud, Sigmund (1953–1974), *The Standard Edition of the Complete Psychological Works of Sigmund Freud*, London: The Hogarth Press and The Institute of Psycho-Analysis. 'Jokes and Their Relation to the Unconscious', Vol. VIII, page 223.

62 Nightingale, Florence (1859, 1952) *Notes on Nursing*, London: Duckworth, page 127, paragraph 1.

63 Elkind, David (1988), *The Hurried Child, Growing Up Too Fast Too Soon*, Reading, Mass: Perseus Books.

64 Stadlen, Naomi, 'Temper Tantrums' in *Nursery World*, 24 January 1984.

65 Aristotle, *The Nichomachean Ethics*, Book VIII.1, edited by Ross, W. David (1971), Oxford: Oxford University Press, page 192. Reprinted by permission of the Oxford University Press.

66 Wollstonecraft, Mary, *A Vindication of the Rights of Women* ed. Miriam Brody, London: Penguin (1992), pages 273–274.

67 Erman, Adolf (German original, 1923), *Ancient Egyptian Poetry and Prose*, tr. by Aylward M. Blackman (1927, 1995), New York: Dover, page 239.

68 Freud, Sigmund (1953–1974), *The Standard Edition of the Complete Psychological Works of Sigmund Freud*. London: The Hogarth Press and The Institute of Psycho-Analysis. 'On Narcissism: an Introduction' (1914).

69 Lidz, Theodore (1968), *The Person*, New York: Basic Books, page 131.
70 Odent, Michel (1999), *The Scientification of Love*, London: Free Association, and also Sarah Blaffer Hrdy (1999), *Mother Nature*, London: Chatto & Windus.
71 Text from *The Way Mothers Are*, by Miriam Schlein. Text © 1963, 1991 by Miriam Schlein. Reprinted by permission of Albert Whitman & Company, Morton Grove, Illinois, USA.
72 Stern, Daniel N., (1985), *The Interpersonal World of the Infant*, New York: Basic Books, page 43.
73 Brazelton, T. Berry, and Cramer, Bertrand G. (1990), *The Earliest Relationship*, London: Karnac, page 160.
74 "샘은 제게 장애인이 아니라 자기 나름의 성격과 개성을 지닌, 그냥 샘일 뿐이에요(샘의 엄마)." Bridge, Gillian (1999), *Parents as Care managers: The experience of those caring for young children with cerebral palsy*, Aldershot, Hants: Ashgate, page 51.
75 「열왕기상」 3장 16-27절. 히브리 성경에는 엄마의 자궁의 뜨거워진다는 구절을 강조하는 표시가 있습니다.
76 *Daily Telegraph*, obituary, 6 September 1997, page 15.
77 *Daily Telegraph*, 12 August 1997, page 33.
78 그 사례들을 살펴보려면 다음의 책 중 'Maternal Sacrifice' 장을 참고하세요. Eason, Cassandra (1998), *Mother Love*, London: Robinson.
79 Cobb, John (1980), *Babyshock*, London: Hutchinson, page 175.
80 Johnson, Susan (2000), *A Better Woman*, London: Aurum Press, page 80.
81 위의 책, 220쪽.
82 Rich, Adrienne (1977), *Of Woman Born*, London: Virago, page 23.
83 Figes, Kate (1998), *Life After Birth: What Even Your Friends Won't Tell You About Motherhood*, London: Viking, page 102. Reproduced by

permission of Penguin Books Ltd.

84 위의 책, 98쪽.

85 Cusk, Rachel (2001), *A Life's Work, On Becoming a Mother*, London: Fourth Estate, HarperCollins Publishers Ltd, page 103.

86 Winnicott, D.W. (1958), 'Hate in the Countertransference' (1947) in *Through Paediatrics to Psychoanalysis: Collected Papers*, London: Tavistock, page 201.

87 Parker, Rozsika (1995), *Torn in Two*, London: Virago, page 213.

88 Lazarre, Jane (1977), *The Mother Knot*, London: Virago, page 34.

89 Figes, Kate (1998), *Life After Birth: What Even Your Friends Won't Tell You About Motherhood*, London: Viking, page 125. Reproduced by permission of Penguin Books Ltd.

90 Maushart, Susan (1999), *The Mask of Motherhood*, London: Pandora, page 123.

91 Cusk, Rachel (2001), *A Life's Work, On Becoming a Mother*, London: Fourth Estate, HarperCollins Publishers Ltd, page 186.

92 Parker, Rozsika (1995), *Torn in Two*, London: Virago, page 200.

93 위의 책, 4쪽.

94 Rich, Adrienne (1977), *Of Woman Born*, London: Virago, page 21.

95 Figes, Kate (1998), *Life After Birth: What Even Your Friends Won't Tell You About Motherhood*, London: Viking, page 99. Reproduced by permission of Penguin Books Ltd.

96 Maushart, Susan (1999), *The Mask of Motherhood*, London: Pandora, page 145.

97 Johnson, Susan (2000), *A Better Woman*, London: Aurum Press, page 43.

98 Winnicott, D.W. (1958), 'Hate in the Countertransference' (1947) in *Through Paediatrics to Psychoanalysis: Collected Papers*, London:

Tavistock, pages 200–201.

99 Rich, Adrienne (1977), *Of Woman Born*, London: Virago, page 22.

100 위의 책, 224쪽.

101 Lazarre, Jane (1977), *The Mother Knot*, London: Virago, page 36.

102 Johnson, Susan (2000), *A Better Woman*, London: Aurum Press, page 141.

103 Briscoe, Joanna, 'I have to keep telling myself it'll get better' *Guardian*, G2, 5 February 2003, page 17.

104 Winnicott, D.W. (1958), 'Hate in the Countertransference' (1947) in *Through Paediatrics to Psychoanalysis: Collected Papers*, London: Tavistock, page 201.

105 Darling, Julia, 'Small Beauties' in *The Fruits of Labour, Creativity, Self-Expression and Motherhood*, (2001), ed. Sumner, Penny, London: Women's Press, page 3.

106 Maushart, Susan (1999), *The Mask of Motherhood*, London: Pandora, page 128.

107 Catullus, Quintus Valerius, 'Odi et amo; quare id faciam, fortasse, requiris. nescio, sed fieri sentio et excrucior.' *Odes*, ode lxxxv.

108 Winnicott, D.W. (1958), 'Hate in the Countertransference' (1947) in *Through Paediatrics to Psychoanalysis: Collected Papers*, London: Tavistock, page 202.

109 Lazarre, Jane (1977), *The Mother Knot*, London: Virago, page ix.

110 Parker, Rozsika (1995), *Torn in Two*, London: Virago, page 99.

111 위의 책, 98쪽.

112 위의 책, 120쪽.

113 Maushart, Susan (1999), *The Mask of Motherhood*, London: Pandora, page 111–112.

114 Rich, Adrienne (1977), *Of Woman Born*, London: Virago, page 22.

115 Lazarre, Jane (1977), *The Mother Knot*, London: Virago, page 35.

116 위의 책, viii쪽.

117 Figes, Kate (1998), *Life After Birth: What Even Your Friends Won't Tell You About Motherhood*, London: Viking, page 102. Reproduced by permission of Penguin Books.

118 Johnson, Susan (2000), *A Better Woman*, London: Aurum Press, page 146.

119 Cusk, Rachel (2001), *A Life's Work, On Becoming a Mother*, London: Fourth Estate, Harper Collins Publishers Ltd, page 95.

120 Lazarre, Jane (1977), *The Mother Knot*, London: Virago, page 62.

121 Figes, Kate (1998), *Life After Birth: What Even Your Friends Won't Tell You About Motherhood*, London: Viking, page 71. Reproduced by permission of Penguin Books.

122 위의 책, 120쪽.

123 Johnson, Susan (2000), *A Better Woman*, London: Aurum Press, page 91.

124 Cusk, Rachel (2001), *A Life's Work, On Becoming a Mother*, London: Fourth Estate, Harper Collins Publishers Ltd, page 143.

125 위의 책, 7쪽.

126 Winnicott, D.W. (1964), *The Child, the Family and the Outside World*, London: Penguin, Chapter 12.

127 Kaplan, Louise J. (1978), *Oneness and Separateness*, London: Cape, 1979.

128 Lazarre, Jane (1977), *The Mother Knot*, London: Virago, page 72.

129 Parker, Rozsika (1995), *Torn in Two*, London: Virago, pages 3–4.

130 Pearson, Allison, 'Good mum bad mum' in *Daily Telegraph*, magazine section, 15 June 2002.

131 Pearson, Allison (2002), *I Don't Know How She Does It*, London: Chatto & Windus, page 91.

132 Rich, Adrienne (1977), *Of Woman Born*, London: Virago, page 15.

133 주석 113번을 참고하세요.

134 주석 110번을 참고하세요.

135 위의 책.

136 Lazarre, Jane (1977), *The Mother Knot*, London: Virago, pages 6–7.

137 위의 책, 74쪽.

138 위의 책, 185쪽.

139 눈에 쏙 들어오는 제목의 다음 책을 참고하세요. Brazelton, Berry (1969, 1983), *Infants and Mothers: Differences in Development*, New York: Dell Publishing. 나는 그 책을 읽어보려 도서관으로 달려간 적이 있는데 알고 보니 그 책은 그저 세 아기의 발달 과정을 다룬 책이었습니다. 브래즐턴은 엄마가 발전해가는 내용도 다루기는 하지만 그 과정을 자세히 설명하지는 않습니다. 이와 비슷한 책으로는 대니얼 스턴의 책 *Motherhood Constellation*(1995)와 대니얼 스턴이 아내 나디아 스턴과 함께 쓴 *The Birth of a Mother: How Motherhood Changes You For Eve*(1998)가 있습니다. 두 책은 엄마의 발전 양상을 다룬 보기 드문 책이지만 전반적인 어조가 설명조라기보다는 훈계조입니다.

140 레이철 커스크는 그 상황을 다음과 같이 묘사합니다. "나는 첫째가 태어나고 난 뒤로 이따금 내가 예전과 같은 사람으로 돌아갈 수 있을지, 예전과 같은 감정을 느낄 수 있을지가 궁금했다. 나는 나에 대해 일종의 향수병을 앓았으며, 모든 게 끔찍할 정도로 비현실적으로 다가왔다……." 'The Language of Love' in the *Guardian* G2, 12 September 2001, page 9.

141 Deutsch, Helene (1947), *Psychology of Women*, London: Research Books, Vol. 1, Chapter 7, 'Feminine Masochism'; Price, Jane (1988), *Motherhood, What It Does to Your Mind*, London: Pandora, Chapter 9, 'The Devastating Effects of Motherhood'; Parker, Rozsika (1995),

Torn in Two, London: Virago, Chapter 6, 'Unravelling Femininity and Maternity'.

142 D.H. 로런스의 자전적 소설 『아들과 연인』 2장에는 이와 관련된 훌륭한 사례가 등장합니다. 소설 속에서 주인공의 어머니는 주인공이 태어나는 과정에서 이웃 사람들의 도움에 의지합니다. 오늘날에는 이웃 사람들뿐만 아니라 주인공의 어머니도 낮에는 직장에 있을 가능성이 큽니다.

143 Gansberg, Judith M. and Mostel, Dr Arthur P. (1984), *The Second Nine Months: The Sexual and Emotional Concerns of the New Mother*, Wellingborough: Thorsons, page 82.

144 Hole, Christina (1953), *The English Housewife in the Seventeenth Century*, London: Chatto & Windus, page 79.

145 Cobb, John (1980), *Babyshock*, London: Hutchinson, page 146.

146 Chekhov, Anton, *Three Sisters*, Act 2.

147 Miller, Jean Baker (1978), *Towards a New Psychology of Women*, London: Penguin, pages 58–59.

148 Price, Jane (1988), *Motherhood: What It Does to Your Mind*, London: Pandora, 1988.

149 Prigogine, Ilya and Stengers, Isabelle (1984, 1985), *Order out of Chaos*, London: Fontana Paperbacks, page 77.

150 Jackson, Brian (1983), *Fatherhood*, Allen and Unwin, page 96.

151 Owen, Ursula (1983), 'Introduction' to *Fathers, Reflections by Daughters*, ed. Owen, Ursula, London: Virago, page 13. 브라이언 잭슨의 책 *Fatherhood*(앞 주석에서 언급한 책)의 첫 장 제목은 의미심장하게도 '투명 인간The Invisible Man'입니다. 클라우디아 넬슨Claudia Nelson도 비슷한 제목의 연구 논문을 발표했습니다. *Invisible Men: Fatherhood in Victorian Periodicals 1850-1910*, Athens, USA: University of Georgia Press, 1995.

152 Lewis, Charlie (1986), *Becoming a Father*, Milton Keynes: Open Universities Press, page 41.

153 실라 킷징어(1992)는 이런 상황을 다음과 같이 요약합니다. "전통 문화에서와는 정반대로 여성은 엄마가 되면 더 나은 존재가 아니라 더 못한 존재로 취급받는다." *Ourselves As Mothers*, London: Bantam Books, page 7.

154 엄마들이 해내는 일을 실감나게 설명한 내용을 보려면 다음 책의 'Appendix V: Women count - count women's work' 부분을 참고하세요. Francis, Solveig, James, Selma, Schellenberg, Phoebe Jones, and Lopez-Jones, Nina (2002), *The Milk of Human Kindness*, London: Crossroads Women's Centre, pages 188-190.

155 Rich, Adrienne (1977), *Of Woman Born*, London: Virago, page 243.

156 Arcana, Judith (1981), *Our Mothers' Daughters*, London: Women's Press, page xv.

157 Kitzinger, Sheila (1997), *Becoming a Grandmother*, London: Simon & Schuster, page 107.

158 La Leche League International (Fourth Revised Edition, 2003), *Leader's Handbook*, pages 16-17.

159 플라톤에 관해서는 이 책의 159쪽을 참고하세요.

160 트루비 킹은 뉴질랜드 정부의 인가를 받았습니다.

161 Truby King, Frederic (undated), *Feeding and Care of Baby*, Oxford: Oxford University Press, page 42.

162 Rousseau, Jean-Jacques (1762), *Emile or On Education*, Book 1.

163 Chapple, J.A.V. (1980), *Elizabeth Gaskell, a Portrait in Letters*, Manchester: Manchester University Press, page xii.

164 이 책이 출간되는 시점에서 몇 가지 유용한 통계 자료를 꼽자면 다음과 같습니다. Hibbert and Meager (2003), *Labour Market Trends*, Norwich: The Stationery Office, Vol. III, no. 10, October 2003, 'Key

indicators of women's position in Britain', page 507; Hamlyn, Becky, Brooker, Sue, Olejnikova, Karin and Wands (2002) *Infant Feeding Report 2000*, Norwich: The Stationery Office, 'The employment status of mothers,' page 138.

165 Figes, Kate (1998), *Life After Birth: What Even Your Friends Won't Tell You About Motherhood*, London: Viking, page 71. Reproduced by permission of Penguin Books Ltd.

166 Ford, Gina (1999), *The Contented Little Baby Book*, London: Vermilion, page 10. Used by permission of the Random House Group Ltd.

167 자세한 내용이 궁금하다면 다음의 선구적인 책 중 'Consequences' 장을 참고하세요. Koonz, Claudia (1988 edn.), *Mothers in the Fatherland*, London: Methuen.

168 클라우디아 쿤츠의 책에는 히틀러가 정권을 잡았던 시절 여성들이 『나의 투쟁』을 읽고 토론을 하도록 바느질 모임을 형성했다는 내용이 나옵니다(위의 책, 70쪽). 토론 분위기가 그리 자유롭지 않았을 테니 바느질 모임에 참석하는 건 감질나는 일이었을 겁니다. 파커의 책 *The Subversive Stitch*(1984)는 겉보기에 평온한 분위기 속에서 여성들이 토론을 나눈다는 일이 얼마나 어려운지 보여줍니다.

169 제니퍼 코츠Jennifer Coates는 *Women Talk*, Oxford: Blackwell(1996)에서 여성들의 대화가 '작동'하는 방식을 분석했습니다. 그녀가 특별히 엄마들의 대화를 주제로 글을 써주었더라면 좋았을 것입니다.

170 「룻기」 1장 19-22절 번역은 다음의 출처를 바탕으로 한 것입니다. Rosenberg, Rabbi A. J. (1946, 1984), *The Fire Megilloth*, edited by the Rev. Dr A. Cohen, New York: Soncino Press, pages 120-121.

참고문헌

- Aristotle, *The Nichomachean Ethics*, edited by W. David Ross (1971) Oxford: Oxford University Press.
- Aristotle, *On Poetry and Style*, translated by G.M.A. Grube (1989) Indianapolis: Hackett Publishing.
- Balaskas, Janet (1994) *Preparing for Birth with Yoga*, Shaftesbury, Dorset: Element Books.
- Balaskas, Janet (2001) *Natural Baby*, London: Gaia.
- Benn, Melissa (1998) *Madonna and Child*, London: Cape.
- Bernard, Jessie (1975) *The Future of Parenthood*, London: Caldar and Boyars.
- Bowlby, John (1988) *A Secure Base*, London: Routledge.
- Brazelton, T. Berry, and Cramer, Bertrand G. (1990) *The Earliest Relationship*, London: Karnac.
- Breen, Dana (1981, 1989) *Talking With Mothers*, London: Free Association.
- Caspi, Mshael Maswari and Blessing, Julia Ann (1991) *Weavers of the Songs: the Oral Poetry of Arab Women in Israel and the West Bank*, Boulder, USA: Lynne Rienner Publishers Inc.
- Chapple, J.A.V. (1980) *Elizabeth Gaskell, a Portrait in Letters*, Manchester: Manchester University Press.
- Chekhov, Anton, *Three Sisters*. (Many translations.)
- Coates, Jennifer (1996) *Women Talk*, Oxford: Blackwell.

- Cobb, John (1980) *Babyshock*, London: Hutchinson.
- Coren, Stanley (1996) *Sleep Thieves*, New York: Free Press, Simon & Schuster.
- Cusk, Rachel (2001) *A Life's Work, On Becoming a Mother*, London: Fourth Estate, HarperCollins Publishers Ltd.
- Dunn, Judy (1977) *Distress and Comfort*, London: Fontana/Open Books.
- Eason, Cassandra (1998) *Mother Love*, London: Robinson.
- Elkind, David (1988) *The Hurried Child, Growing Up Too Fast Too Soon*, Reading, Mass: Perseus Books.
- Erman, Adolf (German original, 1923) *Ancient Egyptian Poetry and Prose*, translated by Aylward M. Blackman (1927, 1995), New York: Dover.
- Figes, Kate (1998) *Life After Birth*, London: Viking.
- Ford, Gina (1999) *The Contented Little Baby Book*, London: Vermilion.
- Francis, Solveig, James Selma, Schellenberg, Phoebe Jones and Lopez-Jones, Nina (2002) *The Milk of Human Kindness*, London: Crossroads Women's Centre.
- Freud, Sigmund (1905) 'Jokes and their Relation to the Unconscious' *The Standard Edition of the Complete Psychological Works of Sigmund Freud*. London: The Hogarth Press and The Institute of Psycho-Analysis, Vol. VIII.
- Freud, Sigmund (1914) 'On Narcissism: an Introduction'. *The Standard Edition of the Complete Psychological Works of Sigmund Freud*. (1953-1974) London: The Hogarth Press and The Institute of Psycho-Analysis, Vol. XIV.
- Freud, Sigmund (1916) 'Lecture 20: The Sexual Life of Human Beings'. *The Standard Edition of the Complete PsychologicalWorks of Sigmund Freud*. (1953-1974) London: The Hogarth Press and The Institute of Psycho-Analysis, Vol. XVI.
- Gansberg, Judith M. and Mostel, Dr Arthur P. (1984), *The Second Nine Months: the Sexual and Emotional Concerns of the New Mother*, Wellingborough: Thorsons.

- Gaskin, Ina May (1978) *Spiritual Midwifery*, Summertown, Tn: The Book Publishing Company.
- Gopnik, Alison, Meltzoff, Andrew, Kuhl, Patricia (1999) *How Babies Think*, London: Weidenfeld and Nicolson.
- Griffin, Susan (1982) *Made From This Earth, Selections from her writing 1967 – 1982*, London: Women's Press.
- Hartmann, Ernest L. (1973) *The Functions of Sleep*, Oxford: Oxford University Press.
- Harvey, David (1987) *Parent-Infant Relationships*, Chichester: Wiley & Sons.
- Hobson, J. Allan (1989) *Sleep*, New York: The Scientific American Library.
- Hole, Christina (1953) *The English Housewife in the Seventeenth Century*, London: Chatto & Windus.
- Hollway, Wendy and Featherstone, Brid, eds (1997) *Mothering and Ambivalence*, London: Routledge.
- Hrdy, Sarah Blaffer (1999) *Mother Nature*, London: Chatto & Windus.
- Jackson, Brian (1983) *Fatherhood*, Allen and Unwin.
- Jackson, Deborah (1989), *Three in a Bed*, London: Bloomsbury.
- Johnson, Susan (2000) *A Better Woman*, London: Aurum Press.
- Kagan, Jerome (1984) *The Nature of the Child*, New York: Basic Books.
- Kaplan, Louise J. (1978) *Oneness and Separateness*, London: Cape.
- Karmiloff-Smith, Annette (1994) *Baby It's You*, London: Ebury Press.
- Kitzinger, Sheila (1962) *The Experience of Childbirth*, London: Penguin.
- Kitzinger, Sheila (1992) *Ourselves as Mothers*, London: Bantam Books.
- Kitzinger, Sheila (1997) *Becoming a Grandmother*, London: Simon & Schuster.
- Klaus, Marshall H. and Kennell, John H. (1983) *Bonding: The Beginnings of Parent-Infant Attachment*, St Louis: C.V. Mosby.
- Kleitman, Nathaniel (1939, 1963) *Sleep and Wakefulness*, Chicago: University of Chicago Press.

– Koonz, Claudia (1987, 1988) *Mothers in the Fatherland*, London: Methuen.
– La Leche League International (1958, 2004) *The Womanly Art of Breastfeeding*, Schaumburg, USA: LLLI.
– Lazarre, Jane (1977) *The Mother Knot*, London: Virago.
– Lester, Barry M. and Boukydis, C.F. Zachariah (1985) *Infant Crying: Theoretical and Research Perspectives*, New York: Plenum Press.
– Lewis, Charlie (1986) *Becoming a Father*, Milton Keynes: Open Universities Press.
– Lidz, Theodore (1968), *The Person*, New York: Basic Books.
– Maushart, Susan (1999) *The Mask of Motherhood*, London: Pandora.
– Miller, Jean Baker (1978) *Towards a New Psychology of Women*, London: Penguin.
– Nightingale, Florence (1859, 1952) *Notes on Nursing*, London: Duckworth.
– Odent, Michel (1999) *The Scientification of Love*, London: Free Association.
– Olsen, Tillie (1980) *Silences*, London: Virago.
– Owen, Ursula (1983) *Fathers, Reflections by Daughters*, London: Virago.
– Parker, Rozsika (1984) *The Subversive Stitch*, London: Women's Press.
– Parker, Rozsika (1995) *Torn in Two*, London: Virago.
– Pearson, Allison (2002) *I Don't Know How She Does It*, London: Chatto & Windus.
– Plato, *Laws*, translated by R.G. Bury, (1926, 1984) Cambridge, Mass: Harvard University Press and London: Heinemann.
– Price, Jane (1988) *Motherhood: What It Does to Your Mind*, London: Pandora.
– Prigogine, Ilya and Stengers, Isabelle (1984, 1985) *Order Out of Chaos*, Fontana.
– Priya, Jacqueline Vincent (1992) *Birth Traditions and Modern Pregnancy Care*, Shaftesbury, Dorset: Element Books.
– Rich, Adrienne (1977) *Of Woman Born*, London: Virago.

- Rousseau, Jean-Jacques, (1762) *Emile or on Education*. (Many translations.)
- Schlein, Miriam (1963, 1991) *The Way Mothers Are*, Morton Grove, Il.: Albert Whitman & Company.
- Salter, Joan (1998) *Mothering with Soul*, Stroud: Hawthorn Press
- Spender, Dale (1980) *Man Made Language*, London: Pandora.
- Stern, Daniel N. (1985) *The Interpersonal World of the Infant: a View from Psychoanalysis and Developmental Psychology*, New York: Basic Books.
- Stern, Daniel N. (1995) *The Motherhood Constellation*, New York: Basic Books.
- Stern, Daniel N. and Bruschweiler-Stern, Nadia (1998, 1999) *The Birth of a Mother*, London: Bloomsbury.
- Sumner, Penny, ed. (2001) *The Fruits of Labour, Creativity, Self-Expression and Motherhood*, London, Women's Press.
- Tolstoy, Leo (1985) *The Kreutzer Sonata*, translated and introduced by David McDuff, London: Penguin.
- Truby King, Frederic (undated) *Feeding and Care of Baby*, Oxford: Oxford University Press.
- Winnicott, D.W. (1958) *From Paediatrics to Psychotherapy: Collected Papers*, London: Tavistock.
- Winnicott, D.W. (1964) *The Child, the Family and the Outside World*, London: Penguin.
- Wollstonecraft, Mary (1792) *A Vindication of the Rights of Women*, edited by Miriam Brody (1992), London: Penguin.

지은이 나오미 스태들런 Naomi Stadlen

영국 공인 심리치료사로서 주로 육아에 지친 엄마들을 상담한다. 그녀는 상담을 통해 엄마들의 진심에 귀를 기울이고 그들에게 더 다양한 시각을 제공해주고자 한다. 베스트셀러의 저자이기도 한 그녀는 세 자녀의 어머니이자 두 아이의 할머니로서 공감 어린 조언을 아끼지 않고 있다. 28년 넘게 런던의 능동분만센터에서 엄마들의 대화 모임인 '마더스토킹'을 운영 중이며, 국제 모유 수유 연맹인 '라레체리그'에서 30년 이상 에디터 겸 상담사로 활동 중이다. 지은 책으로 『엄마의 감정수업』, 『엄마수업What Mothers Learn』이 있다.

옮긴이 김진주

연세대학교 심리학과를 졸업하고 동 대학원에서 성격 및 사회심리학 석사학위를 취득했다. 글밥아카데미 영어 출판번역 과정을 수료했고, 지금은 여덟 살, 다섯 살 아이를 키우면서 바른번역 소속 번역가로 활동하고 있다. 옮긴 책으로는 『네덜란드 소확행 육아』, 『꿀잠 자는 아이』, 『슈퍼노멀』 등이 있다.

엄마 마음 설명서

엄마가 처음인 사람들을 위한 위로의 심리학

펴낸날 초판 1쇄 2021년 7월 15일

지은이 나오미 스태들런

옮긴이 김진주

펴낸이 이주애, 홍영완

편집 오경은, 최혜리, 장종철, 박효주, 양혜영, 문주영, 김애리

디자인 기조숙, 박아형, 김주연

마케팅 김태윤, 김소연, 박진희, 김슬기

경영지원 박소현

펴낸곳 (주)윌북 **출판등록** 제2006-000017호 **주소** 10881 경기도 파주시 회동길 337-20

전자우편 willbooks@naver.com **전화** 031-955-3777 **팩스** 031-955-3778

블로그 blog.naver.com/willbooks **포스트** post.naver.com/willbooks

페이스북 @willbooks **트위터** @onwillbooks **인스타그램** @willbooks_pub

ISBN 979-11-5581-382-9 03590

• 책값은 뒤표지에 있습니다.

• 잘못 만들어진 책은 구매하신 서점에서 바꿔드립니다.